21 世纪高等院校规划教材

计算机网络操作系统（第二版）
——Windows Server 2008 管理与配置

主　编　张浩军　赵玉娟

副主编　吴　勇　王晓松

中国水利水电出版社

www.waterpub.com.cn

内 容 提 要

本书在延续第一版编写风格的基础上，根据计算机网络技术的发展趋势，结合作者多年教学与工程经验，并考虑到读者反馈信息，对各章节内容、结构、技术等进行了修订、调整、完善和补充。

本书以 Windows Server 2008 为例，以构建网络应用为目标，讲解应用 Windows Server 2008 架构网络服务平台的方法、网络服务的配置与管理。全书共 18 章，内容包括：网络操作系统概述、Windows Server 2008 安装与基本配置、磁盘管理、文件系统管理、活动目录、DNS 服务器配置与管理、Hyper-V 服务器配置与管理、Web 服务器的配置和管理、FTP 服务器的配置和管理、DHCP 服务器的配置和管理、构建 Windows Server 2008 邮件服务器、远程管理与终端服务、证书服务配置与管理、使用 Windows Server 2008 构建流媒体服务器、VPN 服务器配置与管理、Windows Server 2008 安全管理、网络管理、Windows Server 2008 群集技术应用。

本书蕴涵了作者丰富的教学经验、网络设计与管理实际工程经验，既可作为高等院校计算机、网络等相关专业的网络操作系统实训教材，也可供从事计算机网络工程设计、管理等工作的工程技术人员参考。

图书在版编目（C I P）数据

计算机网络操作系统：Windows Server 2008管理与配置 / 张浩军，赵玉娟主编. -- 2版. -- 北京：中国水利水电出版社，2013.2（2021.9重印）
21世纪高等院校规划教材
ISBN 978-7-5170-0590-2

Ⅰ．①计… Ⅱ．①张… ②赵… Ⅲ．①Windows操作系统－网络服务器－系统管理－高等学校－教材 Ⅳ．①TP316.86

中国版本图书馆CIP数据核字(2013)第011985号

策划编辑：雷顺加　　　责任编辑：张玉玲　　　封面设计：李 佳

书　　名	21世纪高等院校规划教材 **计算机网络操作系统（第二版）** ——Windows Server 2008 管理与配置
作　　者	主 编　张浩军　赵玉娟　副主编　吴 勇　王晓松
出版发行	中国水利水电出版社 （北京市海淀区玉渊潭南路 1 号 D 座　100038） 网址：www.waterpub.com.cn E-mail: mchannel@263.net（万水） 　　　 sales@waterpub.com.cn 电话：（010）68367658（营销中心）、82562819（万水）
经　　售	北京科水图书销售中心（零售） 电话：（010）88383994、63202643、68545874 全国各地新华书店和相关出版物销售网点
排　　版	北京万水电子信息有限公司
印　　刷	三河市铭浩彩色印装有限公司
规　　格	184mm×260mm　16 开本　20.25 印张　508 千字
版　　次	2005 年 8 月第 1 版　2005 年 8 月第 1 次印刷 2013 年 2 月第 2 版　2021 年 9 月第 8 次印刷
印　　数	17001—18000 册
定　　价	36.00 元

再版前言

规划和组建一个网络时，一般考虑两方面的内容：一是硬件设备，即如何规划网络拓扑，如何布线，选择什么样的路由器、交换机、服务器等产品；二是软件，即选择什么样的网络操作系统，什么样的应用软件。其中网络规划、建设和管理的核心内容之一就是网络操作系统。服务器上安装的网络操作系统要既能实现我们设计的服务需求，又要使用安全、可靠、方便，还能满足用户不断提出的应用要求等。因此，网络操作系统是网络的灵魂。

Microsoft Windows Server 2008 是微软公司推出的新一代面向服务器的操作系统，是专为强化下一代网络、应用程序和 Web 服务的功能而设计的，是 Windows Server 2003 的升级版本。Windows Server 2008 提供直观的管理工具，强化了部署与维护功能，增强了可用性和可管理性，建立了更加安全、可靠和稳定的服务器环境。

本书在延续第一版编写风格的基础上，根据计算机网络技术的发展趋势，结合编者多年教学与工程经验，并考虑到读者反馈信息，对各章节内容、结构、技术等进行了修订、调整、完善和补充。本书力求以 Windows Server 2008 的管理为重点，全面深入地介绍 Windows Server 2008 操作系统中各种服务的搭建与配置，包括用户和磁盘管理服务、文件服务、活动目录服务、Hyper-V 服务、DNS 服务、Web 服务、FTP 服务、DHCP 服务、邮件服务、远程访问与终端服务、电子证书服务、流媒体服务、VPN 服务等一系列高级网络服务，深入挖掘 Windows Server 2008 操作系统的服务器和网络潜力，提高网络应用的实用性、安全性及可管理性。

本书内容组织上在注重系统性和全面性的基础上，力争突出新颖性、针对性、实用性，从网络应用服务搭建与管理的角度全面讲解 Windows Server 2008 的应用，包括应用服务的相关理论知识和配置方法，使读者能够利用 Windows Server 2008 组建和管理计算机网络，从而能够更好地理解计算机网络的工作原理及应用技巧。

本书面向高等院校应用型人才培养的需求，突出应用技能培养，强化实践能力训练，以培养动手能力强、技术全面的应用型技术人才为目标。教材在编写中贯彻"工学结合"、"实践中学"的指导思想，以项目实施为驱动，按 Windows Server 2008 应用功能划分学习单元（章节），每章后配有相应的习题和实训项目，帮助读者对书中内容进行验证，具有很强的实践性，并提供作者教学过程中积累的电子教案及案例等网络教学资源，便于教学组织。

本书既可作为高等院校计算机、网络、信息等相关专业的网络操作系统实训教材，又可作为各类计算机培训学校的专业教材和自学参考书，还可作为技术参考资料供大中小企业网络管理或系统维护等技术人员使用。采用本教材开展课程教学时，建议以实验课或开放性实验课形式开设实践课程，即课堂教学加实验的模式，也建议加大实验学时比例，通过实践实现学生知识掌握和能力提高目标。

本书由河南工业大学的张浩军、赵玉娟任主编，吴勇、王晓松任副主编。全书共 18 章，各章主要编写人员分工如下：第 1~3 章由韩璐编写，第 4~7 章由赵玉娟编写，第 8~10 章由王雪涛编写，第 11～14 章由王晓松编写，第 15～18 章由吴勇编写，张浩军负责全书审稿和修改工作。另外，还要感谢本书第一版的主要作者，他们是：尹辉、李景峰、岳经伟、柴争义、周德祥、郑丽萍等，他们提供了一些基本素材。此外，参加本书内容讨论、素材整理、实验编写、校对等编写工作的还有朱红丽、张翼飞、宋敏、刘伟杰、陈莉、李晓雪、庞红玲、徐海堂等。

由于时间仓促及编者水平有限，书中难免有疏漏和不足之处，恳请广大读者批评指正。作者联系方式：zhj@haut.edu.cn。

河南工业大学　张浩军

2012 年 10 月

目　录

第 1 章　网络操作系统概述

网络操作系统是构建网络服务、实施网络资源管理的核心，理解网络操作系统的作用与功能是设计、部署和管理网络系统的基础。本章主要讲解网络操作系统的功能、特点与分类，包括以下内容：

- 网络操作系统的功能与特点
- 常用网络操作系统
- 网络操作系统部署
- 虚拟机 VMware 的安装与使用

1.1　网络操作系统的功能与特点

操作系统的形成迄今已有半个多世纪的时间。20 世纪 50 年代中期出现了第一个简单的批处理操作系统，60 年代中期产生了多道程序批处理系统，处理机可以同时处理内存中的多道程序，使系统硬件资源得到了充分使用。多个作业同时在系统中活动，系统必须保证多个作业互不干扰，而此前的操作系统只考虑提高系统的性能，却未考虑用户和作业之间的交互。后来，在批处理操作系统和多道操作系统的基础上，分时操作系统得以发展，代表性产品如 UNIX 操作系统。80 年代计算机局域网（LAN）得到了迅速发展，出现了面向局域网构建网络服务平台的操作系统，代表性系统如 NetWare。进入 90 年代，随着 Internet 的发展与应用，提供各种 Internet 标准服务平台的网络操作系统日趋完善，微软相继推出了 Windows NT、Windows 2000 Server、Windows Server 2003 和 Windows Server 2008 等系列服务器操作系统产品，Linux、UNIX 等操作系统也推出了面向构建网络服务平台的版本。

运行在计算机上的操作系统主要用来管理计算机系统中的软硬件资源，并提供用户与计算机系统之间的接口，方便用户使用计算机系统。计算机网络操作系统（Network Operating System，NOS），以下简称“网络操作系统”，除了能够实现单机操作系统的全部功能外，还具备网络资源（如共享硬件、软件和数据，网络用户等）管理功能，实现用户通信，方便用户使用计算机网络。因此，网络操作系统就是运行于网络中的服务器（特定的计算机）之上，提供网络应用服务、管理网络软件资源，并指挥和监控网络系统应用的操作系统。其中，运行于服务器之上，构建网络服务平台，是网络操作系统的最主要特征，因此，也将网络操作系统称为服务器操作系统。网络操作系统是计算机网络应用的核心，正如一台计算机没有操作系统不能运行，没有网络操作系统也就构成不了具有应用服务的计算机网络。在组建计算机网络时，网络操作系统不仅影响所组建的网络的适应性，也影响网络的总体性能，包括系统效率、可靠性、安全性、可维护性、可扩展性、管理的简单方便性等。

1.1.1 网络操作系统的功能

操作系统的功能通常包括：处理机管理、存储器管理、设备管理、文件系统管理，以及为了方便用户使用操作系统向用户提供的用户接口。网络操作系统除了提供上述本地主机资源管理和用户接口等基本功能外，其主要任务是提供网络服务和网络资源管理，以及网络用户与服务器之间的接口，实现基于网络的用户远程访问能力。归纳起来，网络操作系统具有以下功能：

（1）共享资源管理。

网络操作系统应该能够对网络中的共享资源，如磁盘阵列、打印机、绘图仪等共享硬件，以及目录、文件、数据库、共享系统软件等共享软件实施有效的管理，能够有效协调用户对共享资源的使用，保证共享数据的安全性和一致性。

（2）网络通信。

接入网络的计算机作为主机系统，都应该支持网络通信功能，即实现从网络协议栈数据链路层到应用层的功能，从而在源主机和目标主机之间实现无差错的数据传输，网络操作系统作为网络应用中核心设备——服务器的灵魂，在网络通信方面支持更多协议，提供更高安全性和可用性。

（3）网络服务。

网络操作系统内置了常用的网络服务器，为用户提供多种有效的网络服务。不同的网络操作系统产品内置的网络服务不同，有时可以应用第三方软件扩展服务。网络操作系统具备的典型网络服务包括：

- 文件传输、存取和管理服务：提供基于 HTTP 的 WWW 服务、文件存取的 FTP 服务和远程登录访问的 Telnet 服务。
- 域名解析系统 DNS：提供域名到网络 IP 地址的解析服务。
- 用户管理服务：按域、组、角色等模式管理用户，定义用户权限，提供网络用户的统一集中式管理，支持网络应用的单点登录验证等服务。
- 安全服务：网络操作系统产品一般都内置了支持 VPN、数字证书管理、Kerberos 密钥管理等服务，为网络应用提供安全服务。
- 电子邮件服务：内置邮件服务器系统，支持邮件的存储、转发等功能。
- 群集支持：网络操作系统一般都内置了支持负载均衡、高可用性群集的配置功能，可以实现多台服务器群集管理与服务配置。
- 共享硬盘服务：提供本地资源的扩展、硬盘资源的共享。
- 共享打印服务：为网络用户提供网络打印机共享。

（4）网络管理。

网络操作系统支持网络管理协议，如简单网络管理协议 SNMP 等，支持服务器的远程管理、远程登录，可以实现全网网络服务器的远程统一管理，如可以采用第三方网络管理软件集成管理网络中的服务器，监控服务器的运行。此外，网络管理的另一个主要任务是安全管理，如通过"存取控制"来确保存取数据的安全性，以及通过"容错技术"来保证系统出现故障时数据能够安全恢复。网络操作系统还能对网络性能进行监视、对使用情况进行统计，为提高网络性能、进行网络维护和记账等提供必要的信息。

（5）互操作能力。

在网络环境下，各种客户机和主机往往不论安装什么操作系统，不仅能够与服务器通信，而且还能以透明的方式访问服务器上的文件系统。

（6）作业迁移。

即一个作业可以从一个节点计算机上迁移到其他工作负荷较轻或适宜处理该作业的节点计算机上运行。

1.1.2　网络操作系统的特点

由于网络操作系统需要提供大并发量网络访问和高可靠服务，现代网络操作系统具有内核多线程、多处理器支持、分布式计算环境支持、面向对象设计等主要特征，并支持高性能、高可用性、高可扩展性、安全、开放等特性。网络操作系统概括起来具有以下特点：

（1）客户/服务器模式。

客户/服务器（Client/Server，C/S）模式是分布式应用的一种重要模式，它把应用划分为客户端和服务器端，客户端向服务器提交服务请求，服务器处理请求，并把处理结果返回给客户端。如 DNS、Web、FTP、Telnet、E-mail 等网络服务均以 C/S 模式工作，因此网络操作系统提供的网络服务等都是典型的客户/服务器模式。

（2）支持多任务。

操作系统在同一时间能够处理多个应用程序，每个应用程序在不同的内存空间运行。常见的模式有两种：一是把 CPU 时间片分给各个任务，让各个任务轮流执行；二是按任务的重要级别给每个任务指派一个优先级，优先级高的任务先执行，执行完毕后再从任务队列中取优先级次高的任务执行。

网络操作系统一般采用微内核结构设计，在时间片轮用模式下，微内核始终保持对系统的控制，按时间片调度任务，当一个任务在指定的时间结束时，微内核抢先运行进程，按任务的优先级将控制移交给下一个进程，Windows 操作系统采用的这种方式被称为"抢先式多任务"。

（3）支持高配置硬件。

网络操作系统一般能够支持较大物理内存，保证应用程序与服务更高效地运行。网络操作系统一般也支持对称多处理机，减少事务处理时间，提高操作系统并行工作能力。

（4）支持 Internet 服务。

支持网络服务是网络操作系统应该具备的最基本功能，目前局域网和 Internet 上应用具有统一性，如 Web 服务、FTP 服务、网络管理服务等，因此网络操作系统一般都内置了这些基本 Internet 服务，甚至包括 E-mail、流媒体服务等也被集成到操作系统中。

（5）并行处理。

目前网络操作系统一般都支持群集技术（有时也称集群），按照应用目标不同，可以把群集分为三类：第一类是高可用性群集，运行于两个或多个节点上，目的是在一个或多个（但不是全部）节点出现故障时，整个系统仍能继续对外提供服务；第二类是负载均衡群集，目的是提供和节点个数成正比的负载能力，如提供支持大访问量的 Web 服务；第三类是超级计算群集，按照计算关联程度的不同，又可以分为两种：一种是任务片方式，另一种是并行计算方式，这种模式允许将复杂任务分解到各个节点上运行。目前的网络操作系统如 Windows Server 2008、Linux 等，一般都内置了群集功能，尤其是对前两种类型群集的支持。

（6）开放性。

随着 Internet 的迅速发展，不同结构、不同操作系统的网络需要实现互联，因此网络操作系统必须支持标准化的通信协议（如 TCP/IP、NetBEUI 等）和应用协议（如 HTTP、SMTP、SNMP 等），支持与多种客户端操作系统平台的连接。只有保证系统的开放性和标准性，才能保证厂家在激烈的市场竞争中生存，最大限度地保障用户的权益，使得用户系统具有良好的兼容性、迁移性、可升级性、可维护性等。

（7）高可靠性。

网络操作系统是运行在网络核心设备（如服务器）上的管理网络、提供服务的核心软件，它必须具有高可靠性，保证系统可以 365 天 24 小时不间断工作，并提供完整的服务。由于某些原因（如访问过载）可能导致系统宕机、崩溃或服务停止，因此网络操作系统必须具有良好的健壮性。

（8）安全性。

目前，网络中病毒和黑客攻击猖獗，从安全性角度对网络操作系统提出了更高的要求。由于网络协议、操作系统在设计时都存在一定的安全漏洞，这些都会给别有用心的人留下可乘之机。

为了保证系统及系统资源的安全性和可用性，网络操作系统往往集成用户权限管理、资源管理等功能，例如为每种资源定义存取控制表 ACL（Access Control List），定义各种用户对某个资源的存取权限，且使用唯一用户标识 SID 区别用户。

（9）容错性。

网络操作系统应能提供多级系统容错能力，包括日志式的容错特征列表、可恢复文件系统、磁盘镜像、磁盘扇区备用，以及对不间断电源（UPS）的支持，容错性是系统可靠性的保障。

此外，为了方便用户管理，网络操作系统一般都具有图形化人机界面，为用户提供直观、便捷的操作接口。同时，支持远程管理，方便管理员远程登录系统进行管理。

1.2　常用网络操作系统

目前，应用比较广泛且具有代表性的网络操作系统产品主要包括：UNIX（表示一类，包括一些大型机、小型机等的专用操作系统）；由 UNIX 派生的自由软件 Linux；Novell 公司的 NetWare；Microsoft 公司的 Windows NT Server、Windows Server 2003 和 Windows Server 2008 等。

1.2.1　NetWare

20 世纪 80 年代初，随着 IBM PC 的问世，迎来了 PC 时代。但当时的 PC，由于外部存储设备极其昂贵，配置普遍不高，人们普遍需要一种能够提供"共享文件存取"和"共享打印"功能的服务器，使多台 PC 可以通过局域网同文件服务器连接起来，共享大硬盘和打印机。

1983 年，Novell 公司推出了 NetWare 局域网操作系统。1983 年至 1989 年 Novell 不断推出功能增强的 NetWare 版本，虽然同期出现的局域网操作系统还有 3Com 的 3[+]、IBM 的 PC LAN、Banyan 公司的 Vines 等，但 NetWare 以其独特的设计思想、优秀的性能和良好的用户界面在市场竞争中胜出。在中国，一直到 90 年代初，NetWare 几乎仍然是局域网操作系统的代名词，NetWare 3.12、4.11 两个版本得到了广泛应用，1998 年 Novell 公司发布了 NetWare 5 版本，2001 年发布了 NetWare 6.0 版本，2003 年发布了 NetWare 6.5 版本。目前 Novell 公司产品线已转向 Linux 操作系统的开发。

1.2.2 UNIX

UNIX 操作系统是一个通用的、交互作用的分时操作系统。最早版本是美国电报电话公司（AT&T）Bell 实验室的 K.Thompson 和 M.Ritchie 共同研制的，目的是为了在贝尔实验室内创建一个能够进行程序设计研究和开发的良好环境。它从一个非常简单的操作系统发展成为性能先进、功能强大、使用广泛的操作系统，并成为事实上的多用户、多任务操作系统的标准。1969～1970 年期间，K.Thompson 首先在 PDP-7 机器上使用汇编语言实现了 UNIX 系统。不久，Thompson 用一种较高级的 B 语言重写了该系统。1973 年 Ritchie 又用 C 语言对 UNIX 进行了重写。1975 年正式公开发表了 UNIX v6 版本，并开始向美国各大学及研究机构颁发 UNIX 的许可证并提供源代码。1978 年发表了 UNIX v7 版本，它是在 PDP 11/70 上运行的。后来在 1984 年、1987 年、1989 年先后发布了 UNIX SVR 2、UNIX SVR 3 和 UNIX SVR4。目前使用较多的是在 1992 年发表的 UNIX SVR 4.2 版本。值得说明的是，在 UNIX 进入各大学及研究机构后，UNIX 在第 6 版和第 7 版的基础上得到了改进，因而形成了许多 UNIX 的变型版本。其中，最有影响的改进是由加州大学 Berkeley 分校实现的，他们在原来的 UNIX 中加入了具有请求调页和页面置换功能的虚拟存储器，从而在 1978 年形成了 BSD UNIX 版本；1982 年推出了 4 BSD UNIX 版本，后来是 4.1 BSD 和 4.2 BSD，1986 年发表了 4.3 BSD，1993 年 6 月推出了 4.4 BSD 版本。UNIX 自正式问世以来，广泛应用于大集团用户，如银行、证券、民航等领域，尤其是在小型机、大型机等产品中厂家多采用自己版本的 UNIX 操作系统，此外 UNIX 还广泛应用于教学中。

1.2.3 Linux

Linux 是一种能够在 PC 上执行的类似 UNIX 的操作系统。1991 年芬兰赫尔辛基大学的一位年轻学生 Linux B.Torvalds 发表了第一个 Linux，它是一个完全免费的操作系统，用户可以在网络上下载、复制和使用，源代码也完全公开，用户可以任意开发和修改。Linux 提供了一个稳定、完整、多用户、多任务和多进程的运行环境。

由于 Linux 具有结构清晰、功能简洁等特点，许多大专院校的学生和科研机构的研究人员纷纷把它作为学习和研究的对象，在众多热心者的努力下，Linux 逐渐成为一个稳定可靠、功能完善的操作系统。随着 Internet 的迅猛发展，在 RedHat、Suse、InfoMagic 等主要 Linux 发行商的努力以及 IBM、英特尔等的大力支持下，Linux 在服务器端得到了长足的发展，在中低端服务器市场中已经成为 UNIX 和 Windows Server 的有力竞争对手，在高端应用的某些方面，如 SMP、Cluster 群集等，已经动摇了传统 UNIX 的统治地位。在一些大的计算机公司的支持下，Linux 还被移植到以 Alpha APX、PowerPC、Mips 及 Sparc 等为处理机的系统上。在国内，中标软件、红旗等相继推出了多款 Linux 产品。

Linux 具有以下一些主要特点：

（1）开放性。

Linux 具有良好的开放性，系统遵循相关国际标准规范，易于硬件和软件兼容、实现互连。例如，Linux 完全符合 POSIX 1003.1 标准，POSIX 1003.1 标准定义了一个最小的 UNIX 操作系统接口，使得符合该标准的软件可以在 Linux 上运行。另外，为了使 UNIX System V 和 BSD 上的程序能直接在 Linux 上运行，Linux 还增加了部分 System V 和 BSD 的系统接口，使 Linux 成为一个完善的 UNIX 程序开发系统。

（2）支持多用户访问和多任务编程。

与 UNIX 操作系统一样，Linux 也是一个优秀的多用户操作系统，即系统资源可以被不同用户各自拥有使用，每个用户对自己的资源（如文件、设备）有特定的权限，互不影响。Linux 还支持多任务编程，一个用户可以创建多个进程，并使各个进程协同工作完成用户的需求。

（3）良好的用户界面。

Linux 向用户提供了两种界面：用户界面和系统调用。

Linux 支持传统的基于文本的命令行用户界面，即 Shell，它既支持联机使用，又支持以文件形式脱机使用。Shell 具有很强的程序设计能力，用户可方便地使用它编制程序，将多条命令组合在一起形成一个 Shell 程序，方便用户扩充系统功能。Linux 还为用户提供了图形用户界面，利用鼠标、菜单、窗口、滚动条等形式给用户呈现一个直观、易操作、交互性强的友好的图形化界面。

系统调用是用户编程时使用的界面，即通过界面在编程时直接调用系统命令，从而为用户程序提供低级、高效率的服务。

（4）设备独立性。

设备独立性是指操作系统把所有外部设备统一当作文件来看待，只要安装它们的驱动程序，任何用户都可以像使用文件一样操作、使用这些设备，而不必知道它们的具体存在形式。当需要增加新设备时，系统管理员就在内核中增加必要的连接（也称为设备驱动程序），设备独立性的操作系统能够容纳任意种类及任意数量的设备，每一个设备都是通过其与内核的专用连接独立进行访问。

Linux 是具有设备独立性的操作系统，它的内核具有高度适应能力，并且由于 Linux 的内核源代码开放，方便更多硬件设备加入到各种 Linux 内核和发行版本中，适应新增加的外部设备。

（5）提供了丰富的网络功能。

Linux 的通信和网络功能紧密地与内核结合在一起，并内置了完善的网络服务。Linux 免费提供了大量支持 Internet 的软件，用户可以方便地使用网络文件系统、文件传输、远程访问等网络功能。此外，Linux 支持 SLIP 和 PPP 协议，即实现串行线上的 TCP/IP 协议应用，方便用户使用支持上述协议设备接入 Internet。

（6）支持多种文件系统。

Linux 能够支持多种文件系统，如 EXT2、EXT、XIAFS、ISOFS、HPFS、MSDOS、UMSDOS、PROC、NFS、SYSV、MINIX、SMB、UFS、NCP、VFAT、AFFS 等。Linux 最常用的文件系统是 EXT2，支持文件名长度可达 255 个字符，并且还有许多特有的功能，使它比常规的 UNIX 文件系统更加安全。

（7）可靠的系统安全性。

Linux 采取了许多安全技术措施，包括对读写进行权限控制、带保护的子系统、审计跟踪、核心授权等，这为网络多用户环境中的用户提供了必要的安全保障。

（8）良好的可移植性。

Linux 具有良好的可移植性，能够在从微型计算机到大型计算机的任何环境中和任何平台上运行。

1.2.4　Windows 系列服务器产品

Windows NT 是 Microsoft 公司推出的最早的面向局域网应用的网络操作系统。与微软家族桌面操作系统一致，NT 同样具有友好、用户习惯的图形操作界面。NT 包括两个版本：一个是 Windows NT Workstation，用于桌面操作系统；另一个是 Windows NT Server，用于服务器操作系统，二者在设计目标和技术实现上不同。1996 年微软公司正式推出了 Windows NT 4.0 版本，这一版本得到了广泛的使用。

2000 年微软公司推出了 Windows 2000，包括专业版 Windows 2000 Professional 和服务器版 Windows 2000 Server。Windows 2000 较 NT 在各个方面都取得了很大进步，最重要的新特性是基于新的活动日录系统，使其具有更强大的功能、更好的可管理性。

2003 年，微软发布了 Windows Server 2003，沿用了 Windows 2000 Server 的先进技术，改进诸多重要功能，更易于部署、管理和使用，是适合任意规模组织部署的服务器平台。同时，与.NET 技术相结合，成为更快速部署 Web 服务和应用服务的平台。

2008 年 1 月发布的Windows Server 2008，是微软最新开发的一个服务器操作系统，也是微软公司全力打造的新一代服务器操作系统，它在安全技术、网络应用、虚拟化技术以及用户操作体验等方面都比以前版本的 Windows 操作系统有显著的提高。

Windows Server 2008 是一个多任务操作系统，能够根据用户需要，以集中或分布的方式部署各种服务器角色，包括如下几类常用角色：

- Web 服务器（IIS）和 Web 应用程序服务器
- 文件和打印服务器
- 目录服务器
- 远程访问/虚拟专用网（VPN）服务器
- 域名系统（DNS）、动态主机配置协议（DHCP）服务器和 Windows Internet 命名服务（WINS）
- 流媒体服务器

Windows Server 2008 操作系统具有更高的可用性、可靠的网络安全性以及更大的灵活性。

1.3　Windows Server 2008 概述

Windows Server 2008 操作系统保留了 Windows Server 2003 的所有优点，还引进了多项新技术，如虚拟化应用、网络负载均衡、网络安全服务等。

1.3.1　Windows Server 2008 简介

Windows Server 2008 不只是对先前操作系统的提炼，还注入了新功能，并对新功能进行了改进，促进应用程序、网络和 Web 服务从工作组转向数据中心。

1. 更强的控制能力

Windows Server 2008 作为网络服务器平台，使网络管理员可以更好地控制服务器和网络基础结构，从而将精力放在处理关键业务需求上。增强的脚本编写功能和任务自动化功能（例如 Windows Power Shell）可帮助 IT 专业人员自动执行常见 IT 任务。通过服务器管理器进行的基于角色的安装和管理简化了在企业中管理与保护多个服务器角色的任务。服务器的配置和系统信息是从新的服务器管理器控制台这一集中位置来管理的。IT 人员可以仅安装需要的角色和功能，向导会自动完成许多费时的系统部署任务。增强的系统管理工具（例如性能和可靠性监视器）提供有关系统的信息，在潜在问题发生之前向 IT 人员发出警告。

2. 可靠的网络安全性

Windows Server 2008 提供了一系列新的和改进的安全技术，这些技术增强了对操作系统的保护，为企业的运营和发展奠定了坚实的基础。Windows Server 2008 提供了减小内核攻击面的安全创新（例如 Patch Guard），因而使服务器环境更安全、更稳定。通过保护关键服务器服务使之免受文件系统、注册表或网络中异常活动的影响，Windows 服务强化有助于提高系统的安全性。借助网络访问保护（NAP）、只读域控制器（RODC）、公钥基础结构（PKI）增强功能、Windows 服务强化、新的双向 Windows 防火墙和新一代加密支持，Windows Server 2008 操作系统中的安全性也得到了增强。

3. 更大的灵活性

Windows Server 2008 的设计允许管理员修改其基础结构来适应不断变化的业务需求，同时保持了此操作的灵活性。它允许用户从远程位置（如远程应用程序和终端服务网关）执行程序，这一技术为移动工作人员增强了灵活性。Windows Server 2008 使用 Windows 部署服务（WDS）加速对 IT 系统的部署和维护，使用 Windows Server 虚拟化（WSv）帮助合并服务器。对于需要在分支机构中使用域控制器的组织，Windows Server 2008 提供了一个新配置选项：只读域控制器（RODC），它可以防止在域控制器出现安全问题时暴露用户账户。

1.3.2　Windows Server 2008 新特性

Windows Server 2008 的变化既有细微方面的，也有根本性的。Windows Server 2008 更加易用、稳定、安全、强大。

1. Server Core

对操作系统而言，图形界面一直是影响 Windows 稳定性的重要因素。而从 Windows Server 2008 开始，图形驱动、DirectX、ADO、OLE 等功能组件安装时作为可选项。目前的正式版已经可以处理多个角色，如文件服务器、域控制器、DHCP 服务器、DNS 服务器等，其定位也非常清楚：安全稳定的小型专用服务器。

2. 虚拟化

虚拟化技术已经成为目前网络服务与应用技术发展的一个重要方向，Windows Server 2008 中引进了 Hyper-V 虚拟化技术，可以让用户整合服务器，以便更有效地使用硬件，以及增强终端机服务（TS）功能，利用虚拟化技术，客户端无须单独购买软件，就能将服务器角色虚拟化，能够在单一计算机中部署多个系统。

3. IIS 7.0

IIS 7.0 与 Windows Server 2008 操作系统绑定在一起，相对于 IIS 6.0 而言，IIS 7.0 在安全性和全面执行方面都有重大的改进，如 Web 站点的管理权限更加细化，可以将各种操作权限委派给指定管理员，极大地优化了网络管理。

4. 只读域控制器

只读域控制器（RODC）是 Windows Server 2008 提供的新形态的域控制器类型，主要在分支环境中进行部署，通过 RODC 可以降低在无法保证物理安全的远程位置中部署域控制器的风险。

除账户密码外，RODC 可以留驻可写域控制器留驻的所有 Active Directory 域服务（AD DS）对象和属性。不过，客户端无法将更改直接写入 RODC。由于更改不能直接写入 RODC，因此不会发生本地更改，作为复制伙伴的可写域控制器不必从 RODC 导入更改。管理员角色分离指定可将任何域用户委派为 RODC 的本地管理员，而无须授予该用户对域本身或其他域控制器的任何用户权限。

5．网络访问保护（NAP）

网络访问保护（NAP）可允许网络管理员自定义网络访问策略，并限制不符合这些要求的计算机访问网络，或者立即对其进行修补以使其符合要求。NAP 强制执行管理员定义的正常运行策略，这些策略包括连接网络的计算机软件要求、安全更新要求和所需的配置设置等内容。

NAP 强制实行方法支持 4 种网络访问技术，与 NAP 结合使用来强制实现正常运行策略，包括 Internet 协议安全（IPSec）强制、802.1X 强制、用于路由和远程访问的虚拟专用网络（VPN）强制以及动态主机配置协议（DHCP）强制。

6．Windows 防火墙高级安全功能

Windows Server 2008 中的防火墙可以依据其配置和当前运行的应用程序允许或阻止网络通信，从而保护网络免遭恶意用户和程序的入侵。防火墙的这种功能是双向的，可以同时对传入和传出的通信进行拦截。在 Windows Server 2008 中已经配置了系统防火墙专用的 MMC 控制台单元，可以通过远程桌面或终端服务等实现远程管理和配置。

7．BitLocker 驱动加密

BitLocker 驱动器加密是 Windows Server 2008 中一个重要的新功能，可以保护服务器、工作站和移动计算机。BitLocker 可对磁盘驱动器的内容加密，防止未经授权的使用者通过运行并行操作系统或运行其他软件工具绕过文件和系统保护，或者对存储在受保护驱动器上的文件进行脱机查看。

8．下一代加密技术

下一代加密技术（Cryptography Next Generation，CNG）提供了灵活的加密开发平台，允许 IT 专业人员在与加密相关的应用程序（如 Active Directory 证书服务（AD CS）、安全套接字层（SSL）和 Internet 协议安全（IPSec））中创建、更新和使用自定义加密算法。

9．增强的终端服务

终端服务包含新增的核心功能，改善了最终用户连接到 Windows Server 2008 终端服务时的体验。TS Remote App 能允许远程用户访问本地计算机硬盘上运行的应用程序。这些应用程序能够通过网络入口进行访问或者直接通过双击本地计算机上配置的快捷图标进入。终端服务安全网关通过 HTTPS 的通道，因此用户不需要使用虚拟个人网络就能通过互联网安全地使用 Remote App。本地的打印系统也得到了很大程度的简化。

10．服务器管理器

服务器管理器是一个新功能，将 Windows Server 2003 的许多功能替换合并在了一起，如管理您的服务器、配置您的服务器、添加或删除 Windows 组件、计算机管理等，使得服务器管理变得更加方便。

1.3.3　Windows Server 2008 版本

Windows Server 2008 操作系统发行版本主要有 9 个，即 Windows Server 2008 标准版、Windows Server 2008 企业版、Windows Server 2008 数据中心版、Windows Web Server 2008、Windows Server 2008 安腾版、Windows Server 2008 标准版（无 Hyper-V）、Windows Server 2008 企业版（无 Hyper-V）、Windows Server 2008 数据中心版（无 Hyper-V）和 Windows HPC Server 2008。除安腾版只有 64-bit 版本外，其余 8 个 Windows Server 2008 都包含 32-bit 和 64-bit 两

个版本。

1. Windows Server 2008 标准版

Windows Server 2008 标准版内置强化的 Web 和虚拟化功能，是专为增加服务器基础架构的可靠性和弹性而设计的，提供了强大工具，使用户拥有更好的服务器控制能力，简化设定和管理工作，节省部署时间及降低成本。而增强的安全性功能则可强化操作系统，以协助保护数据和网络，为企业提供扎实且可高度信赖的基础服务架构。

Windows Server 2008 标准版最大可支持 4 路处理器，x86 版最多支持 4GB 内存，而 64 位版最大可支持 64GB 内存。

2. Windows Server 2008 企业版

Windows Server 2008 企业版为满足各种规模的企业的一般用途而设计，可以部署业务关键性的应用程序。其所具备的丛集和热新增（Hot-Add）处理器功能可协助改善可用性，而整合的身份识别管理功能可协助改善安全性，利用虚拟化授权权限整合应用程序则可减少基础架构的成本，提供高度动态、可扩充的 IT 基础架构。

Windows Server 2008 企业版在功能类型上与标准版相同，只是支持更高的硬件系统，同时具有更加优良的可伸缩性和可用性，并且添加了企业技术。Windows Server 2008 企业版最多可支持 8 路处理器，x86 版最多支持 64GB 内存，而 64 位版最大可支持 2TB 内存。

3. Windows Server 2008 数据中心版

Windows Server 2008 数据中心版是为运行企业和任务所倚重的应用程序而设计的，可在小型和大型服务器上部署关键业务应用程序以及大规模的虚拟化。其所具备的丛集和动态硬件分割功能可改善可用性，支持虚拟化授权权限整合而成的应用程序，从而减少基础架构的成本。另外，Windows Server 2008 数据中心版还可以提供无限量的虚拟镜像应用。

Windows Server 2008 数据中心版最多可支持 32 路处理器，x86 版最多支持 64GB 内存，而 64 位版最大可支持 2TB 内存。

4. Windows Web Server 2008

Windows Web Server 2008 专门为单一用途 Web 服务器而设计，而且是建立在 Web 基础架构功能基础上，整合了重新设计架构的 IIS 7.0、ASP.NET 和 Microsoft .NET Framework，以便为企业提供快速部署网页、网站、Web 应用程序和 Web 服务。

Windows Web Server 2008 数据中心版最多可支持 4 路处理器，x86 版最多支持 4GB 内存，而 64 位版最多支持 32GB 内存。

5. Windows Server 2008 安腾版

Windows Server 2008 安腾版已针对大型数据库、各种企业和自定应用程序进行优化，可提供高可用性和多达 64 颗处理器的可扩充性，能符合高要求且具关键性的解决方案的需求。

Windows Server 2008 安腾版最多可支持 64 路处理器和最多 2TB 内存。

6. Windows HPC Server 2008

Windows HPC Server 2008 具备的高效能运算（HPC）特性提供企业级的工具，建立高生产力的 HPC 环境。由于其建立于 Windows Server 2008 及 64 位技术上，因此可有效地扩充至数以千计的处理核心，并可提供管理控制台，协助管理员主动监督和维护系统健康状况及稳定性。其所具备的互操作性和弹性，可让 Windows 和 Linux 的 HPC 平台进行整合，也可支持批次作业及服务导向架构（SOA）工作负载，而增强的生产力及可扩充的效能等特色，使 Windows HPC Server 2008 成为同级中最佳的 Windows 环境。

7.　Windows Server 2008 Server Core

Windows Server 2008 Server Core 是微软公司在 Windows Server 2008 中推出的一种特殊的功能部件，是不具备图形界面、纯命令行的服务器操作系统。Server Core 只安装系统的核心基础服务，为一些特定服务的正常运行提供了一个最小的环境，从而减少了其他服务和管理工具可能造成的攻击和风险，因此更加安全、稳定和可靠。

8.　版本比较

不同版本的 Windows Server 2008 以及 Server Core 在角色、应用服务和功能上的比较如表 1-1 所示。

表 1-1　不同版本 Windows Server 2008 比较

功能	标准版	企业版	数据中心版	Web 版	Server Core
服务器角色					
活动目录证书服务（AD CS）	●	●	●	●	○
管理员任务分发	●	●	●	○	●
只读域控制器	●	●	●	○	●
可重启 Active Directory	●	●	●	○	●
Active Directory 联合服务	○	●	●	○	○
Claims Aware 应用代理	○	●	●	○	○
活动目录轻量目录服务（ADLDS）	●	●	●	○	●
活动目录权限管理服务（AD RMS）	○	●	●	○	○
应用服务器					
DHCP 服务器	●	●	●	○	●
集群 DHCP 服务器	●	●	●	○	●
DNS 服务器	●	●	●	○	●
传真服务器	●	●	●	○	○
文件服务器	●	●	●	○	○
Windows 搜索服务	●	●	●	○	○
网络文件系统服务	●	●	●	○	○
网络策略服务器	●	●	●	○	○
远程访问服务	●	●	●	●	○
安全注册部门	●	●	●	○	○
连接管理器管理工具包	●	●	●	○	○
网络访问服务	●	●	●	○	○
打印服务器	●	●	●	●	●
打印管理控制台	●	●	●	●	●
终端服务	◉	●	●	○	○
终端服务网关	◉	●	●	○	○
终端服务 Remote App	◉	●	●	○	○

续表

功能	标准版	企业版	数据中心版	Web 版	Server Core
终端服务 Web 访问	⊙	●	●	○	○
即插即用设备重定向（终端服务）	⊙	●	●	○	○
统一描述、发展与集成服务（UDDI）	●	●	●	○	○
Web 服务器	●	●	●	●	●
委托功能管理——IIS	●	●	●	●	●
Web 应用 X copy 部署	●	●	●	●	●
失败请求跟踪	●	●	●	●	●
Windows 部署服务（WDS）	●	●	●	○	○
Windows 媒体服务	●	●	●	●	●
Windows 服务器虚拟化	●	●	●	○	●
服务器功能					
Windows 激活服务	●	●	●	○	●
BITS 服务器扩展	●	●	●	○	○
Windows BitLocke 驱动加密	●	●	●	●	●
桌面体验包	●	●	●	●	○
高可用性功能					
故障切换集群	○	●	●	○	○
创建群集 API	○	●	●	○	○
群集迁移工具	○	●	●	○	○
多址群集	○	●	●	○	○
混合法定人数模型	○	●	●	○	○

注：○=不包含功能，⊙=部分/有限支持，●=完整支持

1.4　网络操作系统部署

构建一个网络，除了需要规划设计如交换机、路由器、服务器等网络硬件设备外，还需要规划应用，即部署哪些网络服务，如架构 WWW 服务器、FTP 服务器、数据库服务器、代理服务器等，分析网络的规模和应用需求，归纳网络应用需要的服务、性能，在此基础上设计网络拓扑，选择网络硬件设备、网络操作系统、网络应用软件，这些方面在规划时应综合考虑，不同的网络应用对网络传输性能、服务器设备、网络操作系统有不同的要求。

1.4.1　网络系统设计一般原则

从建设网络系统全局出发，一般需要遵循以下原则：

（1）开放性原则。

随着开放互连标准的制定，只有开放的、符合国际标准的网络系统才能够实现不同厂家产品的互连，保证系统有良好的兼容性、可维护性、易升级性。因此，网络协议、硬件、软件

等都应选择满足开放互连标准的。如构建局域网、Intranet 应选用快速以太网标准，选用 Windows Server 2008 或 Linux 作为服务器操作系统。

（2）可扩充原则。

网络系统要能够灵活的扩充，例如线缆选择，双绞线选择 5 类可以支持 10M/100M 传输，选择 6 类可以支持 100M/1G 传输速率。而光纤选择，选择 50 微米多模光纤可以支持 100M/1G 传输，而选择单模光纤可以实现远距离传输。网络系统良好的扩充性能够让用户以较小的代价，通过产品升级，采用新技术来扩充现有网络设备的功能或传输带宽，从而有效地保护用户投资。

（3）可靠性原则。

用户的网络系统必须具有一定的容错能力，保障出现意外情况下网络仍能够正常工作，这要求网络设备能够支持诸如"扩展树"等冗余连接协议。在网络系统的关键部位（如主服务器）提供 2 条以上线路连接，当其中一条线路意外断开时，另一条线路能够自动替代损坏的线路，保障系统不中断。

（4）可管理性原则。

网络系统应该能够支持 SNMP（简单网络管理协议），以便于系统管理员通过网络管理软件随时监视网络设备的运行状况，一旦出现故障，可以自动报告出错位置和出错原因，管理人员可以迅速发现故障并及时维护。

（5）成熟性原则。

网络产品应选择占主导地位的厂家，保护用户投资。随着用户企业规模的发展，企业的网络系统也要不断扩展、不断升级。占主导地位的网络厂家的优势在于：产品市场占有率高，广泛的用户群可以保证厂家经营良好，不断发展；拥有最先进的技术，使其产品不断升级，通过产品升级一方面使其用户得到最先进的技术，另一方面可以保护用户以前的设备投资。

1.4.2　网络操作系统的规划

网络操作系统的选择要从网络应用出发，分析所设计的网络到底需要提供什么服务，分析各种操作系统提供这些服务的性能与特点，最后确定使用的品牌。操作系统的选择应遵循的一般原则如下：

（1）标准化。

网络操作系统的设计、提供的服务应符合国际标准，尽量减少使用企业专用标准，这有利于系统的升级、应用的迁移，最大限度、最长时间地保护用户投资。采用符合国际标准开发的网络操作系统并支持国际标准的网络服务，可以保证异构网络的兼容性，即在一个网络中存在多个操作系统时，能够充分实现资源的共享、服务的互容。

（2）可靠性。

网络操作系统是保证网络核心设备——服务器正常运行、提供关键任务服务的软件系统，应具有良好的健壮性、可靠性、容错性等，能提供 365 天 24 小时全天候服务。因此，选择技术先进、产品成熟、应用广泛（实践证明其可靠性）的网络操作系统可以保证其具有良好的可靠性。

（3）安全性。

网络环境更加易于病毒的传播和黑客攻击，为保证网络操作系统不易受到侵扰，应选择健壮的并能提供各种级别的安全管理（如用户管理、文件权限管理、审核管理等）的网络操作系统。

（4）网络应用服务的支持。

选择的网络操作系统应能提供全面的网络应用服务，如 Web 服务、FTP 服务、DNS 服务、目录管理等，并能良好地支持第三方应用系统，从而保证提供完整的网络应用。

（5）易用性。

应选择易管理、易操作的网络操作系统，提高管理效率，简化管理复杂性。

图 1-1 给出的是一个典型校园网络抽象拓扑图，从图中我们可以看到服务需求，从而分析并确定网络操作系统的选择。

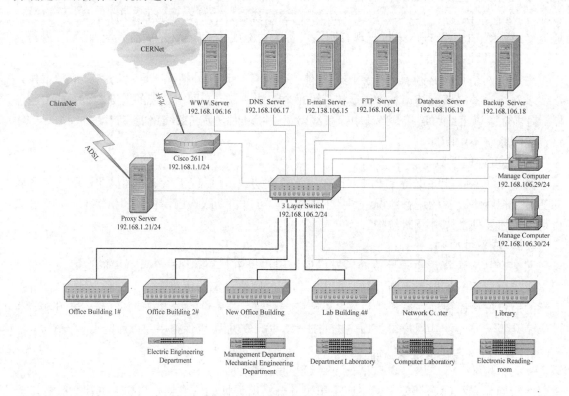

图 1-1　典型校园网络拓扑图

从图 1-1 网络的拓扑可以看到，该网络应该提供如下服务：Web 服务、DNS 服务、E-mail 服务、FTP 服务、数据库服务、备份服务、代理服务等。遵循上述网络操作系统的选择原则，我们可以做如下规划：

（1）选择单一网络操作系统。

例如，选择 Windows Server 2008 作为服务器操作系统构建整个网络应用，这样的好处在于：

- 易于构架：对绝大多数管理员来讲，熟悉 Windows 操作界面，无须重新熟悉新操作系统的管理命令、界面、操作。
- 易于管理：利用 Windows Server 2008 的活动目录、管理控制台实现全网所有资源的统一管理，在一台服务器或一台客户机上管理本地和远程的所有资源。
- 丰富的服务：Windows Server 2008 本身内置提供 DNS、Web、FTP、RAS、WINS、备份等功能齐全的网络服务。
- 应用软件的支持：微软拥有自己的数据库产品 SQL Server、电子邮件产品 Exchange（严格讲是个群集软件）、代理服务器软件 Proxy（目前内置在 MS ISA 中，ISA 的另一个主要功能是架构防火墙）等，这些服务软件容易与 Windows Server 网络操作系统整合，实现资源的统一管理。同时，基于 Windows Server 2008 上的第三方应用系统丰富，用户可以灵活选择。

● 稳定性：微软从发布 Windows NT、Windows 2000 Server 到 Windows Server 2003，再到 Windows Server 2008，对操作系统作了大量的完善和改进，具有良好的稳定特性。

● 安全性：Windows Server 2008 环境提供了更完善、深层次的安全管理，包括文件、文件夹权限管理，用户、域的组织等。当然，如同微软的其他操作系统产品，Windows Server 2008 仍然存在病毒和黑客攻击的威胁，除了网络协议等一些固有的网络漏洞，Windows Server 2008 也不断暴露出漏洞和后门，管理员必须及时打补丁或通过第三方安全手段完善其安全性。

当然，单一操作系统的选择也可以是 UNIX 或 Linux，它们的最新版本都可以提供完善的网络服务，主要要考虑管理员的熟练程度。

（2）多网络操作系统集成。

在一个网络环境中使用多种类型的网络操作系统，例如 Web 服务器使用 Windows Server 2008 构建，因为它可以支持 ASP 动态网页技术。E-mail 服务用 Linux 构建，因为 Linux 内置 Send Mail 电子邮件服务器软件，无须花钱购买。数据库服务器可能是用 UNIX 构建，基于 UNIX 的 Oracle 数据库系统更稳定。由于这些操作系统使用国际标准的网络通信协议、服务协议，能够实现多网络操作系统的集成。

当然这种集成也存在一些问题，如无法统一管理，Windows Server 2003 域用户信息/权限无法与 Linux 邮件系统整合；文件系统不兼容，无法一致备份；管理员必须熟悉所有的操作系统，增加了网络管理员的管理难度等。

总之，操作系统选择要充分考虑稳定可靠、易用、安全及网络应用的需要。

1.5　虚拟机 VMware 的安装与使用

1.5.1　概述

虚拟机软件可以在一台计算机上模拟出若干台计算机——虚拟计算机，每台虚拟计算机可以运行单独的操作系统且互不干扰，即可以实现一台计算机"同时"运行多个操作系统。

虚拟机系统与"多启动"系统不同，多启动系统在一个时刻只能运行一个系统，在系统切换时需要重新启动机器。虚拟机实现了多操作系统真正的"同时"运行，多个操作系统在主系统的平台上，就像标准 Windows 应用程序那样切换，而且每个操作系统你都可以进行虚拟的分区、配置，甚至可以通过（虚拟）网卡将几台虚拟机连接为一个局域网。

目前个人计算机上常用的虚拟机软件有两个：VMware Workstation 和 Virtual PC。

使用虚拟机软件，可以在一台计算机上同时运行多个操作系统平台。如宿主计算机上运行 Windows XP，安装 VMware 软件（或 Virtual PC）之后，利用 VMware 模拟出来多台 PC，可以同时运行 Windows Server 2008、Linux、Solaris 8 for x86、Windows 98、DOS 等多个操作系统实例，称虚拟操作系统，虚拟运行早期版本的操作系统，有利于保护用户投资，保证原有低版本软件正常使用。使用虚拟机可以方便网络操作系统学习，你可以在一台计算机上构建多个服务器架构，模拟分布式部署，从而验证所学知识。当然虚拟机宿主计算机的硬件配置最好比较高，如具有高主频 CPU、大容量内存、大容量磁盘等。

VMware Workstation（简称 VMware）是一款著名的虚拟机软件，在学习本书时，可以使用 VMware 在一台计算机上架构多个操作系统实例，验证学习内容。VMware 具有以下一些特性：

（1）支持的客户操作系统包括 MS-DOS、Win3.1、Win9x/Me、WinNT、Win2000、WinXP、Win2003、Win2008、Linux、FreeBSD、NetWare6、Solaris x86 等。

（2）VMware 模拟出来的硬件包括：主板、内存、硬盘（IDE 和 SCSI）、DVD/CD-ROM、软驱、网卡、声卡、串口、并口和 USB 口，VMware 不模拟显卡。VMware 模拟出来的硬件是固定型号的，与宿主操作系统的实际硬件无关。例如，在一台机器里用 VMware 安装了 Linux，可以把整个 Linux 复制到其他安装有 VMware 的机器里运行，不必重新安装。

（3）VMware 支持使用 ISO 文件作为光盘，如从网上下载的 Linux ISO 文件，不需要刻盘，可以直接安装。

（4）VMware 为虚拟操作系统的运行提供了 3 种选项：

● persistent：虚拟操作系统运行中所做的任何操作都即时存盘。

● undoable：虚拟操作系统关机时会问是否对所做的操作存盘。

● nonpersistent：虚拟操作系统运行中所做的任何操作，在关机后不做任何保存。

（5）VMware 的两种网络设置方式：一种是桥接方式（Bridged），这种方式下，虚拟主机操作系统的 IP 地址可设置成与宿主操作系统在同一网段，虚拟主机相当于网络内的一台独立的机器，网络内其他机器可访问虚拟主机，虚拟主机也可访问网络内其他机器，当然也可以与宿主主机进行双向访问；另一种是 NAT 方式，这种方式也可以实现宿主主机与虚拟主机的双向访问，但网络内其他机器不能访问虚拟主机，虚拟主机可通过宿主主机使用 NAT 协议访问网络内其他主机。使用 NAT 方式，虚拟主机使用 DHCP 自动获得 IP 地址，宿主主机安装的 VMware 服务会为虚拟主机分配一个 IP。

一般来说，使用 Bridged 方式比较方便，但如果宿主主机没有连接网线（包括交换机不工作），此时网络不可用，虚拟主机与宿主主机无法通信，此时就只能用 NAT 方式互访。

（6）VMware 使用宿主主机的文件模拟虚拟主机的硬盘，一个虚拟主机硬盘对应一个或多个宿主主机里的文件。如果向虚拟主机里写入 100M 的文件，宿主主机里虚拟硬盘文件就增大 100M。在虚拟主机里删除这 100M 文件，宿主主机里虚拟硬盘文件不会减小。下次向虚拟主机写文件的时候，这部分空间可继续利用。VMware-Tools 还提供 shrink 功能可以立刻释放不用的空间，减小宿主主机虚拟硬盘文件的容量。

（7）VMware-Tools。VMware 自带的 VMware-tools 可以增强虚拟主机的显示和鼠标功能。安装虚拟主机操作系统时，VMware 的状态栏提示 VMware-tools 没装，鼠标单击这句话即可安装 VMware-tools，也可通过菜单安装：settings→VMware tools install。如果虚拟主机是 Windows，VMware-tools 会自动安装；如果是 Linux，安装后，VMware-tools 的安装文件会被 mount 到光驱中。

1.5.2　VMware Workstation 安装与基本配置

VMware Workstation 6 是一款功能较强、性能较优、使用比较方便的虚拟机产品。获得 VMware Workstation 产品后，运行安装程序，按安装向导提示很容易完成系统安装。安装过程中，选择典型（Typical）安装，并设置安装路径即可。

VMware Workstation 安装过程中，会在主机上安装两块虚拟网卡，打开网络属性窗口可以查看并修改连接属性，如图 1-2 所示，安装 VMware Workstation 的 Vista 系统增加了两个网络连接 VMnet1 和 VMnet8。为了避免操作系统网络连接防火墙属性对虚拟机应用的干扰，可以取消对这两个连接的 Windows 防火墙设置。选择 Windows 防火墙，在打开窗口中选择"更改设置"，在弹出对话框中选择高级选项卡，取消上述两个连接的防火墙保护即可。

图 1-2　VMware Workstation 安装的虚拟网卡

安装好 VMware Workstation，可以查看并修改其基本设置。运行 VMware Workstation，打开如图 1-3 所示的窗口，选择菜单 Edit→Virtual Network Editor，弹出虚拟网络编辑对话框，如图 1-4 所示。其中 Summary 属性页列出虚拟网卡的属性设置，选择 Automatic Bridging 属性页，可以设置为自动网桥连接模式，如图 1-5 所示。

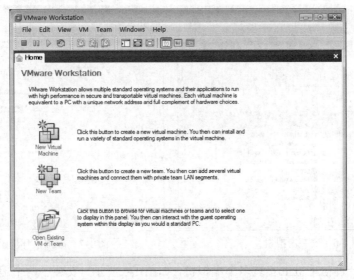

图 1-3　VMware Workstation 运行窗口

1.5.3　创建虚拟机

运行 VMware Workstation，选择菜单 File→New→Virtual Machine，进入虚拟机安装向导欢迎界面，之后按向导提示选择典型安装，选择操作系统类型，如安装 Windows Server 2008，设置存储位置，分配磁盘空间等，直至虚拟机创建完成，操作系统安装过程中提示与在一台裸机上安装过程类似。

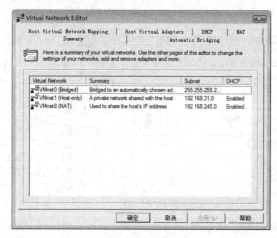

图 1-4　虚拟网卡属性

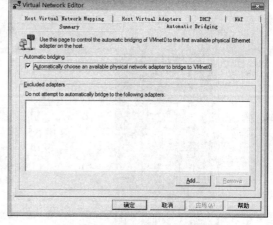

图 1-5　虚拟网络连接模式设置

创建好虚拟机后，虚拟机运行窗口如图 1-6 所示，显示了安装操作系统类型、命名、版本等，以及内存、磁盘空间、光驱、网卡等硬件配置，用户可以查看并调整虚拟机属性设置，单击 Edit virtual machine setting 命令，打开虚拟机设置对话框，如图 1-7 所示，如用户可以更改虚拟机内存大小，只要宿主机内存足够大，应尽量给虚拟机分配大内存，保证其运行效率。如图所示，示例中为虚拟机分配了 1G 内存。在对话框的 Option 选项页中可以查看虚拟机的操作系统类型、存放路径等信息。

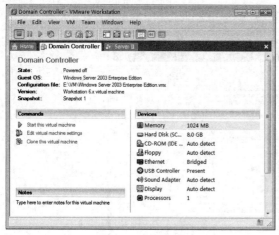

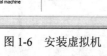

图 1-6　安装虚拟机

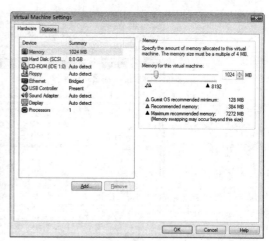

图 1-7　虚拟机环境设置

用户可以在一台宿主机上安装多个虚拟机，如图 1-6 所示，安装了两个虚拟机，名称分别为 Domain Controller 和 Server II。多个虚拟机安装，可以采用分别安装的方法，当然最简单的方法是直接复制虚拟机。

在 VMware Workstation 中复制虚拟机，首先创建快照，选择菜单 VM→Snapshot，按照向导操作即可。快照保存了当前虚拟机的设置，包括安装的服务和软件。基于快照可以创建新的虚拟机实例，选择菜单 VM→Clone，执行复制向导即可。

本章介绍了计算机网络操作系统的功能、特点和分类，以及目前流行的网络操作系统 UNIX、Linux 和 Windows Server 的发展及特性。网络操作系统是构建网络服务、管理网络共享资源的核心，了解网络操作系统的功能与作用，对科学设计、合理部署网络应用具有重要意义。本章还给出了网络及网络操作系统规划选择的一般原则和方法，最后介绍了虚拟机软件 VMware 的作用与基本使用方法。

 习题一

1. 常用的网络操作系统有哪几种？各自的特点是什么？
2. 规划计算机网络时应注意哪些问题？
3. 选择网络操作系统构建计算机网络时应考虑哪些问题？
4. 在一个网络环境中选择多个网络操作系统的好处是什么？
5. 上网搜索现在流行的网络操作系统的发展、特点和应用。
6. 虚拟机有哪些作用？总结 VMware 虚拟机软件的特点。

 实训一

题目：网络系统规划

内容与要求：

1. 为一个中等企业设计一个网络系统，实现企业内部信息管理与服务，并可以连接 Internet 发布自身信息、访问外部信息。

2. 规划常用网络服务，包括 Web 服务、FTP 服务、DNS 服务、邮件服务、数据库应用等。

3. 上网查阅主流操作系统产品，根据产品宣传选择网络操作系统。

第 2 章　Windows Server 2008 安装与基本配置

 学习目标

本章介绍网络操作系统 Windows Server 2008 的安装与基本配置，以及 Windows Server 2008 中资源管理平台——管理控制台的概念与使用。本章包括以下内容：

- 安装 Windows Server 2008 操作系统
- Windows Server 2008 基本配置
- Windows Server 2008 环境配置
- 管理控制台的概念、配置与使用

2.1　Windows Server 2008 安装

2.1.1　安装 Windows Server 2008 前的准备工作

安装 Windows Server 2008 操作系统前，需要分析硬件配置是否达到操作系统安装基本要求，确定安装类型及启动模式等。

1．系统和硬件设备要求

安装 Windows Server 2008 的计算机应符合下列需求：

处理器最低 1.0GHz x86 或 1.4GHz x64，推荐 2.0GHz 或更高；安腾版则需要 Itanium 2；内存最低 512MB，推荐 2GB 或更多。内存最大容量支持 32 位标准版 4GB、企业版和数据中心版 64GB，64 位标准版 32GB，其他版本 2TB。

硬盘分区必须具有足够的可用空间，最少安装空间约为 10GB，推荐 40GB 或更多，内存大于 16GB 的系统需要更多空间用于页面、休眠和存储文件。

光驱要求 DVD-ROM，显示器要求至少 SVGA 800×600 分辨率，或更高。

2．安装方式

（1）从光盘安装。

如果计算机支持 CD-ROM 启动，则可直接从光盘启动并安装操作系统。如果 Windows Server 2008 光盘不支持直接启动，计算机需要从硬盘启动。

（2）从网络安装。

从网络安装系统，计算机需要配置一块或多块与 Windows Server 2008 兼容的网卡，从而与网络连接，为安装程序文件提供网络访问的服务器。

3．安装模式

安装 Windows Server 2008 可以选择升级或全新安装两种模式。

升级就是将计算机中安装的操作系统升级为 Windows Server 2008。不需要卸载原来的

Windows 系统，只要在原来的系统基础上进行升级安装即可。升级安装模式可简化配置，并且可以保留现有的用户、设置、组和权限，一般不需要重新安装文件和应用程序。升级前最好备份硬盘上的数据。执行升级操作，安装程序会自动将 Windows Server 2008 安装在当前操作系统所在的文件夹内。

全新安装意味着清除以前的操作系统，或将 Windows Server 2008 安装在以前没有操作系统的磁盘或磁盘分区上。注意，不要在压缩的驱动器上升级或安装，除非该驱动器使用 NTFS 文件系统压缩实用程序进行压缩。如果采用全新安装，考虑要安装到的磁盘分区是否包含想保留的应用程序，必要时对这些应用程序进行备份，在安装完 Windows Server 2008 之后，再重新安装它们。

另外，Windows Server 2008 和 Windows 2000/2003 一样，也支持通过网络从 Windows 部署服务远程安装，并且可以通过应答文件实现自动安装。当然，服务器网卡必须具有预引导执行环境（PXE）功能，可以从远程引导。

4. 规划多重引导

计算机可以被设置多重引导，即在一台计算机上安装多个操作系统。例如，可以将服务器设置为大部分时间运行 Windows Server 2008，但有时也运行 Windows XP。

设置多重引导需要注意的是，每个操作系统都占用大量的磁盘空间，并存在兼容性问题，尤其是文件系统的兼容性。此外，在多个操作系统上动态磁盘格式不起作用。只有单独运行 Windows Server 2003 或者 Windows Server 2008 操作系统才能使用动态磁盘格式访问硬盘。

使用多重引导，可以满足用户对使用不同操作系统的需求，同时，当一个系统崩溃时，且无法在安全模式下启动，则可以切换到另一个系统下进行修复或数据抢救。

安装多重启动的操作系统时应注意一些问题，如安装 Windows 2000/XP 与 Windows Server 2008 双引导时，如果计算机参加某个 Windows 2000 或 Windows Server 2008 域，每次安装都必须使用不同的计算机名。

同时将多个 Windows Server 2008 安装到一台服务器的多个分区上时，同样，如果计算机参加某个 Windows 域，每次安装都必须使用不同的计算机名。

5. 选择文件系统

安装 Windows Server 2008 的计算机，磁盘分区可以选择 FAT、FAT32 或者 NTFS 文件系统，推荐使用 NTFS 文件系统。Windows Server 2008 支持的 NTFS 文件系统具有一些优越的功能：

- 支持活动目录 Active Directory，可用来方便地查看和控制网络资源。
- 支持 Windows 域，它是活动目录的一部分，在简化管理的同时，依然可以使用域来调整安全选项。域控制器需要 NTFS 文件系统支持。
- 支持文件加密，极大地增强了安全性。
- 不仅可以对文件夹设置权限，还可以对单个文件设置权限。

优化稀疏文件存储，这些文件往往是由应用程序创建的非常大的文件，这种文件只受磁盘空间的限制，NTFS 只为写入的文件部分分配磁盘空间。

- 支持远程存储，通过访问可移动媒体（如磁带）扩展硬盘空间。
- 支持磁盘活动恢复记录，帮助用户在断电或发生其他系统问题时尽快还原信息。
- 支持磁盘配额，用来监视和控制单个用户使用的磁盘空间量。
- 更好地支持大容量驱动器，NTFS 支持的最大驱动容量比 FAT 支持的容量大得多，且 NTFS 的性能不会随着驱动器容量的增大而降低。

　　安装程序可以方便地将分区转换为新版的 NTFS，即使该分区以前使用的是 FAT 或 FAT32 文件系统，这种转换也可保持文件的完整性。如果不想保留文件，且有一个 FAT 或 FAT32 分区，建议使用 NTFS 格式化该分区。

　　如果安装 Windows Server 2003 的计算机有时需要运行早期版本的操作系统（如 Windows 95/98），则需要将磁盘分区设置为 FAT 或 FAT32。

　　6. 规划硬盘分区

　　进行全新安装，需要在运行安装程序之前规划磁盘分区。磁盘分区是一种划分物理磁盘的方式，每个分区都能够作为一个单独的单元使用。当在磁盘上创建分区时，可以将磁盘划分为一个或多个区域，并可以用 FAT 或 NTFS 文件系统格式化分区。主分区（或称为系统分区）是安装加载操作系统时所需文件的分区。

　　在运行安装程序执行全新安装之前，需要确定安装 Windows Server 2008 的分区大小，应该为安装在该分区上的操作系统、应用程序及其他文件预留足够的磁盘空间。安装 Windows Server 2008 的文件需要至少 10GB 的可用磁盘空间，目前计算机硬盘空间都比较大，建议预留 40GB 以上的磁盘空间。这样为各种项目预留了空间，如安装可选组件、用户账户、Active Directory 信息、日志、未来的 Service Pack、操作系统使用的分页文件以及其他项目等。

　　在安装过程中，只需创建和规划要安装 Windows Server 2008 的分区，安装完操作系统之后，可以使用磁盘管理来新建和管理已有的磁盘和卷，包括利用未分区的空间创建新的分区；删除、重命名和重新格式化现有的分区；添加和卸掉硬盘，以及在基本和动态格式之间升级和还原硬盘。

　　如果计划在此服务器上使用远程安装服务，则需要一个单独的分区以备远程安装服务使用。此分区要使用 NTFS，因为远程安装服务的零备份存储功能要求使用 NTFS。如果需要为远程安装服务创建新分区，应在安装之后创建，并保留足够磁盘空间（推荐的磁盘空间为 10GB）。同样，可以使用动态磁盘格式，比基本格式在使用磁盘空间上更灵活。

　　需要注意的是，动态磁盘格式不能在安装多个操作系统的计算机上工作，只有 Windows XP/2000/2003 操作系统才能使用动态磁盘格式访问硬盘。

2.1.2　安装 Windows Server 2008 中文版

1. 安装 Windows Server 2008 操作系统

　　做好上述规划后，就可以进入安装阶段了。我们以光盘安装为例说明安装过程。首先确保计算机以光盘为第一启动项，若需要重新设置，进入 CMOS 设置，把系统启动选项改为光盘启动，保存配置后放入系统光盘，重新启动计算机即可。

　　将 Windows Server 2008 光盘放入光驱中，启动检测硬件完成后，会出现 Windows 安装提示界面，如图 2-1 所示。使用默认设置，单击"下一步"按钮，将出现安装提示界面，如图 2-2 所示。

　　单击"现在安装"按钮，弹出"选择要安装的操作系统"对话框，如图 2-3 所示，在"操作系统"列表框中选择"Windows Server 2008 Standard（完全安装）"，安装 Windows Server 2008 标准版。单击"下一步"按钮，显示如图 2-4 所示的"请阅读许可条款"对话框。

　　在安装类型选定时，可以指定升级安装或者自定义安装，自定义安装即为全新安装，如图 2-5 所示。在全新安装状态下，对话框提示"您想将 Windows 安装在何处"，如图 2-6 所示，这个对话框用于设置当前计算机上硬盘的分区情况，单击"驱动器选项（高级）"可以对硬盘进行分区、格式化及删除已有分区等操作。

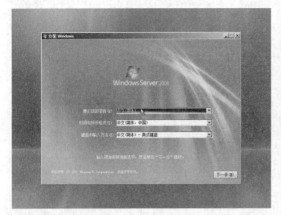

图 2-1　Windows Server 2008 安装界面

图 2-2　准备安装界面

图 2-3　"选择要安装的操作系统"对话框

图 2-4　"请阅读许可条款"对话框

图 2-5　安装类型选择

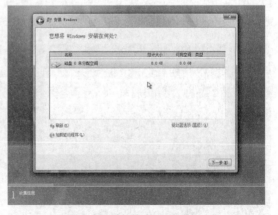

图 2-6　系统安装位置选择

对于新建分区，在单击"新建"按钮后，可以在"大小"文本框中输入分区的大小，单击"应用"按钮即可完成新建，如图 2-7 所示。对于删除分区，选中要删除的分区后单击"删除"按钮即可，如图 2-8 所示。

图 2-7　为硬盘分区

图 2-8　删除分区

可以依次建立多个分区，如图 2-9 所示。分区建立好之后，选中第一个主分区来安装操作系统，如图 2-10 所示。

图 2-9　完成分区

图 2-10　正在安装界面

在安装过程中，系统会根据需要自动重新启动。安装完成后，要求第一次登录之前必须更改密码，如图 2-11 和图 2-12 所示。

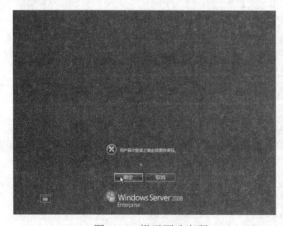

图 2-11　提示更改密码

图 2-12　设置密码

密码设置完成后，即可登录进入系统，至此 Windows Server 2008 操作系统安装完成。

2.2　Windows Server 2008 基本配置

启动 Windows Server 2008 操作系统之后，系统将自动弹出一个"初始配置任务"窗口，如图 2-13 所示，用户可以根据需要设置计算机相关信息、服务器更新，自定义服务器。

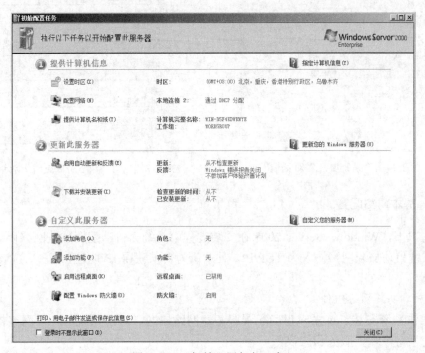

图 2-13　"初始配置任务"窗口

2.2.1　修改计算机名

Windows Server 2008 系统在安装过程中不需要设置计算机名，而是由系统随机配置计算机名。但系统配置的计算机名较长，且不方便记忆，因此，为了更好地标识和识别服务器，应根据需要修改计算机名称。

在初始配置任务界面中，单击"提供计算机名和域"按钮，打开"系统属性"对话框，如图 2-14 所示，用户可以为计算机填写描述，单击"更改"按钮，打开"计算机名称更改"对话框，如图 2-15 所示，根据需要修改计算机名，及其隶属的域名或工作组名。在加入域时，需要在域控制器中建立一个账号，计算机在登录到域的过程中输入账号和密码即可。

用户也可以通过"开始"菜单，选择"控制面板"→"系统"命令，单击"改变设置"选项，打开"系统属性"对话框，对话框中其他选项卡的内容包括：

- 硬件：查看设备管理、驱动程序签名处理、Windows 更新、硬件配置文件管理等，并可以根据需要进行配置。
- 高级：设置性能、用户配置文件、启动和故障恢复、环境变量、错误报告等，如错误报告设置，可以设置是否向微软报告错误以及错误类型；又如性能设置，可以设置视觉效果，调整系统为最佳外观或最佳性能，或自行定义各种对象显示效果。
- 远程：可以设置启用"远程桌面"，实现用户远程管理操作系统。

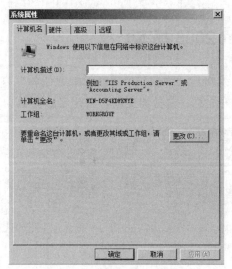

图 2-14　"系统属性"对话框　　　　　图 2-15　"计算机名/域更改"对话框

2.2.2　基本网络配置

默认情况下，Windows Server 2008 在安装过程中系统会自动配置默认网络协议、服务与客户，如系统自动加载网络协议为 TCP/IP，且默认为自动获得 IP 地址、网关、DNS 服务器地址信息。

1．查看、安装网络组件

完成操作系统安装，首先应正确配置服务器网络属性。对于系统的一个网络接口可配置网络组件包括客户端、服务和协议。

若需要查看和配置网络接口的网络组件，可在"初始配置任务"窗口中单击"配置网络"，打开"网络连接"窗口，也可以通过"开始"→"设置"打开该窗口，"网络连接"窗口中显示当前系统具有的网络连接，如图 2-16 所示。

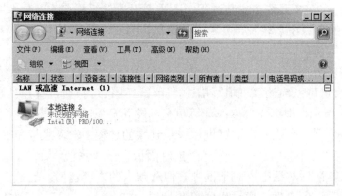

图 2-16　"网络连接"窗口

右击"本地连接"图标，从弹出的快捷菜单中选择"属性"项，打开"本地连接属性"对话框，如图 2-17 所示。

在"此连接使用下列选定的组件"列表框中列出了目前系统中已安装的网络组件，包括客户端、服务和协议内容，若需要安装其他组件，则单击"安装"按钮，打开"请选择网络组件类型"对话框，如图 2-18 所示。

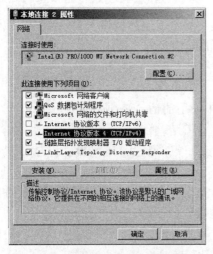

图 2-17　"网络属性"对话框　　　　　　　　　图 2-18　安装网络组件

例如，需要安装新的网络协议，选择"协议"，单击"添加"按钮，弹出"选择网络协议"对话框，如图 2-19 所示，列表框中列出了当前操作系统尚未安装的网络协议，用户可以根据需要选择对应协议。

图 2-19　"选择网络协议"对话框

若用户需要安装列表中未提供的特殊网络通信协议，可单击对话框中的"从磁盘安装"按钮，安装第三方提供的其他网络协议组件。

网络服务和网络客户端的添加过程与添加协议类似。Windows Server 2008 默认安装 Microsoft Networks 客户端组件，该组件允许用户的计算机访问 Microsoft 网络上的资源。同时，系统也提供"NetWare 网关和客户端服务"组件，该组件允许用户计算机无须运行 NetWare 客户端软件就可以访问网络中的 NetWare 服务器。用户若添加安装该组件，在重新启动系统时，系统便会启动 NetWare 服务器登录界面，让用户输入首选的 NetWare 服务器名称。这样，用户以后每次启动系统进行登录时，会自动与首选的 NetWare 服务器连接，可以实现透明地访问 NetWare 服务器。

2. 配置 TCP/IP 协议

用户选择 Windows Server 2008 典型安装，系统为自动从 DHCP 服务器获取 TCP/IP 协议参数，若为服务器配置静态 IP，需要为该计算机上安装的每个网络适配器（网卡）配置以下内容：

- 网卡 IP 地址和子网掩码：确定计算机的网络地址及网络标识（网段）。
- 本地 IP 路由器的 IP 地址：访问非本网段的出口。
- 本计算机是否作为 DHCP 服务器。
- 本计算机是否是 WINS 代理执行者。
- 本计算机是否使用域名系统（DNS），如果使用的话，必须知道网络上可用的 DNS 服务器的 IP 地址，用户可以选择一个或多个 DNS 服务器。
- 如果网络中有一个可用的 WINS 服务器，还必须知道它的 IP 地址，和 DNS 一样，可以配置多个 WINS 服务器。

一般情况下，网络中服务器需要配置固定 IP 地址，以便为网络用户提供网络服务，方便客户计算机的访问。手动配置 IP 地址及其他信息的操作如下：

双击系统桌面状态栏中的网络连接图标，或者右击"网上邻居"图标，从弹出的快捷菜单中选择"属性"项，打开"网络连接"窗口，如图 2-16 所示。

右击需要配置的接口图标，如"本地连接"（系统默认命名），选择"属性"选项，打开"本地连接属性"对话框，如图 2-17 所示。在"此连接使用下列项目"列表框中选择"Internet 协议（TCP/IP）"，单击"属性"按钮，打开"Internet（TCP/IP）属性"设置对话框，如图 2-20 所示。

根据网络规划配置正确的网络 IP 地址、子网掩码、默认网关、DNS 服务器等信息，"默认网关"地址为本地路由器的 IP 地址，与本机同属一个网络地址段。当用户计算机访问其他网段计算机时，数据包转向网关，由网关设备按特定路由转发。

"首选 DNS 服务器"配置网络中 DNS 服务器的 IP 地址，可以另外配置"备用 DNS 服务器" IP 地址，当首选 DNS 服务器出现故障，无法正常工作时，备用 DNS 服务器代替主 DNS 服务器为客户机提供域名服务。

如果希望为选定的网络适配器指定附加的 IP 地址和子网掩码，或者添加附加的网关地址，单击"高级"按钮，打开"高级 TCP/IP 设置"对话框，如图 2-21 所示。

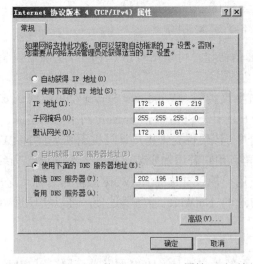

图 2-20　"Internet 协议（TCP/IP）属性"对话框

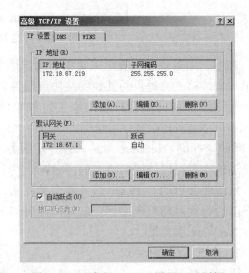

图 2-21　"高级 TCP/IP 设置"对话框

添加新的 IP 地址和子网掩码，为该接口指定多个网络地址，即用户可以为自己计算机的一块网卡绑定多个 IP 地址，系统最多指定 5 个附加 IP 地址和子网掩码。

2.2.3　设置系统更新

尽管 Windows Server 2008 系统的安全性能非常强大，但是为了保护系统的安全，微软公司也会不定期地发布各种更新程序，以修补漏洞，提高系统性能。因此需要对 Windows Server 2008 系统启动自动更新功能，使系统能够及时下载更新程序，保证系统的安全性。

设置系统自动更新，可以在初始配置任务界面中单击"启动自动更新和反馈"打开对话框，如图 2-22 所示。

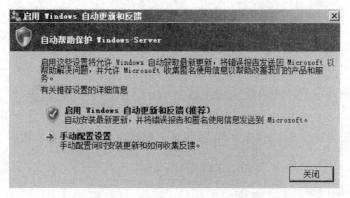

图 2-22　"启用自动更新"对话框

若选择"启动 Windows 自动更新和反馈"，则系统自动设置默认自动更新。也可选择"手动配置设置"，则可以进入手动配置设置对话框，按照需要指定更新配置。如图 2-23 所示，在"手动配置设置"对话框中，单击"更改设置"按钮，打开"更改设置"窗口，如图 2-24 所示，选择"自动安装更新"选项或者其他选项。

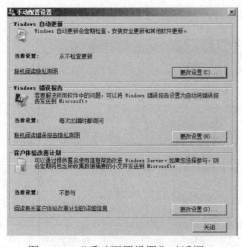

图 2-23　"手动配置设置"对话框

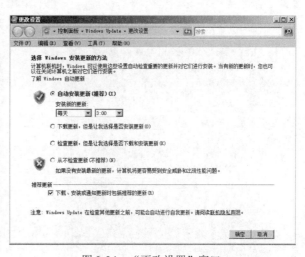

图 2-24　"更改设置"窗口

系统的更新设置也可以通过"开始"→"控制面板"里的 Windows Update 功能实现，如图 2-25 所示。

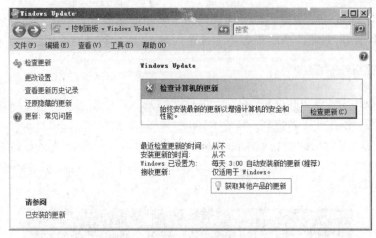

图 2-25　Windows Update 窗口

2.3　Windows Server 2008 环境配置

为了优化安装 Windows Server 2008 服务器，提升系统性能，可以根据应用特点修改系统环境配置。

2.3.1　调整虚拟内存

计算机中内存容量是有限的，当运行一个程序需要大量数据、占用大量内存时，内存就会被"塞满"。将那些暂时不用的数据放到硬盘中，这些数据所占的空间就是虚拟内存。

虚拟内存的大小是由操作系统控制的，为了发挥系统的最佳性能，可以根据硬件配置和需要调整虚拟内存大小。打开"控制面板"的"系统"功能界面，选择"高级系统设置"链接，打开"系统属性"对话框，在"性能"一栏中单击"设置"按钮，如图 2-26 所示单击"虚拟内存"一栏中的"更改"按钮，弹出"虚拟内存"对话框，如图 2-27 所示。

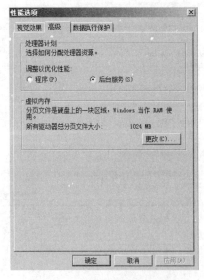

图 2-26　"性能选项"对话框

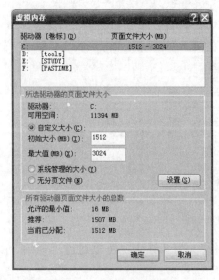

图 2-27　设置虚拟内存

（1）改变页面文件位置。

因为硬盘是靠磁头在磁性物质上移动读取数据，页面文件放在磁盘上的不同区域，磁头移来移去，会影响访问效率。合理配置虚拟内存文件位置，保持虚拟内存的连续性，能够有效地提高工作效率。

虚拟内存以文件形式存在，文件名为 pagefile.sys，一般情况下，系统默认将虚拟内存页面文件保存在系统盘（C 盘）根目录下，是系统文件，正常状态下处于隐藏状态。系统盘上文件多，可能会影响虚拟内存的连续性，可以将其放到磁盘的其他逻辑分区上。

如图 2-27 所示，示例中虚拟内存页面文件设置在 C 盘下，若希望将页面文件设置在其他逻辑分区上，可以直接选择驱动器，设置相应大小即可。

值得注意的是，当重新配置页面文件位置后，系统不会自动删除原有文件，用户可以手工删除该文件。

（2）改变页面文件大小。

用户可以根据需要调整虚拟内存页面文件的大小，调整时一般不要将最大、最小页面文件设为等值。通常情况下，内存不会真正"塞满"，系统会在内存储量到达一定程度时自动将一部分暂时不用的数据交换到硬盘中。如果硬盘空间足够大，可以将最大页面文件设得大些，以免出现"满员"的情况。图 2-27 示例中的初始大小为 1512MB，最大值为 3024MB，用户可以根据需要和磁盘空间大小调整这些数值。

（3）禁用页面文件。

当计算机物理内存足够大，页面文件作用不明显时，可以将其禁用，方法是修改注册表项 HKEY_LOCAL_MACHINE\System\CurrentControlSet\ControlSession Manager\Memory Management，将 DisablePa-ging Executive（禁用页面文件）选项值设为 1。

2.3.2　设置界面风格

如果用户喜欢或习惯 Windows XP、Vista 等界面，可以将 Windows Server 2008 的桌面设置成 Windows XP 或 Vista 风格。

运行"开始"→"程序"→"管理工具"→"服务"，或者在"运行"命令行中键入 Services.msc，弹出"服务"对话框。

在右边的"服务"窗口中双击 themes 主题，弹出"themes 的属性"对话框，如图 2-28 所示，在"常规"选项卡中将启动类型改为"自动"，单击"确定"按钮返回。

在桌面空白处右击，选择"个性化"选项，弹出"显示 属性"对话框，选择"主题"选项卡，在"主题"下拉列表框中选择自己喜欢的桌面风格，如选择 Vista 风格，如图 2-29 所示。

在"显示属性"对话框中，用户还可以设置桌面分辨率、桌面图像背景、屏幕保护程序、对话框外观等。

2.3.3　设置环境变量

Windows 操作系统中包含系统变量和用户变量两类环境变量，用于指定应用程序的路径。路径设置不正确会影响应用程序的执行，例如环境变量中 PATH 变量中应包括 C:\Windows\、C:\Windows\System32、C:\Windows\system32\Wbem 等系统目录，否则一些系统命令将无法执行。

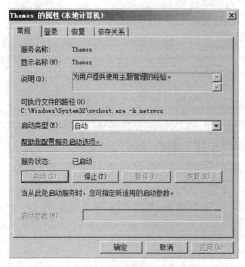

图 2-28　"Themes 的属性"对话框

图 2-29　"显示 属性"对话框

只有管理员才能修改系统的环境变量，系统环境变量由 Windows 定义并应用到所有计算机用户。对系统环境的更改将写入注册表，通常需要重启计算机才能生效。

任何用户都可以添加、修改或删除用户环境变量。这些变量由 Windows XP 安装程序、某些程序以及用户建立。这些更改将写入注册表，而且通常立即生效。不过，在更改用户环境变量之后，应该重新启动所有打开的软件程序使其读取新的注册表值。

修改环境变量，右击"我的电脑"图标，选择"属性"选项，选择"高级"选项卡，单击"环境变量"按钮，如图 2-30 所示。

图 2-30　设置环境变量

对于用户变量或系统变量，单击"新建"按钮，添加一个新变量名和值；对于一个已存在的变量，单击"编辑"按钮更改名称或值，单击"删除"按钮删除该环境变量。

2.3.4　编辑本地安全策略

"本地安全策略"定义了操作系统安全有关策略。查看和修改本地安全策略，运行"管理工具"中的"本地安全策略"，出现"本地安全策略"策略，如图 2-31 所示。

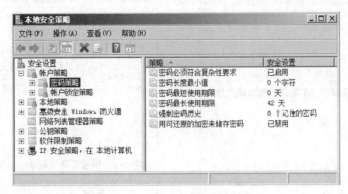

图 2-31　"本地安全策略"窗口

安全设置包括"账户策略"、"本地策略"等 5 个方面。例如，设置用户密码的应用安全策略，选择"账户策略"，右侧窗口给出策略列表，如用户可以设置密码长度最小值为 6 个字符，如图 2-31 所示。同样，可以设置密码最长使用期限及复杂性要求等，从而提高系统密码的安全强度。

又如，默认状态下，每次启动系统时，用户需要按 Ctrl+Alt+Delete 组合键，再输入登录密码，才能进入到系统中，若要提高操作方便性，可以设置"本地策略"中的"交互式登录：无须按 Ctrl+Alt+Delete"策略项为"已启用"，如图 2-32 所示。

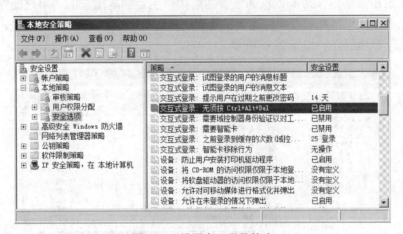

图 2-32　设置交互登录策略

又如，在"本地策略"→"安全选项"树中，设置"网络访问：不允许 SAM 账户和共享的匿名枚举"为已启用，禁止枚举账号，从而抵御入侵行为。

又如，禁止网络上其他主机使用 ping 命令访问本机，即关闭 ICMP 协议，选择"IP 安全策略"，双击右侧窗口中的"安全服务器"，出现"安全服务器属性"对话框，如图 2-33 所示，选中所有 ICMP 通讯复选框，编辑该项，出现"编辑规则 属性"对话框，如图 2-34 所示，编辑"许可"选项。

在出现的"许可属性"对话框中的"安全措施"选项卡中选择"阻止"选项。确认后返回本地安全设置窗口，右击"安全服务器"，选择"指派"选项，即指派所编辑的 IP 安全策略。此时，从网络的其他主机发来的 ping 命令本机不会回应，从而增加服务器安全性。

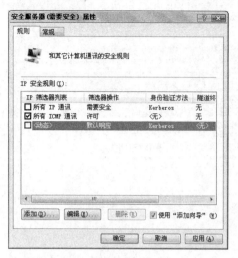
图 2-33 "安全服务器属性"对话框

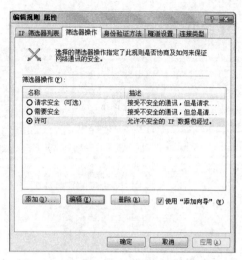
图 2-34 "编辑规则 属性"对话框

2.3.5 使用组策略编辑器

使用组策略可以定义应用到计算机或用户的策略设置。组策略定义了系统管理员需要管理的用户桌面环境的各种组件，例如用户可用的程序、用户桌面上出现的程序以及"开始"菜单选项。

本地计算机组策略定义影响本机的设置。组策略包括影响用户的"用户配置"策略设置和影响计算机的"计算机配置"策略设置。选择"运行"，执行 gpedit.msc 命令，启动"本地组策略编辑器"管理程序，如图 2-35 所示。

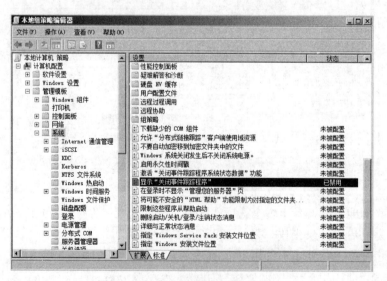
图 2-35 "本地组策略编辑器"窗口

例如，设置关机事件跟踪属性，在"组策略编辑器"窗口内选择"计算机配置"→"管理模板"→"系统"，在右侧窗口中双击"显示关闭事件跟踪程序"，在出现的属性对话框中选择"已启用"，则关闭计算机时系统提示用户选择关闭原因，若设置为"已禁用"，则禁止使用关闭事件跟踪程序。

又如，设置用户不允许使用命令行模式及不允许用户编辑注册表，则选择"用户配置"→"管理模板"→"系统"目录项，在右侧窗口中设置"阻止访问命令提示符"和"阻止访问注册表编辑工具"为"已启用"，则确定后用户不能使用命令行模式（即无法运行 cmd 命令进入命令行窗口），也不能编辑注册表。这种配置也有利于提高服务器的安全，避免攻击者执行修改注册表等操作。

组策略不仅应用于用户和客户端计算机，还应用于成员服务器、域控制器以及管理范围内的任何其他安装 Windows 操作系统的计算机。在域控制器上运行"Active Directory 用户和计算机"管理控制台，右击域对象，选择"属性"选项，在"组策略"选项卡下选择组策略文件并单击"编辑"按钮，即可编辑域的组策略。默认情况下，应用于域的组策略会影响域中的所有计算机和用户，当然修改域组策略后，域用户需要重新登录域后相应修改才起作用。"Active Directory 用户和计算机"还提供内置的 Domain Controllers 组织单位。如果将域控制器账户保存在那里，则可以添加并使用组策略对象 Default Domain Controllers Policy 将域控制器与其他计算机分开管理。关于域控制器管理参见第 5 章活动目录。

2.4　管理控制台

管理控制台 Microsoft Management Console（MMC）是 Windows Server 2008 操作系统内置的集成管理平台，使用 MMC 可以集成网络、计算机、服务及其他系统组件的管理工具，从而方便管理硬件、软件和 Windows 系统组件。

MMC 提供了使用各种管理工具统一的、标准的用户接口，只需一个配置文件，执行多数的管理任务，简化了日常管理任务，实现集中管理。

添加到 MMC 的管理工具称为管理单元，其他可添加的项目包括 ActiveX 控件、网页的链接、文件夹、任务板视图和任务。使用 MMC 控制台，不仅可以执行本地管理任务，甚至可以包括远程管理单元。MMC 实现各种管理单元集成管理，管理员可以创建含有多个管理单元的工具，将其保存起来以备后用，或者与其他管理员共享。

使用 Windows Server 2008 建立活动目录管理，则在一台服务器上通过控制台集成各种管理工具、管理应用程序、管理对象，从而实现在一个控制台下管理整个网络各个服务器的资源（当然操作者要有相应权限）。

2.4.1　管理控制台的环境

1. 管理控制台类型

MMC 分为两种类型：预配置型和自定义型。

（1）预配置 MMC。

在安装 Windows Server 2008 时，预配置了一些 MMC，它们包含了通用的管理单元，这些 MMC 被组织在"程序"→"管理工具"程序组菜单中，实际上上一节介绍的组策略编辑器就是一个预配置 MMC。

预配置 MMC 只能包含一个管理单元，使用用户模式，用户不能修改、保存或添加新的管理单元。当向操作系统中安装其他组件时，操作系统可能会添加一些新的预配置 MMC。

（2）自定义 MMC。

用户可以将一个或多个管理单元或者管理单元的部分组合起来，创建定制的控制台，满足个性化管理需要，且可以分发出去，与其他管理员共享。

　　一个自定义 MMC 由一个或多个管理单元组成，以文件形式存储，文件扩展名为.msc。每个控制台文件代表 MMC 界面的一个管理窗口，每个管理窗口由两个窗格组成。左边的窗格是"控制台树"，右边的窗格是"详细资料窗格"，如图 2-36 所示。

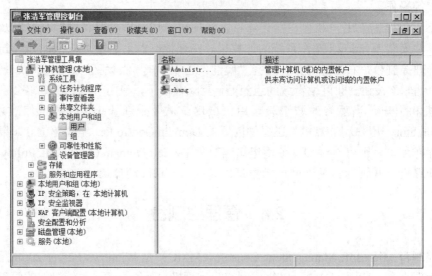

图 2-36　MMC 管理控制台窗口

　　如图所示，控制台树以分层结构组织管理单元，图中控制台根节点的文件夹命名为"张浩军管理工具集"，根节点下面包括计算机管理、本地用户和组（本地）、IP 安全策略等管理工具。选择具体管理对象，详细资料窗格显示了在控制台树中所选项目的信息和有关功能。

　　2. 控制台目录树

　　控制台树显示控制台中可以使用的项目，包括文件夹、管理单元、控件、Web 页以及其他一些工具。

　　运行 MMC 命令，可以打开一个新控制台窗口，此时控制台树上只有标记为"控制台根节点"的文件夹，通过"文件"→"添加/删除管理单元"菜单，向控制台添加项目，创建控制台的管理功能，即控制台树上的树枝。

　　不能包含其他项的项目类型是树叶。单击某个树叶时，详细资料窗格中列出所有项目，如"本地用户和组"→"用户"管理项目，即是一个树叶，单击"用户"，详细资料窗格中列出本地管理的所有用户。

　　还有一种类型的树叶称为可查看项目，当单击可查看项目时，它会在详细资料窗格中显示列表、文本或图形信息，如展开"计算机管理"→"系统工具"→"事件查看器"→"应用程序和服务日志"，详细窗格中显示应用程序事件日志内容。

　　可以针对控制台树的任何项目建立控制台窗口，执行"操作"→"从这里创建窗口"，从而隐藏该项目以上的项目，着重于新控制台根节点上的窗口和下面的管理工具，例如在图 2-30 中为"本地用户和组"创建新窗口，在新窗口内管理本地用户和组。

　　3. 管理单元

　　管理单元是 MMC 的基本组件，但不能自己运行。当安装一个新组件时，操作系统创建与之关联的管理单元。

MMC 支持两种类型的管理单元：独立管理单元和扩展管理单元。

（1）独立管理单元：可以直接添加到控制台树中的管理项目，简称管理单元。

（2）扩展管理单元：添加到已有独立或扩展的管理单元的管理项目，简称扩展。

将管理单元或扩展添加到控制台时，可能显示为控制台树的新项目，也可能将文本菜单项、附加工具栏、附加属性页或向导添加到该管理单元中。

可以将单个管理单元或多个管理单元及其他项目添加到控制台中。同时，可以将多个特定管理单元的实例添加到同一个控制台来管理不同的计算机或修复损坏的控制台。

每次向控制台添加新的管理单元实例时，该管理单元的所有变量都按默认值设置。

例如，如果先配置一个特定的管理单元来管理远程计算机，然后又添加该管理单元的第二个实例，那么第二个实例并不自动配置为管理远程计算机。通常，用户只能添加安装在用来创制控制台的计算机上的管理单元。然而，Windows Server 2008 中，如果计算机是域的一部分，便可以使用 MMC 下载任何本地还没有安装的管理单元，但必须是在 Active Directory 目录服务中可用。例如，域成员计算机因未安装活动目录，默认情况下管理工具中没有活动目录用户和计算机管理控制台。可以在该成员服务器上创建一个 MMC，添加活动目录管理单元，当然只有具有相应权限的域用户才能管理活动目录。

4．任务板视图和任务

任务板视图是能添加控制台详细资料窗格视图的页面，也是指向给定控制台之内和之外功能的快捷方式。可以使用这些快捷方式运行任务，如启动向导、打开属性页、执行菜单命令、运行命令行。

配置任务板视图，包含给定用户可能需要的所有任务。可以在控制台中创建多个任务板视图，这样可以按功能或用户对任务分组。

5．收藏夹列表

为了方便使用，可以使用收藏夹列表创建指向控制台树中项目的快捷方式，这一功能类似于浏览器中收藏夹的应用。

例如，可以将"计算机管理"单元中的"本地用户和组"管理项目添加到收藏夹列表中，方便管理员快速定位到用户和组管理。添加到"收藏夹"中的项目将显示在控制台菜单"收藏夹"下的列表中。

6．访问控制台模式

访问 MMC 有两种模式：

- 用户模式：使用已有的 MMC 控制台管理系统。
- 作者模式：创建新控制台或修改已有的 MMC 控制台。

创建自定义控制台时，可以给控制台指派两种模式中的一种，其中用户模式又有 3 个级别，因此共有 4 种默认访问控制台的选项：

- 作者模式
- 用户模式－完全访问
- 用户模式－受限访问（多窗口）
- 用户模式－受限访问（单窗口）

在 MMC 中，执行"文件"→"选项"，在弹出的"选项"对话框中可以配置控制台模式。

当控制台为"作者模式"时，所有 MMC 功能被授予完全访问权限，包括添加或删除管理单元、创建新窗口、创建任务板视图及任务、向收藏夹列表添加项目，以及查看控制台树的所有部分。

当控制为"用户模式"的一种时，具有不同的操作权限及形式。例如，控制台配置为"用户模式－完全访问"，控制台提供所有窗口管理命令和完全访问控制台，但是不允许用户添加、删除管理单元，或者更改控制台属性。

作者模式和用户模式之间的另一个不同之处是更改保存控制台的方法。"作者模式"下对控制台操作，关闭控制台时会提示保存所做的更改。"用户模式"下，可以设置控制台是否"不要保存更改到此控制台"（通过"控制台"→"选项"设置），那么当关闭控制台时，根据设置对所做更改进行自动保存或不保存。

一般情况下，只有需要修改控制台时才使用作者模式运行 MMC。

2.4.2　管理控制台的操作

1. 创建控制台

创建控制台，应该事先规划控制台将要处理的任务、管理的组件，以及执行任务所必需的管理单元和控件，还应当考虑是否需要创建任务板视图和任务。然后打开新的控制台，并向控制台树添加管理单元。

（1）添加独立管理单元。

打开 MMC，运行 mmc 命令，打开如图 2-37 所示的控制台窗口，在窗口中可以为控制台根节点添加管理单元。新打开的 MMC 访问模式为"作者模式"，即可以向管理控制台添加管理单元。

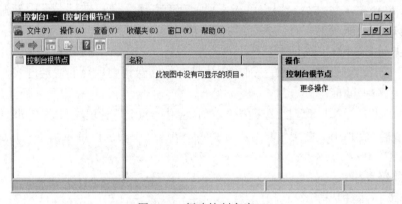

图 2-37　新建控制台窗口

向控制台树添加管理单元，执行控制台中的"文件"→"添加/删除管理单元"命令，出现"添加或删除管理单元"对话框，如图 2-38 所示。

在左侧"可用的管理单元"中选择要添加的管理单元，单击"添加"按钮，打开相对应的对话框，根据需要设置，完成添加。

例如，在"可用的管理单元"列表中选择"计算机管理"，单击"添加"按钮，出现"计算机管理"对话框，如图 2-39 所示，选择要管理的计算机。可以选择管理"本地计算机（运行这个控制台的计算机）"，也可以将管理单元指向远程计算机，单击"另一台计算机"，键入该项目要管理计算机的名称，或通过"浏览"按钮进行查找（管理远程计算机需要相应的账户和权限）。完成上述操作，即将"计算机管理"管理单元添加到了 MMC 中，如图 2-40 所示。重复上述操作，可以向控制台中添加多个项目。

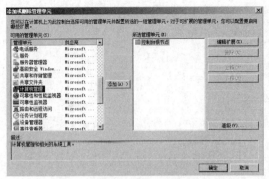

图 2-38 　"添加或删除管理单元"对话框

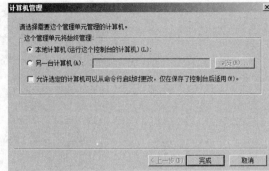

图 2-39 　"计算机管理"设置

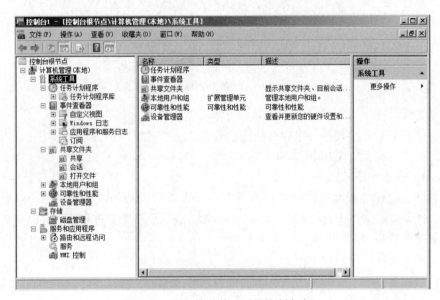

图 2-40 　添加管理单元后的控制台窗口

（2）添加扩展管理单元。

已安装管理单元控制台，可以添加扩展管理单元，执行"添加/删除管理单元"命令，选择对话框中的"扩展"选项卡，选择控制台树中能扩展的项目，查看可以启用或禁用的扩展管理单元。例如，上面我们安装的计算机管理，可用扩展管理单元如图 2-41 所示，管理员可以根据需要选择并启用扩展单元。

当启用扩展管理单元时，它将被自动插入在控制台树中的选定项下面。如果在控制台树上有多个管理单元实例，那么所有的管理单元实例都将被扩展。如果选中"添加所有扩展"复选框，则本地安装和注册的所有扩展管理单元被添加到控制台中。

（3）配置管理控制台。

选择控制台中的"文件"→"选项"命令，可以更改控制台标题、设置控制台图标，以及选择控制台的工作模式。图标可以从包括 shell32.dll 在内的许多资源中选用，该文件在 %SystemRoot%\system32\ 目录下。

默认情况下，单击控制台树中的项目时标题栏会显示所选项的路径，而更改控制台的标题后，标题栏将不显示路径。

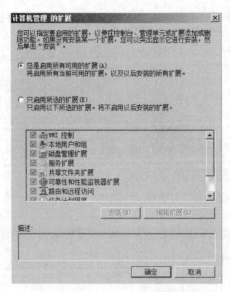

图 2-41　添加/删除扩展管理单元

执行"文件"→"保存"命令，命名后可以将新建控制台保存到文件中，便于日后使用，也可以交换给其他管理员使用。保存后的控制台会出现在"管理工具"程序组中，用户可以通过"开始"菜单访问自定义控制台。

2. 添加任务板视图及任务

为控制台创建任务板视图，并可以在视图中为管理对象添加常用的任务，从而方便管理员快速使用任务。创建任务板视图时，控制台必须包括至少一个管理单元。可以使用新任务板视图向导来配置标题、头和出现在任务板视图中的列表，并定义控制台树中任务板视图包含一个项目还是多个项目。

下面以"磁盘管理"管理单元为例创建新任务板视图。

（1）创建任务板视图。

在控制台树中，单击管理单元项，选择"操作"→"新任务板视图"，按照新任务板视图向导一步步执行即可，一般选择默认设置。其中，安装视图过程中提示应用于视图的管理项目，选择"所选的树项目"即可，如图 2-42 所示；在视图安装最后一步，提示是否立刻向新视图添加任务，如图 2-43 所示，选择复选框，退出视图安装向导后立刻进入添加新任务向导。

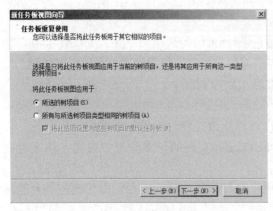

图 2-42　新任务板视图添加管理项目

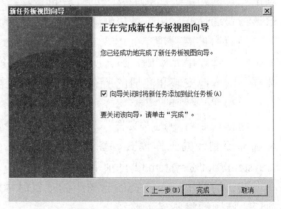

图 2-43　新任务板视图安装向导完成对话框

注意：用户可以在新控制台里创建任务板视图，但是必须首先完成添加管理单元。

（2）添加任务。

完成创建新任务板视图后，可以使用新任务向导为任务板视图添加任务。任务可以包括控制台中项目的菜单命令、从命令提示符运行的命令等。可以创建只对控制台树或详细资料窗格的部分区域起作用的命令，或者创建可以在计算机中打开另外一个组件的命令。

在完成添加新任务板视图后，可以立刻运行添加任务向导，也可以为一个已经存在的控制台视图添加任务。在控制台树中，单击与任务板视图关联的项目，执行"操作"→"编辑任务板视图"命令，在出现的对话框中选择"任务"选项卡，如图 2-44 所示，单击"新建"按钮，进入添加新任务向导。如在"命令类型"对话框中选择"菜单命令"，"命令源"选择"树中的节点"，如图 2-45 所示，在项目树中选择管理节点，如"磁盘管理"，选择"可用命令"列表中的命令，在之后的向导对话框中设置名称和描述，并选择"图标"，最后完成添加，在图 2-44 的任务列表中将出现添加的任务名称。重复上述过程，可以为视图添加多个任务。

图 2-44　为视图添加新任务

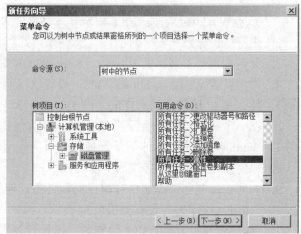

图 2-45　新任务向导窗口二

完成任务添加，在控制台中选择带视图的管理单元，如"磁盘管理"，右侧详细资料窗格中显示新建的视图，并包括任务，如图 2-46 所示。

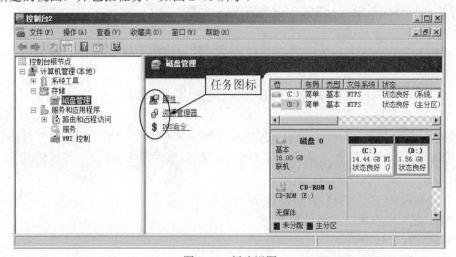

图 2-46　新建视图

执行任务，如选择某一磁盘分区，单击"属性"，出现该磁盘的属性对话框；单击"资源管理"任务，打开资源管理器窗口；单击"DOS 命令"任务，打开操作系统 DOS 命令行窗口。

 **本章小结**

本章首先介绍了 Windows Server 2008 的安装过程，其次介绍了 Windows Server 2008 基本配置、修改计算机名、配置网络属性，以及设置系统更新。本章还讲解了操作系统环境配置，环境配置是管理员优化操作系统的重要过程。此外，重点讲解了 Windows 管理控制台的概念、使用与配置，管理控制台是 Windows Server 2008 管理资源的统一接口，是管理员维护网络的主要工具。

 **习题二**

1. 简述 Windows Server 2008 安全基本硬件要求。
2. 进行多引导系统安装时应注意哪些事项？
3. 如何实现基于网络的 Windows Server 2008 安装？
4. 如何安装 Windows Server 2008、设置网络协议、客户、服务？
5. 什么是 IP 地址、子网掩码、网关？为什么正确设置这些参数非常重要？
6. 在一个网络适配器上设置多个 IP 地址有何作用？如何设置？
7. Windows Server 2008 的管理控制台有何作用？
8. 如何创建一个新的控制台？
9. 如何在控制台中添加任务板视图和任务，他们有什么作用？
10. 如何向收藏夹列表添加项目？
11. 如何管理组策略？如何设置禁止本地计算机用户访问注册表？

 **实训二**

题目 1：Windows Server 2008 安装与网络配置

内容与要求：

1. 安装 Windows Server 2008，有条件的话，在虚拟机 VMWare 中安装 Windows Server 2008 操作系统。

2. 在 Windows Server 2008 的操作系统中安装/配置网络协议，设置 IP 地址、子网掩码、网关。

3. 配置操作系统基本环境，设置虚拟内存空间为 800MB，指定虚拟内存文件路径为 D:\。

4. 创建一个用户控制台，集成管理本地用户和磁盘管理（本地），并将磁盘管理添加到收藏夹中。

5. 修改组策略，禁止用户访问注册表。

题目 2：虚拟操作系统安装与配置

内容与要求：

1. 在宿主计算机上安装 VMWare Workstation 6。

2．在 VMware 中安装 Windows Server 2008、Windows XP 操作系统。

3．为安装的虚拟操作系统配置虚拟机环境，修改虚拟操作系统内存空间大小。

4．生成虚拟操作系统快照，并克隆虚拟操作系统，利用虚拟操作系统克隆生成新的虚拟操作系统实例。

5．在一台宿主机上运行两个虚拟机实例，设置网络属性，测试虚拟操作系统之间、虚拟操作系统与宿主操作系统之间互相访问。

第3章 磁盘管理

磁盘管理是操作系统的重要任务之一，用于组织与管理计算机的物理存储。Windows Server 2008 的"计算机管理"控制台提供了磁盘管理功能，作为服务器操作系统，Windows Server 2008 提供了丰富的磁盘组织模式，包括动态磁盘和卷的概念，以及基于卷的实现可靠性的镜像卷、磁盘阵列卷等技术；提供了基于用户的磁盘配额管理，实现面向用户的磁盘空间管理。本章包括以下内容：
- 磁盘管理基本概念
- 创建与管理分区
- 创建与管理动态磁盘分区
- 磁盘配额管理
- 维护磁盘

3.1 磁盘管理基本概念

Windows Server 2008 包含了丰富的磁盘管理工具，支持 FAT、FAT32 或 NTFS 文件系统。Windows Server 2008 支持基本分区和动态分区两类分区，实现了跨区卷、带区卷、镜像卷等功能。使用动态存储技术，可以创建、扩充或监视磁盘卷，添加新磁盘，用户无须重新启动系统，多数配置即可立即生效。Windows Server 2008 完善的磁盘管理功能保证了服务器为网络应用提供稳定的服务。

3.1.1 基本和动态存储

Windows Server 2008 的磁盘管理支持基本和动态存储（Basic and dynamic storage），对应也称基本磁盘和动态磁盘。

基本磁盘是指包含主磁盘分区、扩展磁盘分区或逻辑驱动器的物理磁盘。基本磁盘上的分区和逻辑驱动器称为基本卷，只能在基本磁盘上创建基本卷。对于"主启动记录（MBR）"基本磁盘（磁盘第一个引导扇区包括分区表和引导代码），最多可以创建 4 个主磁盘分区，或最多三个主磁盘分区加上一个扩展分区。在扩展分区内，可以创建多个逻辑驱动器。对于"GUID分区表（GPT）"基本磁盘（一种基于 Itanium 计算机的可扩展固件接口 EPI 使用的磁盘分区架构），最多可创建 128 个主磁盘分区。由于 GPT 磁盘并不限制 4 个分区，因而不必创建扩展分区或逻辑驱动器。

动态磁盘，通俗讲具有动态性，如支持卷数量多，可以创建跨越多个磁盘的卷（跨区卷和带区卷），创建具有容错能力的卷（镜像卷和 RAID-5 卷），基本磁盘不具备这些功能。所有动态磁盘上的卷都是动态卷，包括 5 种类型：简单卷、跨区卷、带区卷、镜像卷和 RAID-5 卷。

动态磁盘无论使用"主启动记录（MBR）"还是"GUID 分区表（GPT）"分区样式，都可以创建最多 2000 个动态卷，推荐值是 32 个或更少。

基本磁盘和动态磁盘都可以完成以下功能：

- 检测磁盘属性，如容量、可用空间和当前状态；查看卷和分区属性，如大小、分配的驱动器号、卷标、类型和文件系统。
- 为一个磁盘卷、分区、CD-ROM 设备建立驱动器号。
- 为一个卷或分区创建共享磁盘和安全设置。
- 将一个基本磁盘升级为动态磁盘，或将动态磁盘转化为基本磁盘。

多磁盘的存储系统应该使用动态存储。基本磁盘上不能创建卷、带、镜像和带奇偶校验的带，以及扩充卷等。

磁盘管理涉及以下概念和术语：

（1）分区：分区是物理磁盘的一部分，它像物理上独立的磁盘那样工作。创建分区后，应首先对其格式化并指派驱动器号。在基本磁盘上，分区也被称为基本卷，它包含主磁盘分区和逻辑驱动器。在动态磁盘上，分区称为动态卷，它包含简单卷、带区卷、跨区卷、镜像卷和 RAID-5 卷。

（2）主磁盘分区：基本磁盘上的一种分区类型。对于基本主启动记录（MBR）磁盘，最多可以创建 4 个主磁盘分区，或者 3 个主磁盘分区和一个有多个逻辑驱动器的扩展磁盘分区。

（3）扩展磁盘分区：基本磁盘上的一种分区类型，只能创建在基本主启动记录（MBR）磁盘上。如果想在基本 MBR 磁盘上创建 4 个以上的卷，需要使用扩展磁盘分区。在创建扩展磁盘分区中创建一个或多个逻辑驱动器，创建逻辑驱动器之后可以将其格式化并指派一个驱动器号。

（4）卷：磁盘上的存储区域。操作系统使用一种文件系统（如 FAT 或 NTFS）格式化卷，并给卷指派一个驱动器号。一个硬盘可以有多个卷，动态卷可以跨越多个磁盘。

（5）引导分区：包含 Windows Server 2008 操作系统文件，这些文件位于%Systemroot%和%Systemroot%\System32 目录中（其中%Systemroot%表示系统安装目录）。

3.1.2　磁盘管理控制台

在 Windows Server 2008 中，提供了"计算机管理"控制台，集成磁盘管理操作，其中"磁盘管理"具有以下功能：

- 创建和删除磁盘分区。
- 创建和删除扩展分区中的逻辑驱动器。
- 读取磁盘状态信息，如分区大小。
- 读取卷的状态信息，如驱动器名的指定、卷标、文件类型、大小及可用空间。
- 指定或更改磁盘驱动器及 CD-ROM 设备的驱动器名和路径。
- 创建和删除卷。
- 创建和删除包含或者不包含奇偶校验的带区集。
- 建立或拆除磁盘镜像集。
- 保存或还原磁盘配置。

启动磁盘管理，运行"管理工具"→"计算机管理"，或者右击"我的电脑"，在弹出的快捷菜单中选择"管理"，打开如图 3-1 所示的"计算机管理"控制台窗口。

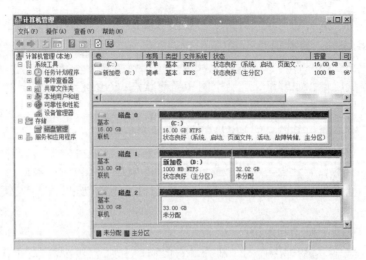

图 3-1　"计算机管理"控制台

展开"存储"选项，单击"磁盘管理"，窗口右半部有上下两个窗格，也称"顶端"和"底端"窗口，以不同形式显示磁盘信息。如图 3-1 所示，右下窗口以图形方式显示了当前计算机系统安装的 3 个物理磁盘，以及各个磁盘的物理大小和当前分区的结果与状态；右上窗口以列表的方式显示了磁盘的属性、状态、类型、容量、空闲等详细信息。

通过设置菜单"查看"→"顶端"或"底端"列出的显示模式，可以选择"顶端"或"底端"窗口显示磁盘信息的方式，显示方式包括磁盘列表、卷列表、图形视图等。通过"查看"→"设置"选项，还可以设置显示颜色、显示比例等。

3.2　创建与管理分区

3.2.1　创建主磁盘分区

一个基本磁盘内最多可以有 4 个主磁盘分区。主磁盘分区也被称为卷。创建主磁盘分区，启动"计算机管理"控制台。选取一块未指派的磁盘空间，如图 3-2 所示，这里选择"磁盘 2"；右击该空间，在弹出的快捷菜单中选择"新建简单卷"，进入新建简单卷向导，如图 3-3 所示。

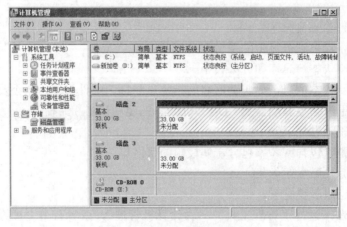

图 3-2　选择未指派的空间

按向导引导设置参数，在如图 3-4 所示的"指定卷大小"对话框中输入该主磁盘分区的容量，此例中指定该分区的容量为 600MB。

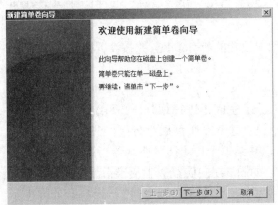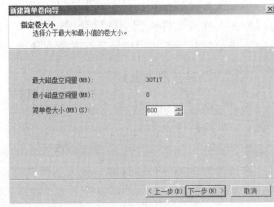

图 3-3　设置向导　　　　　　　　　　　　　　图 3-4　指定分区大小

在如图 3-5 所示的"分配驱动器号和路径"对话框中，为分区指派一个驱动器号，一般取默认值（系统根据现有驱动器顺序编号）即可，如本例中选择驱动器号为 F。

若选择"装入以下空白 NTFS 文件夹中"，则可以将磁盘映射到一个 NTFS 空文件夹。例如，用 D:\backup 来代表该磁盘分区，则所有存储到 D:\backup 的文件都会被存储到该磁盘分区内。

注意：该文件夹必须是空的文件夹，且位于 NTFS 卷内。这个功能特别适用于 26 个磁盘驱动器号（A:～Z:）不够使用时。

若选择"不分配驱动器号或驱动器路径"，则可以在创建完分区后再指定磁盘驱动器号，或者将此磁盘分区映射到一个空文件。

在如图 3-6 所示的"格式化分区"对话框中，选择是否格式化分区，以及采用的文件系统格式。

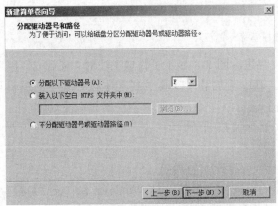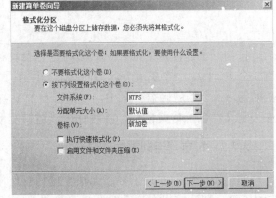

图 3-5　"指派驱动器号和路径"对话框　　　　图 3-6　"格式化分区"对话框

文件系统：可选择 FAT、FAT32 或 NTFS。

分配单位大小：一般建议选用默认值，系统会根据该分区的大小自动设置。

卷标：为该磁盘分区设置一个名称。

执行快速格式化：选择此选项时，系统只是重新创建 FAT、FAT32 或 NTFS 格式，不检查磁盘是否有坏扇区，同时不会真正删除磁盘内原有的文件。

启动文件及文件夹压缩：选择此选项，可将该磁盘设为"压缩磁盘"，以后添加到该磁盘分区中的文件及文件夹都会被自动压缩。

完成上述向导各步设置，最终安装向导列出用户设置的所有参数，并按设置格式化该分区。

3.2.2　创建扩展磁盘分区

在基本磁盘上创建 3 个卷后，若要继续将未分配空间再进行划分，则系统将会自动创建扩展分区来支持更多空间的划分，一个基本磁盘中只创建一个扩展磁盘分区。创建扩展分区后，还需要为该分区创建一个或多个逻辑磁盘驱动器，并给每个逻辑磁盘驱动器指派驱动器号。

在磁盘管理控制台中选取一块未指派的空间，如图 3-7 中磁盘 2 上的未指派空间。右击该空间，在弹出菜单中选择"新建简单卷"选项，同上节创建主磁盘分区操作一样，按向导提示进行设置，我们创建一个容量为 700MB 的简单卷。

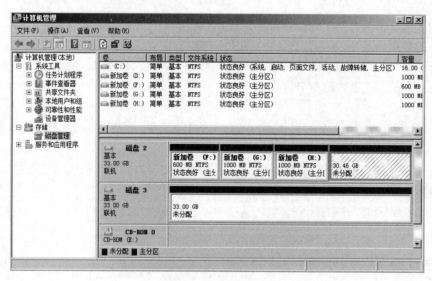

图 3-7　磁盘状态

按向导创建完成之后，扩展磁盘分区自动被创建，图 3-8 显示了完成上述对"磁盘 2"创建 3 个主分区、一个扩展分区后的磁盘分区图示，其中新加卷（I）即为扩展磁盘分区中的逻辑驱动器。一个扩展磁盘分区中，可以有一个或多个逻辑驱动器，给逻辑驱动器指派驱动器号并按一定文件系统格式化后，就可使用该逻辑驱动器存储数据了。

3.2.3　指定"活动"的磁盘分区

如果计算机中安装了多套无法直接相互访问的不同操作系统，如 Windows Server 2008、UNIX 等，则计算机在启动时会启动被设为"活动"的磁盘分区上的操作系统。

假设当前第一个磁盘分区中安装的是 Windows Server 2008，第二个磁盘分区中安装的是 UNIX，如果第一个磁盘分区被设为"活动"，则计算机启动时就会启动 Windows Server 2008。若要下一次启动时启动 UNIX，只需将第二个磁盘分区设为"活动"即可。

由于用来启动操作系统的磁盘分区必须是主磁盘分区，因此只能将主磁盘分区设为"活动”的磁盘分区。指定"活动"磁盘分区，右击目标主磁盘分区，选择"将磁盘分区标为活动"选项即可。

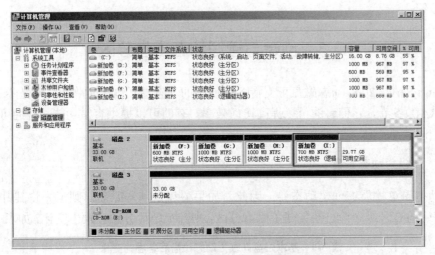

图 3-8　创建主磁盘分区和扩展磁盘分区

3.2.4　对磁盘分区常用操作

对已经创建好的磁盘分区可以进行多种维护工作，下面介绍几个常用的操作。

（1）格式化。

如果创建磁盘分区时没有进行格式化，则在创建分区之后右击该磁盘分区，在弹出的菜单中选择"格式化"，出现如图 3-9 所示的对话框，选择文件系统，设置卷标后单击"确定"按钮。

如果要格式化的磁盘分区中包含数据，则格式化将清除该分区内的数据，此外不能直接格式化系统磁盘分区和引导磁盘分区。

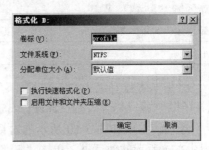

图 3-9　格式化磁盘分区

（2）加卷标。

右击磁盘分区，选择"属性"选项，选择"常规"选项卡，在"卷标"文本框中键入卷标名称。

（3）将 FAT 文件系统转换为 NTFS 文件系统。

进入 MS-DOS 命令提示符窗口，执行 convert.exe 命令，如将磁盘 F 转换为 NTFS 的命令为：

convert　F:　/FS:NTFS

（4）更改磁盘驱动器号及路径。

右击磁盘分区或光驱，选择快捷菜单项"更改驱动器号和路径"，弹出"更改"对话框，单击"更改"按钮，出现"更改驱动器号和路径"对话框，更改驱动器号或映射 NTFS 文件，单击"确定"按钮。

注意，不能更改系统磁盘分区与引导磁盘分区的磁盘驱动器号。最好也不要随意更改其他磁盘分区的磁盘驱动器号，因为有的应用程序可能会直接引用驱动器号访问磁盘内的数据，如果更改了磁盘驱动器号，可能造成这些应用程序无法正常运行。

（5）删除磁盘分区。

右击该磁盘分区，选择"删除卷"选项，系统提示确认对话框，若真的删除分区，则单击"是"按钮。

3.3　创建与管理动态磁盘分区

Windows Server 2008 动态磁盘可支持多种特殊的动态卷，包括简单卷、跨区卷、带区卷、镜像卷和 RAID-5 卷，它们有的可以提高访问效率，有的可以提供容错功能，有的可以扩大分区的使用空间。

3.3.1　升级为动态磁盘

只有动态磁盘才能够创建动态卷，因此，如果磁盘是基本磁盘，则可先将其升级为动态磁盘。如果磁盘在升级之前已经创建了磁盘分区，则升级之后分区会发生变化，如表 3-1 所示。

表 3-1　基本磁盘升级为动态磁盘后各卷的变化

原磁盘分区	变为
主磁盘分区	简单卷
扩展磁盘分区	简单卷
镜像集	镜像卷
带区集	带区卷
奇偶校验的带区集	RAID-5 卷
卷集	跨区卷

将基本磁盘升级为动态磁盘，首先关闭所有正在运行的应用程序，运行"计算机管理"控制台，选择"磁盘管理"选项。右击要升级的基本磁盘，在弹出菜单中选择"转换到动态磁盘"选项，出现如图 3-10 所示的对话框，在其中可以选择多个磁盘同时升级，确定之后出现如图 3-11 所示的对话框，单击"转换"按钮。

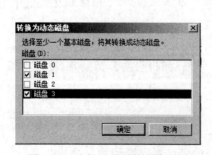

图 3-10　选择要升级的基本磁盘

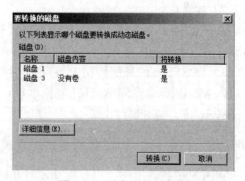

图 3-11　磁盘升级对话框

升级完成后在控制台的管理窗口中可以看到磁盘的类型改变为动态。

注意：如果升级的基本磁盘中包括有系统磁盘分区或引导磁盘分区，则升级之后需要重新启动计算机。

3.3.2　简单卷

动态卷中的简单卷相当于基本磁盘中的主磁盘分区。可以直接选择一个动态磁盘内的未指派空间创建简单卷,需要时可以扩大简单卷。简单卷的空间必须在同一个物理磁盘上,不能跨越多个物理磁盘。

简单卷可以被格式化为 FAT、FAT32 或 NTFS 文件系统,但如果要扩展简单卷,即动态地扩大简单卷的容量,则必须将其格式化为 NTFS 格式。创建简单卷的操作同创建主磁盘分区一样,右击该空间,在弹出的菜单中选择"新建简单卷",进入新建简单卷向导。

按照向导完成配置,系统开始对该卷进行格式化,完成之后在管理窗口中的磁盘列表中可以看到磁盘属性的变化。如图 3-12 所示,磁盘 3 为动态磁盘,在此磁盘上建立容量为 1000MB 的简单卷。

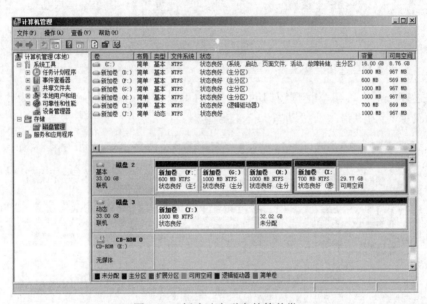

图 3-12　创建动态磁盘的简单卷

对于 NTFS 格式的简单卷,可以根据需要扩展其容量,将其他未指派的磁盘空间合并到简单卷中,当然未指派空间局限于本磁盘上,若选择其他磁盘上的空间,则扩展之后变成跨区卷。

扩展简单卷,运行"计算机管理"控制台,选择"磁盘管理"选项,右击要扩展的简单卷,在弹出的菜单中选择"扩展卷",进入扩展卷向导,选择磁盘、设置扩展的磁盘空间大小等。完成卷扩展后,在磁盘管理控制台中可以看到磁盘的空间变化。

3.3.3　跨区卷

跨区卷是多个(大于一个)位于不同物理磁盘的未指派空间组合成的一个逻辑卷,可以用来将动态磁盘内多个剩余的、容量较小的未指派空间组合成为一个容量较大的卷,以有效地利用磁盘空间。组成跨区卷的每个成员的容量大小可以不同,但不能包含系统卷与启动卷。与简单卷相同,NTFS 格式的跨区卷可以扩展容量,FAT 和 FAT32 格式的跨区卷不具备此功能。

创建一个跨区卷,运行"计算机管理"控制台,选择"磁盘管理"选项,右击一个磁盘中的未指派空间,以动态磁盘 1 为例,在弹出的菜单中选择"新建跨区卷",进入新建跨区卷向导，出现如图 3-13 所示的"选择磁盘"对话框，在"可用"选项中选择"磁盘 3"，并将其添加至"已选的磁盘"中，如图 3-14 所示，并设置各磁盘的空间量为 1000MB，之后操作类似于创建简单卷，设置驱动器号和路径，并进行格式化。

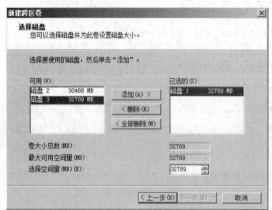 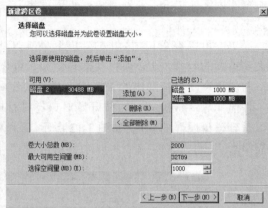

图 3-13　选择磁盘　　　　　　　　　　　图 3-14　选择空间量

完成上述操作后，在磁盘管理窗口的卷列表中可以看到相应卷的"布局"为"跨区"，如图 3-15 所示，K 卷为"跨区"、"动态"、NTFS 卷。

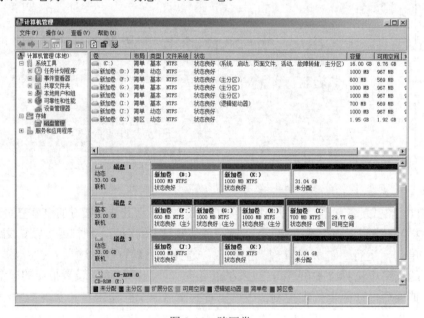

图 3-15　跨区卷

3.3.4　带区卷

与跨区卷类似，带区卷也是由多个（大于一个）分别位于不同磁盘的未指派空间组合成的一个逻辑卷。不同的是，带区卷的每个成员的容量大小相同，并且数据是以 64KB 为单位写入卷，平均地写到每个磁盘内。单纯从速度方面考虑，带区卷是 Windows Server 2008 所有卷类型中运行速度最快的卷。带区卷功能类似于磁盘阵列 RAID 0 标准（条带化存储，存取速度快，但不具有容错能力）。带区卷不具有扩展容量的功能。

创建带区卷的过程与创建跨区卷的过程类似，区别是在选择磁盘时参与带区卷的各磁盘空间必须大小一样，并且最大值不能超过参与该卷磁盘的未指派空间的最小容量。创建完成之后，如果有 3 个容量为 30GB 的空间加入了带区卷，则最后生成的带区卷的容量为 90GB。

3.3.5 镜像卷

镜像卷是由一个动态磁盘内的简单卷和另一个动态磁盘内的未指派空间组合而成，或是由两个未指派的可用空间组合而成，并给予一个逻辑磁盘驱动器号。镜像卷中的两个区域存储完全相同的数据，当一个磁盘出现故障时，系统仍然可以使用另一个磁盘内的数据，因此，它具备容错功能，但磁盘利用率不高，只有 50%。镜像卷的功能类似于磁盘阵列 RAID 1 标准。与跨区卷、带区卷不同的是，它可以包含系统卷和启动卷。

创建镜像卷有两种形式，可以由一个简单卷与另一磁盘中的未指派空间组合而成，也可以由两个未指派的可用空间组合而成。

镜像卷的创建类似于前面几种动态卷的创建过程，区别是选择卷类型时选择"镜像"，其他过程与前述一致，设置驱动器号和路径、磁盘空间大小以及格式化参数。

如果想单独使用镜像卷中的某一个成员，可以通过下列方法之一实现：

（1）中断镜像：右击镜像卷中的任何一个成员，在弹出的菜单中选择"中断镜像"即可中断镜像关系。镜像关系中断以后，两个成员都变成了简单卷，但其中的数据都会被保留。并且，磁盘驱动器号也会改变，处于前面卷的磁盘驱动器号沿用原来的代号，而后一个卷的磁盘驱动器号将会变成下一个可用的磁盘驱动器号。

（2）删除镜像：右击镜像卷中的任何一个成员，在弹出的菜单中选择"删除镜像"，选择删除其中的一个成员，被删除成员中的数据将全部被删除，它所占用的空间将变为未指派的空间。

镜像卷具有容错能力，当其中某个成员出现故障时，系统还能够正常运行。修复出现故障的镜像卷的方法是：删掉出现故障的磁盘，添加一个新磁盘（该磁盘需要转换为动态磁盘），然后用镜像卷中工作正常的成员（此时已变为简单卷）重新创建镜像卷即可。

3.3.6 RAID-5 卷

RAID-5 卷类似于带区卷，也是由多个分别位于不同磁盘上的未指派空间组成的一个逻辑卷。不同的是，RAID-5 卷在存储数据时会根据数据内容计算出奇偶校验数据，并将该校验数据一起写入到 RAID-5 卷中。当某个磁盘出现故障时，系统可以利用该奇偶校验数据推算出故障磁盘内的数据，具有容错能力。其功能类似于磁盘阵列 RAID-5 标准。

RAID-5 卷至少要由 3 个磁盘组成，系统在写入数据时以 64KB 为单位。例如由 4 个磁盘组成 RAID-5 卷，则系统会将数据拆分成每 3 个 64KB 为一组，写数据时每次将一组 3 个 64KB 和它们的奇偶校验数据分别写入 4 个磁盘，直到所有数据都写入磁盘为止。并且，奇偶校验数据不是存储在固定的磁盘内，而是依序分布在每台磁盘内，例如第一次写入磁盘 0、第二次写入磁盘 1，以此类推，存储到最后一个磁盘后，再从磁盘 0 开始存储。

RAID-5 卷的写入效率相对镜像卷差一些，因为写入数据的同时要计算奇偶校验，但读取数据时比镜像卷好，因为可以从多个磁盘同时读取数据。另外，RAID-5 卷的磁盘空间有效利用率为$(n-1)/n$，其中 n 为磁盘的数目，从这一点上看，比镜像卷的磁盘利用率要高。

创建 RAID-5 卷，运行"计算机管理"控制台，选择"磁盘管理"选项，右击任一个未指派空间，在弹出的菜单中选择"创建卷"选项，进入创建卷向导。在如图 3-11 所示的对话框中选择 RAID-5，在出现的如图 3-12 所示的"选择磁盘"对话框中设置磁盘容量，系统默认会以其中容量最小的空间为单位，用户也可以自己设定容量。之后，类似前面创建其他动态卷，指派驱动器号和路径、设置格式化参数，即可完成 RAID-5 卷的创建。创建完成后，在管理控制台中可以看到"布局"属性为 RAID-5 的逻辑卷。

如果 RAID-5 卷中某一磁盘出现故障时（这里假定磁盘 2 出现故障），将出现标记为"丢失"的动态磁盘，且已生成的卷标记为"失败"，如图 3-16 所示。

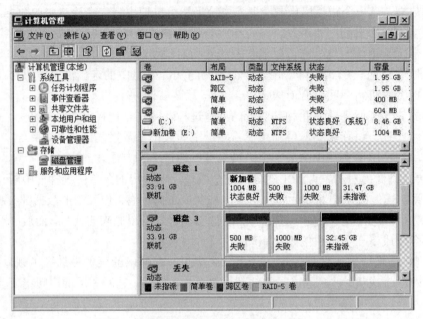

图 3-16　RAID 卷出现故障

恢复失效 RAID-5 卷，可参照如下过程：

（1）将故障盘从计算机中拔出，将新磁盘装入计算机，保证其工作正常。

（2）右击"磁盘管理"选项，选择"重新扫描磁盘"。

（3）右击"失败"的 RAID-5 卷中工作正常的任一成员，在弹出的菜单中选择"修复卷"选项，在弹出的对话框中选择新磁盘来取代原来的故障磁盘。

（4）删除标记为"丢失"的磁盘，RAID-5 卷恢复正常。

3.4　磁盘配额

Windows Server 2008 操作系统可以设置用户访问磁盘的空间容量，即设置磁盘配额，限制用户访问磁盘资源的卷空间数量。

3.4.1　磁盘配额基础知识

1．两个重要参数

当启用磁盘配额时，需要设置两个参数：一个是磁盘配额限制，指定用户可以使用的磁盘空间数量；另一个是警告等级，指定用户接近配额限制的警告值，如图 3-17 所示。

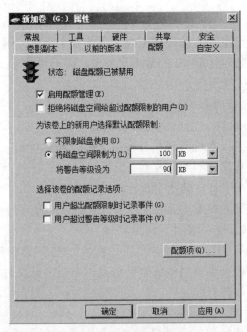

图 3-17　磁盘配额属性页

如图中示例，设置用户磁盘配额限制是 100MB，磁盘配额警告等级为 90MB，同时拒绝将磁盘空间给超过配额限制的用户。在此情况下，用户可在卷中存储不超过 100MB 的文件。如果用户在卷中存储了超过 90MB 的文件，磁盘配额系统将事件记录到日志中。

有时，系统管理员只想跟踪每个用户的磁盘空间使用情况，此时启用磁盘配额但不限制磁盘空间使用；或者，允许用户可以超过配额限制（不启用拒绝复选项），并设置"用户超出配额限制时记录事件"，则当用户超过配额限制和磁盘配额警告等级时记录日志事件。

为支持磁盘配额，磁盘卷必须为 NTFS 格式。而且，为了管理卷的配额，用户必须是本地计算机上的管理员组成员。如果卷不是 NTFS 格式，或者用户不是本地计算机上的管理员组成员，配额选项卡不会显示在卷的属性页上。此外，文件压缩不影响卷的记账数字，例如，一个用户被限制为 5MB 的磁盘空间，该用户只能存储 5MB 的文件，即使文件被压缩。

2. 磁盘配额与用户的关系

在 Windows Server 2008 中，每个用户的磁盘配额是独立的，一个用户的磁盘配额使用情况的变化不会影响其他用户。

磁盘配额依据文件的所有权计算，与卷中用户文件的文件夹位置无关。例如，如果用户将相同卷中的文件从一个文件夹移到另一个文件夹，卷空间的使用并不改变。然而，如果用户将文件复制到相同卷的不同文件夹中，则卷空间使用加倍。

3. 物理磁盘和文件夹对磁盘配额的影响

磁盘配额只适用于卷，与卷的文件夹结构和物理磁盘的分布无关。如果卷有多个文件夹，配额适用于该卷中的所有文件夹。例如，如果\\Library\jsj 和\\Library\shx 处于相同卷，都是某一卷中的共享文件夹，用户对\\Library\jsj 和\\Library\shx 的使用总和不能超过在该卷上分配的配额。

如果单个物理磁盘含有多个卷，可以给每个卷分配配额，每个卷配额只适用于指定卷。例如，共享两个不同的卷（卷 E、卷 F），对两个卷的配额跟踪是独立的，即使它们存在于相同的物理磁盘上。

如果卷跨越多个物理磁盘，卷的相同配额适用于整个跨卷。例如，卷 E 有 100MB 的限制配额，那么用户不能存储超过 100MB 的数据到卷 E，而不管卷 E 是在一个物理磁盘还是跨越 3 个物理磁盘。

4. 用户活动对磁盘配额的影响

在 Windows Server 2008 中，用户活动影响磁盘配额。例如，下列每一种情况的用户活动将导致磁盘空间被文件占据，系统管理员可按照用户配额来限制：

- 用户复制或存储新文件到 NTFS 卷。
- 用户获得 NTFS 卷中文件的所有权。

例如，如果用户 A 获得用户 B 复制到卷中的 6KB 文件的所有权，则用户 B 的磁盘使用降低了 6KB，而用户 A 的磁盘使用增加了 6KB。

如果修改其他人所拥有的文件，用户自身的磁盘配额不受影响。例如，如果管理员在服务器上创建了 10MB 的工程文件，组中的每个成员可以更新此文件，而不管他们的配额状态。文件被分给管理员，管理员拥有此文件。

5. 磁盘配额与文件系统转换的关系

磁盘配额是基于文件所有权的一种操作，所以对卷的任何改变都会影响其上文件的所有权状态，包括文件系统转换，从而会影响到卷的磁盘配额。因此，用户在将现有的卷从一个文件系统转换为另一个文件系统之前，应该考虑文件系统的转换可能将导致文件所有权的改变。

存储在 NTFS 域中的文件识别所有者，磁盘配额既与新格式的 NTFS 卷有关，又与来自 Windows 2000/NT 4.0 和更早安装的 NTFS 卷有关。然而，由于 FAT 和 FAT32 卷中的文件为系统所有，从 FAT 或 FAT32 转换为 NTFS 卷上的文件不会计算在拥有此文件的用户上，在这种情况下，此文件计算到管理员账户下。

6. 本地和远程实现磁盘配额

磁盘配额可以在本地计算机和远程计算机的卷上启动。在本地计算机，系统管理员可以使用配额来限制登录到本地计算机的不同用户可使用的卷空间数量。对于远程计算机，系统管理员可以使用配额限制远程用户使用卷。

使用磁盘配额的好处有很多，例如：

- 保证登录到相同计算机的多个用户之间互不干扰。
- 保证在公共服务器上的磁盘空间不被一个或更多用户独占。
- 保证用户不过分使用个人计算机中共享文件夹上的磁盘空间。

为了在远程计算机卷上启用配额，这些卷的格式必须为 NTFS，并能从卷的根目录共享。为了启用远程计算机上的磁盘配额管理，还必须是远程计算机卷上的管理员组的成员。

Windows 系统文件所占空间包含在本地计算机上的个人卷中。因此，当在本地计算机上实现磁盘配额时，应当考虑 Windows 文件使用的磁盘空间。根据卷上的空闲可用空间，对安装 Windows 的用户，可以设置高的配额限制或根本无限制。当然，管理员使用磁盘空间是不受限制的。

3.4.2 磁盘配额的配置

在 Windows Server 2008 中，磁盘配额按照卷跟踪控制磁盘空间使用。配置磁盘配额，右击某磁盘驱动器图标（驱动器使用的文件系统应为 NTFS），选择"属性"选项，打开"本地磁盘属性"对话框。单击"配额"选项卡，选择"启用配额管理"复选框，激活"配额"选项卡中的所有配额设置选项，如图 3-17 所示，例子中配置 C 磁盘驱动器。

如果不允许用户过量地占用服务器的磁盘空间和资源，管理员可选定"拒绝将磁盘空间给超过配额限制的用户"复选框，限制用户对磁盘空间的占用。如不想限制用户使用服务器磁盘空间，可选定"不限制磁盘使用"单选按钮，此时所有用户可以随意使用服务器的磁盘空间。

通常管理员需要限制用户使用服务器的磁盘空间数量，以便保证所有网络用户都可顺利地访问服务器及使用网络资源。这时，管理员可选定"将磁盘空间限制为"单选按钮，同时在后面的"磁盘容量单位"下拉列表框中选择需要的磁盘容量单位，默认情况下系统设定容量单位为 KB，之后即可在容量大小文本框中输入合适的数值，将用户使用服务器的磁盘空间限制在该数值内。

如果在"将警告等级设置为"文本框中输入合适的磁盘容量数值并在后面的下拉列表框中选择一种磁盘容量单位，当用户使用磁盘超过了该设定的磁盘配额限制时，系统将自动给出警告。

另外，管理员可以分别选定"用户超出配额限制时记录事件"复选框和"用户超过警告等级时记录事件"复选框以启用这两项配额事件记录选项。

单击"配额项"按钮，打开"本地磁盘（C:）的配额项"窗口，如图 3-18 所示。管理员可以新建配额项、删除已建立的配额项，或者将已建立的配额项信息导出并存储为文件，以后需要时管理员可直接导入该信息文件，获得配额项信息。

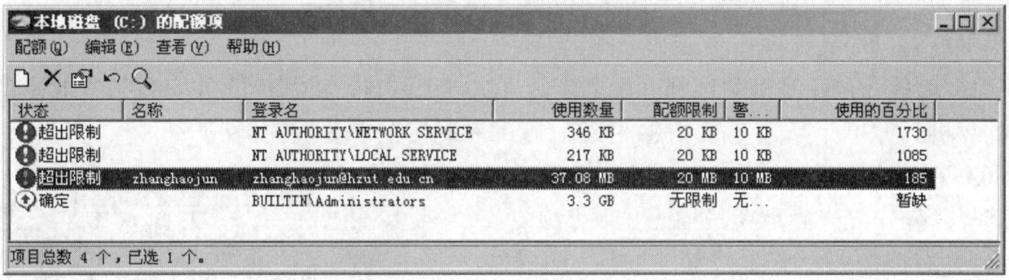

状态	名称	登录名	使用数量	配额限制	警...	使用的百分比
超出限制		NT AUTHORITY\NETWORK SERVICE	346 KB	20 KB	10 KB	1730
超出限制		NT AUTHORITY\LOCAL SERVICE	217 KB	20 KB	10 KB	1085
超出限制	zhanghaojun	zhanghaojun@hrut.edu.cn	37.08 MB	20 MB	10 MB	185
确定		BUILTIN\Administrators	3.3 GB	无限制	无...	暂缺

项目总数 4 个，已选 1 个。

图 3-18　配额项目窗口

如果管理员需要创建一个新的配额项，选择"配额"→"新建配额项"命令，出现如图 3-19 所示的"选择用户"对话框。可以直接输入设置配额项的用户名，如 zhanghaojun，单击"检查名称"按钮检查对象名称的正确性，或单击"高级"按钮进行自动查找。单击"确定"按钮，打开"添加新配额项"对话框，如图 3-20 所示。

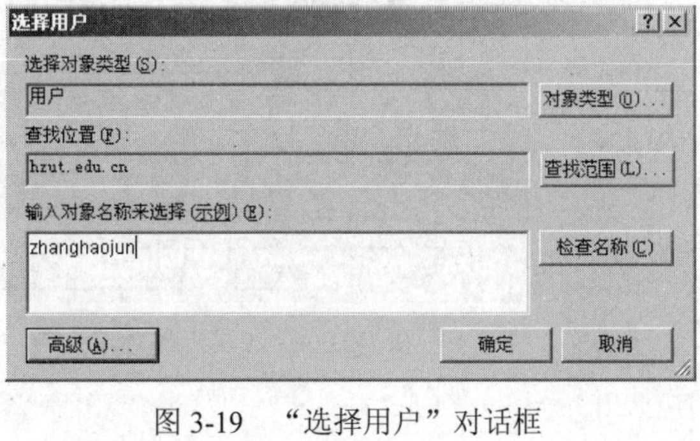

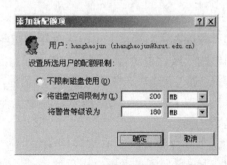

图 3-19　"选择用户"对话框　　　　　图 3-20　"添加新配额项"对话框

在"添加新配额项"对话框中，可以对选定的用户的配额限制进行设置。同上面"配额"选项卡中的设置一样。单击"确定"按钮完成新建配额项的所有操作，并返回到"本地磁盘的配额项目"窗口，此时添加了新的磁盘配额项目，如图 3-18 所示。关闭该窗口，完成磁盘配额设置并返回到"配额"选项卡。

3.5　维护磁盘

3.5.1　添加磁盘

如果向安装 Windows Server 2008 的计算机内安装一个新磁盘，则在该计算机重新启动时，系统会自动检测到这个新磁盘，并且自动更新磁盘的状态，这个磁盘会自动出现在磁盘管理控制台中。

如果计算机及磁盘支持"热插拔"功能，可以在不停机的状态下直接将磁盘插入计算机内或从计算机内拔出，但此时需要在磁盘管理控制台中重新扫描磁盘，右击"磁盘管理"，在弹出的菜单中选择"重新扫描磁盘"，更新磁盘状态。一般情况下，扫描后不需要重新启动计算机，除非扫描过程中无法检测到新安装的磁盘。

如果将另外一台计算机内的磁盘移动并安装到本地计算机中，系统能够自动识别这个磁盘，并可以正常访问。如果系统无法自动将磁盘转入为内部时，在磁盘管理控制台中该磁盘的状态显示为"外部"，则需要用户手动将其转入本地计算机内。

添加新磁盘的具体操作步骤如下：

（1）从另一台计算机中选择"状态良好"的一个磁盘，将其拆除并安装到本地计算机中，启动计算机。如果计算机支持"热插拔"，则可以直接在不关机的情况下拆除、安装磁盘。

（2）在磁盘管理控制台中，右击"磁盘管理"，或者选择"操作"→"重新扫描磁盘"命令。

（3）右击控制台中标示为"外部"的磁盘，在弹出的菜单中选择"导入外部磁盘"命令。

（4）在弹出的"导入外部磁盘"对话框中单击"确定"按钮，按照向导提示即可将该磁盘转入本地计算机。

3.5.2　磁盘整理与故障恢复

Windows Server 2008 中自带了"碎片整理"和"磁盘查错"等几个实用磁盘管理工具，在"我的电脑"或"资源管理器"中右击任意一个磁盘，选择"属性"选项，打开"属性"对话框，选择"工具"选项卡，如图 3-21 所示，其中包含了常用的几个工具。

"碎片整理"工具主要用于消除磁盘上的碎片，即一些零散的数据。磁盘使用一段时间后，其

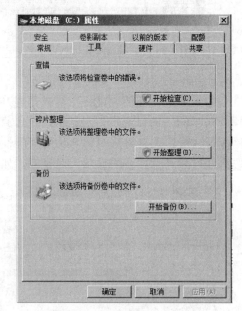

图 3-21　"工具"选项卡

中的数据难免会零零散散，造成访问效率降低。整理碎片之后，可使原来零散的文件存放在一

段连续的磁盘空间上，提高磁盘的访问效率。

　　"查错"工具提供了检查磁盘错误的功能，当扫描到磁盘内有损坏的扇区时，标记该扇区，以后系统不再尝试将数据写在该扇区内。若该扇区的内容可勉强读出，则会在读出数据后将这些数据存储到其他扇区，并标记该不稳定的扇区，以免以后再将数据写入其中。

　　另外，在"工具"选项卡中还提供有"备份"工具，可用来备份或还原磁盘数据，以及创建紧急修复磁盘。

 **本章小结**

　　磁盘管理是 Windows Server 2008 中的重要服务器资源管理功能。本章介绍了磁盘管理的基本概念、基本磁盘和动态磁盘的常用管理方法，介绍了简单卷、带区卷、跨区卷、镜像卷和RAID-5 卷的概念及创建方法。磁盘配额是管理系统用户、网络用户使用计算机磁盘资源的一种手段，合理配置磁盘配额可以提高资源管理效率，本章介绍了磁盘管理的概念和设置过程。

 **习题三**

　　1．磁盘管理主要包括哪些内容？Windows Server 2008 中管理磁盘的工具是什么？

　　2．基本磁盘和动态磁盘有什么区别？

　　3．如何创建主磁盘分区？如何创建逻辑驱动器？

　　4．区别几种动态卷的工作原理及创建方法。

　　5．如果 RAID-5 卷中某一块磁盘出现了故障，如何恢复？

　　6．如何限制某个用户使用服务器上的磁盘空间？

　　7．添加一块新磁盘需要做哪些工作？

 **实训三**

题目：磁盘管理

内容与要求：

　　1．使用磁盘管理控制台，分别创建主磁盘分区、扩展磁盘分区，并对已经创建好的分区进行格式化、更改磁盘驱动器号及路径。

　　2．使用磁盘管理控制台，创建简单卷、扩展简单卷，创建跨区卷、带区卷、镜像卷、RAID-5卷，并对具有容错能力的卷尝试数据恢复操作。

　　3．利用磁盘配额工具对不同的用户分配相应的磁盘空间，测试配置磁盘配额后用户使用存储资源时的受限情况。

　　4．利用磁盘整理、磁盘查错等工具实现对磁盘的简单维护。

第 4 章　文件系统管理

Windows Server 2008 支持 NTFS 文件系统，NTFS 具有支持大容量磁盘、高安全性、高可靠性等诸多优点，并支持分布式文件系统应用，使得 Windows Server 2008 作为服务器操作系统能够提供稳定、可靠、高效的网络应用性能。本章包括以下内容：

- Windows Server 2008 支持的文件系统类型及其特点
- 管理文件和文件夹的访问许可权
- 添加与管理共享文件夹
- 分布式文件系统（DFS）的概念及应用

文件和文件夹是计算机系统组织数据的集合单位，Windows Server 2008 提供了强大的文件管理功能，其 NTFS 文件系统具有高安全性能，方便用户在计算机或网络上处理、使用、组织、共享和保护文件及文件夹。

4.1　Windows Server 2008 支持的文件系统

运行 Windows Server 2008 的计算机的磁盘分区可以使用 3 种类型的文件系统：FAT、FAT32 和 NTFS，当计算机作为服务器提供网络服务时，建议采用 NTFS 类型，因为 NTFS 具有支持大容量磁盘、高安全性、高可靠性等诸多优点。

4.1.1　FAT 文件系统

FAT（File Allocation Table）即文件分配表，可分为 FAT16 和 FAT32 两种类型。早期 DOS、Windows 95 使用 FAT16 文件系统，现在常用的 Windows 2000/2003/XP 等系统仍支持 FAT16 文件系统。FAT16 文件系统最大可以管理 2GB 的磁盘分区，但每个分区最多只能有 65525 个簇（簇是磁盘空间的配置单位）。随着硬盘或分区容量的增大，每个簇所占的空间将越来越大，在应用中会导致硬盘空间的浪费。FAT32 是 FAT16 的增强版，可以支持大到 2TB（2048GB）的磁盘分区。FAT32 使用的簇比 FAT16 小，能够有效地节约磁盘空间。

FAT 适合小卷集以及对系统安全性要求不高的应用。FAT 文件系统是一种最初用于小型磁盘和简单文件夹结构的简单文件系统，向后兼容，其最大的优点是适用于所有的 Windows 操作系统。FAT 文件系统应用到容量较小的卷上效率高，因为 FAT 启动只使用非常少的开销。FAT 最适合在容量低于 512MB 的卷上工作，当卷容量超过 1.024GB 时，其效率会下降。对于使用 Windows Server 2008 的用户来说，FAT 文件系统一般不能满足系统的要求。

FAT 文件系统的优点主要是所占容量与计算机的开销很少，支持多种操作系统，在多种操作系统之间可移植。这使得 FAT 文件系统可以方便地用于传送数据，但同时也带来较大的安全隐患。从机器上拆下 FAT 格式的硬盘，几乎可以把它装到任何其他计算机上，不需要任何专用软件即可直接读写。

FAT 系统的缺点主要有：

（1）容易受损害。由于缺少恢复技术，易受损害，每当 FAT 文件系统损坏时，计算机就要瘫痪或者不正常关机，因此需要经常使用磁盘一致性检查软件。

（2）单用户。FAT 文件系统是为类似于 MS-DOS 这样的单用户操作系统开发的，它不保存文件的权限信息。因此，除了隐藏、只读之类的很少几个公共属性之外，不具备高级别安全防护措施。

（3）更新效率低。FAT 文件系统在磁盘的第一个扇区保存其目录信息。当文件改变时，FAT 必须随之更新，这样磁盘驱动器就要不断地在磁盘表中寻找，当复制多个小文件时，这种开销就变得很大。

（4）缺乏防止碎片的有效措施。FAT 文件系统只是简单地以第一个可用扇区为基础来分配空间，这会增加碎片，因而也就加长了增加与删除文件的访问时间。

（5）文件名长度受限。FAT 限制文件名不能超过 8 个字符，扩展名不能超过 3 个字符，这样短的文件名通常不足以用来提供有意义的文件名。

Windows 操作系统在很大程度上依靠文件系统的安全性来实现自身的安全性。没有文件系统的安全防范，就没办法阻止他人不适当地删除文件或访问某些敏感信息。从根本上说，没有文件系统的安全，系统就没有安全保障。因此，对于安全性要求较高的用户来讲，建议不要使用 FAT。

4.1.2　NTFS 文件系统

NTFS（New Technology File System）是微软提供的高性能文件系统，它支持许多新的文件安全、存储和容错功能。

1. NTFS 简介

Windows 的 NTFS 文件系统提供了 FAT 文件系统所没有的安全性、可靠性和兼容性。其设计目标就是在大容量的硬盘上能够快速执行读、写和搜索等文件操作，支持文件系统恢复等高级操作。NTFS 文件系统包括了文件服务器和高端个人计算机所需的安全特性，还支持数据访问控制和私有权限。除了可以赋予计算机中的共享文件夹特定权限外，NTFS 文件和文件夹无论共享与否都可以赋予权限，NTFS 是唯一允许为单个文件指定权限的文件系统。但是，当用户从 NTFS 卷移动或复制文件到 FAT 卷时，NTFS 文件系统权限和其他特有属性将会丢失。

从本质上讲，卷中的一切都是文件，文件中的一切都是属性，从数据属性到安全属性，再到文件名属性。NTFS 卷中的每个扇区都分配给了某个文件，甚至文件系统的超数据（描述文件系统自身的信息）也是文件的一部分。

2. NTFS 文件系统的优点

NTFS 文件系统具有 FAT 文件系统的所有基本功能，并且具有 FAT 文件系统所没有的优点。

（1）更强的安全保障，可以赋予单个文件和文件夹权限。对同一个文件或文件夹为不同用户指定不同的权限。同时提供文件加密功能，能够大大提高信息存储和使用的安全性。

（2）支持最大达 2TB 的大硬盘，并且随着磁盘容量的增大，NTFS 的性能不像 FAT 那样随之降低。NTFS 文件夹的 B-Tree 结构使得用户在访问较大文件夹中的文件时，速度甚至比访问卷中较小文件夹中的文件还快。

（3）NTFS 文件系统中设计的恢复能力无须用户在 NTFS 卷中运行磁盘修复程序。在系统崩溃事件中，NTFS 文件系统使用日志文件和复查点信息自动恢复文件系统的一致性。

（4）支持磁盘压缩功能。可以在 NTFS 卷中压缩单个文件和文件夹。NTFS 系统的压缩机制可以让用户直接读写压缩文件，而不需要使用解压软件将这些文件展开。

（5）支持活动目录和域，使用户可以方便灵活地查看和控制网络资源。

（6）支持稀疏文件。稀疏文件是应用程序生成的一种特殊文件，文件尺寸非常大，但实际上只需要很少的磁盘空间，也就是说，NTFS 只需要给这种文件实际写入的数据分配磁盘存储空间。

（7）支持磁盘配额，用于管理和控制每个用户所能使用的最大磁盘空间。

早期 Windows 95/98 系统不支持 NTFS 文件系统，如果需要配置双重启动系统，即在同一台计算机上同时安装 Windows Server 2003 和 Windows 95 或 98，则无法从 Windows 95/98 系统访问 NTFS 分区上的文件。因此，使用双重启动系统建议采用 FAT32 文件系统。

3. NTFS 的安全特性

NTFS 实现了很多安全功能，包括基于用户和组账号的许可权、审计、拥有权、可靠的文件清除和上一次访问时间标记等安全特性。

（1）许可权。NTFS 支持面向用户的访问许可，即能够记住哪些用户或组可以访问哪些文件或记录，并为不同的用户提供不同的访问等级。

（2）审计。操作系统将与 NTFS 安全有关的事件记录到安全记录中，使用"事件查看器"可以查看这些记录，系统管理员可以设置哪些方面要进行审计以及详尽程度。

（3）拥有权。NTFS 能记住文件的所属关系，创建文件或目录的用户自动成为该文件的拥有者，并拥有对它的全部权限。管理员或个别具有相应许可的人可以接受文件或目录的拥有权。

（4）可靠的文件清除。NTFS 会回收未分配的磁盘扇区中的数据，对这种扇区的访问将返回 0 值，这样可以防止利用对磁盘的低层次访问恢复已经被删除的扇区数据。

（5）上次访问时间标记。NTFS 能够记录文件上次被打开（用于任何访问）的时间。在确定系统是否被侵入及遭到入侵的程度时，该功能具有重要价值。

（6）自动缓写功能。NTFS 是一种基于记录的文件系统，它既要记录文件和目录的变化，还要记录在系统失效情况下如何取消（Undo）和重作（Redo）这些变更。该特性使 NTFS 文件系统比 FAT 文件系统具有更强的稳定性。

（7）热修复功能。热修复技术（Hot Fixing）使 NTFS 能容忍磁介质正常老化过程而不丢失数据。当扇区发生写故障时，NTFS 会自动进行检测，把有故障的簇加上不可使用标记，并写入新簇。硬盘的热修复只能在硬件支持热修复的 SCSI 驱动器上实现。

（8）磁盘镜像功能。磁盘镜像技术（Disk Mirroring）能容忍系统中的一个硬盘完全损坏。NTFS 允许指定同样大小的两个分区作为镜像卷，在两个位置上保存同样的数据。如果任何一个卷发生故障，则可使用它的镜像，直至有故障的分区被替换。

（9）有校验的磁盘条带化。NTFS 允许在多个硬盘上创建条带集，可以同时访问这些硬盘，一个硬盘上保存着其余硬盘空间上所有数据的算术和，可以用它重新计算条带集中任何发生故障的硬盘所含的数据，这意味着在多磁盘环境下任何一个磁盘的故障都不会引起系统的崩溃。

（10）文件加密。NTFS 文件系统支持文件系统加密功能，即可以加密硬盘上的重要文件，以保证文件的安全。

4.2　管理文件与文件夹的访问许可权

文件系统的许可权以用户和组账户为基础实现。每个文件、文件夹都有一个称为访问控制清单（Access Control List）的许可清单，该清单列举出哪些用户或组对该资源有哪种类型的访问权限。访问控制清单中的各项称为访问控制项。文件访问许可权只能用于 NTFS 卷。

4.2.1　NTFS 文件权限的类型

（1）读取。此权限允许用户读取文件内的数据、查看文件的属性、查看文件的所有者、查看文件的权限。

（2）写入。此权限包括覆盖文件、改变文件的属性、查看文件的所有者、查看文件的权限等。

（3）读取及运行。此权限除了具有"读取"的所有权限，还具有运行应用程序的权限。

（4）修改。此权限除了拥有"写入"、"读取及运行"的所有权限外，还能够更改文件内的数据、删除文件、改变文件名等。

（5）完全控制。拥有所有 NTFS 文件的操作权限。

4.2.2　设置访问许可权

实现 Windows Server 2008 的安全策略主要包括以下几种：

（1）对服务器上的所有文件实施强有力的、基于许可的安全措施。

（2）对中低安全性的安装，除系统卷和引导卷外，所有驱动器上均实施域用户（Domain User）管理，避免使用默认的每个用户（Everyone）、完全控制（Full Control）许可等安全措施。

（3）对于高安全性安装，去掉所有 Everyone、完全控制许可权。不要用默认许可代替，只在特别需要的地方才增加许可。

（4）以机构中的自然关系为基础建立组，按组分配文件许可权。

（5）利用第三方的许可审计软件管理复杂环境中的许可权问题。

4.2.3　文件与文件夹的访问许可冲突

由于可以为每个单独的用户账户和组指定 NTFS 权限，因此一个用户账户既可以有自己特有的权限，也可以拥有所属组被指定的所有权限，即多重 NTFS 权限。在多重 NTFS 权限中，可能会出现资源许可权冲突，例如当某个用户是多个组的成员时，其中的某些组可能被允许访问某种资源，而其他组则被拒绝访问该资源。此外，有时也可能出现重复的许可，例如，某用户对一文件夹具有读（Read）访问权限，但该用户又是 Administrator 组的成员，同时又拥有完全控制（Full Control）权限。

NTFS 文件权限按以下方式确定：

（1）权限具有累加性。用户对每个资源的有效权限是其所有权限的总和，即权限相加，所有的权限加在一起为该用户的权限。

（2）拒绝权限高于所有其他权限。例如，当用户对某一个资源的权限被设为拒绝访问时，则用户的最后权限是无法访问该资源，其他的权限不再起作用。

（3）文件权限高于文件夹权限。当用户或组对某个文件夹以及该文件夹下的文件具有不同的访问权限时，用户对文件的最终权限是用户被赋予访问该文件的权限。例如，共享文件夹允许完全控制，而文件允许只读，则该文件为只读。

4.2.4　查看文件与文件夹的访问许可权

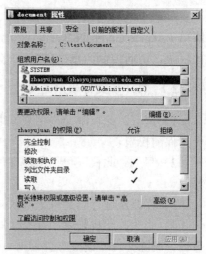

查看文件或文件夹的属性，选定文件或文件夹，右击并选择"属性"选项。在打开的文件或文件夹的属性对话框中选择"安全"选项卡，如图 4-1 所示。在"组或用户名称"列表框中列出了对选定的文件或文件夹具有访问许可权限的组和用户。当选定了某个组或用户后，该组或用户所具有的各种访问权限将显示在权限列表中。如图所示，用户 zhaoyujuan 具有对文件夹 document 的"读取和运行"、"列出文件夹目录"和"读取"权限。

需要注意，没有列出来的用户也可能具有对文件或文件夹的访问许可权，因为用户可能属于某个组。好的做法是，不要直接把对文件的访问许可权分配给

图 4-1　查看文件夹访问许可权

用户，最好先创建组，把许可权分配给组，然后把用户添加到组中。基于组的访问许可管理更具灵活性，如更改整个组的访问许可权，而不必逐个修改每个用户访问许可。

4.2.5　更改文件或文件夹的访问许可权

当需要更改用户对文件或文件夹的权限时，首先必须具有该文件或文件夹的更改权限或拥有权。用户可以在如图 4-1 所示的对话框中选择需要设置的用户或组，直接选定或取消对应权限"允许"、"拒绝"的复选框。

在打开的文件或文件夹的"属性"对话框里，单击"安全"选项卡中的"高级"按钮，打开"高级安全设置"对话框，如图 4-2 所示。在此，可以进一步设置额外的高级访问权限。

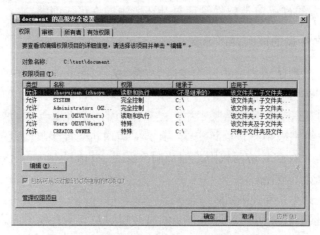

图 4-2　设置文件或文件夹的高级访问权限

单击"编辑"按钮，打开选定对象的权限项目对话框，如图 4-3 所示，此时用户可以通过"应用到"下拉列表框选择应用范围，并对选定范围访问权限进行更加全面的设置。

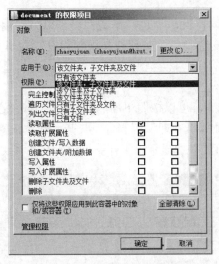

图 4-3　设置高级访问权限

4.2.6　添加文件或文件夹的访问许可权

为已存在的文件或文件夹添加访问许可权，选择对应的文件或文件夹，打开如图 4-1 所示的"document 属性"对话框，单击"编辑"按钮，在弹出的 document 权限对话框中单击"添加"按钮，出现"选择用户、计算机或组"对话框，单击"高级"按钮，展开查找窗口，如图 4-4 所示。单击"立即查找"按钮，在"搜索结果"列表中列出目前"查找范围"内所有的用户或组，用户可以根据需要选择需要赋予访问许可权的用户或组，单击"确定"按钮返回后可以进一步设置对应的访问许可权。

图 4-4　添加访问许可权

4.3 添加与管理共享文件夹

资源共享是网络最重要的特性，通过共享文件夹可以方便用户交换文件。当然，简单地设置共享文件夹可能会带来安全隐患，必须认真规划和设置共享文件夹的访问权限。

4.3.1 添加共享文件夹

在 Windows Server 2008 中，可以按照下面的方法设置共享文件夹。

运行"管理工具"→"计算机管理"控制台，打开"计算机管理"窗口，单击"共享文件夹"→"共享"子节点，窗口的右边显示出了计算机中所有共享文件夹的信息，如图 4-5 所示。

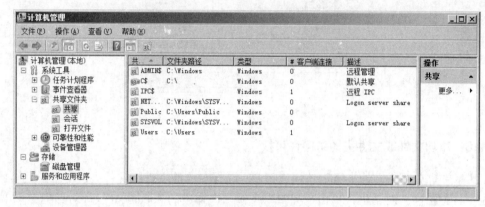

图 4-5　计算机管理窗口

建立新的共享文件夹，选择"操作"→"新建共享"，或者在左侧窗口中右击"共享"子节点，选择"新建共享"，进入"创建共享文件夹向导"，在文件夹路径对话框中输入共享的文件夹路径（如浏览选择本地路径 C:\software）。在"名称、描述和设置"对话框中输入共享名，共享名是其他网络用户浏览该文件夹的名称，默认与选择的本地共享文件夹同名，也可以修改为希望的其他名称，如图 4-6 所示，共享名设置为 Tools，在共享描述中可输入一些该资源的描述性信息，以方便用户了解其内容。

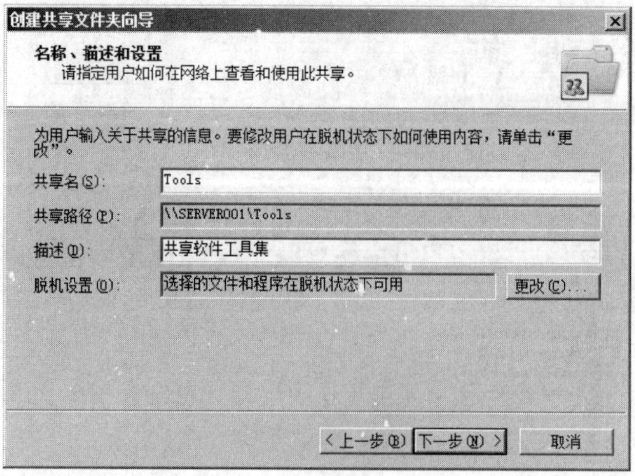

图 4-6　输入共享文件夹的共享名称、共享描述

单击"下一步"按钮，进入"共享文件夹的权限"对话框，如图 4-7 所示，用户可以根据自己的需要设置网络用户的访问权限，或者选择自定义权限，如图中例子权限设置为"管理员有完全访问权限；其他用户有只读权限"。单击"完成"按钮，即完成共享文件夹的设置。

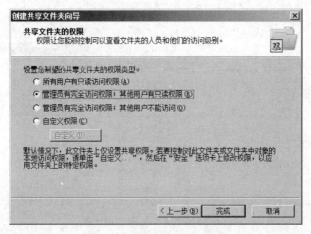

图 4-7　设置共享文件夹权限

用户也可以通过如下方法设置共享文件夹。通过"我的电脑"或"资源管理器"选择要设置为共享的文件夹。右击文件夹选择"共享"选项，打开文件共享对话框，单击下拉列表框选择 everyone 或选择"查找"，确定要与其共享的网络上的用户，然后单击"添加"按钮添加到共享用户名称列表框中，如图 4-8 所示，然后单击"共享"按钮，完成所选用户对该文件夹的"读取"共享。

如果要设置更多内容如更改共享名、设定用户连接数量、共享用户的权限等，则右击文件夹选择"属性"选项，打开文件属性对话框，在其中选择"共享"选项卡，单击"高级共享"按钮，打开如图 4-9 所示的对话框，通过"添加"按钮可以设置文件夹共享名为 software、最多允许同时连接的用户数等。

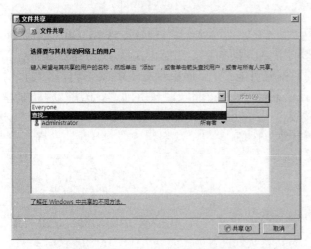

图 4-8　"文件共享"对话框

图 4-9　"高级共享"对话框

如果设置用户对该共享文件夹的访问权限，单击图 4-9 中的"权限"按钮，出现如图 4-10 所示的共享权限对话框，"组或用户名"列表框中列出了对该文件夹具有访问权限的组和用户，选择组或用户，下面的列表框中将显示出组或用户对应的访问许可权限。例如，示例中 Everyone 组，对共享文件夹具有"读取"权限。在此，用户还可以根据需要添加组或用户，更改组或用户的访问权限。

图 4-10   "共享权限"对话框

需要注意共享权限的设定与文件夹访问许可的一致性。例如，共享某一文件夹，设定用户 zhaoyujuan 对该文件夹共享权限为读取、写入。但是，该文件夹用户 zhaoyujuan 的访问许可只具有读取权限，拒绝写入（一定设置拒绝写入，不明确指定则该用户可能继承所属组的属性，具有写入权限），此时，从其他计算机以 zhaoyujuan 用户名登录访问该共享文件夹，则该用户只具有读取权限。

在 Windows Server 2008 构架的域环境中，以不同的域用户身份或主机方式登录服务器、创建文件，或者用户在某一文件夹内创建子文件夹时，该文件夹的访问许可继承父系权限。因此，设置共享时需要检查共享权限与文件夹访问许可的一致性。

使用共享文件，可以根据需要修改共享文件夹的属性，如添加组或用户，更改共享的连接用户个数、权限等。

4.3.2   停止共享文件夹

当用户不想共享某个文件夹时，可以停止对其的共享。在停止共享之前，应该确定已经没有用户与该文件夹连接，否则该用户的数据有可能丢失。停止对文件夹的共享操作如下：打开"计算机管理"控制台，选择"共享"目录下要停止共享的文件夹并右击，选择"停止共享"选项，在弹出的对话框中单击"确定"按钮；也可以使用"我的电脑"或"资源管理器"，选定已经设为共享的文件夹并右击，选择"共享"选项，打开"文件共享"对话框，选择"停止共享"选项，单击"完成"按钮。

4.3.3   映射网络驱动器

用户在本地计算机上可以将经常使用的网络共享文件夹映射为本地驱动器，使用户像使用本地驱动器一样使用网络上其他主机上的共享文件夹。

设置映射网络驱动器，右击"我的电脑"，选择"映射网络驱动器"选项，打开如图 4-11 所示的对话框。在"驱动器"下拉列表框中选择一个本机没有的盘符作为共享文件夹的映射驱动器符号。输入共享的文件夹名及路径，或者单击"浏览"按钮，打开"浏览文件夹"对话框，选择要映射的文件夹。如图所示，示例中选择了 SERVER001 计算机上的共享文件夹。

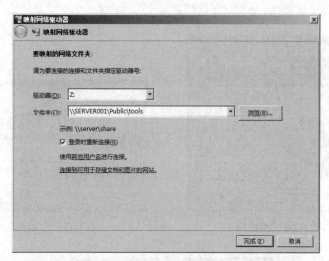

图 4-11　"映射网络驱动器"对话框

单击"完成"按钮，即可完成对共享文件夹到本机的映射。此时，打开"我的电脑"，将发现本机多了一个驱动器符，通过该驱动器符可以访问该共享文件夹，如同访问本机的物理磁盘一样。

当不再需要使用网络驱动器时，可以将其断开。右击"我的电脑"，选择"断开网络驱动器"选项，选择要断开的网络驱动器，再单击"确定"按钮。

4.4　文件的压缩与加密

Windows Server 2008 支持对 NTFS 磁盘及分区内的文件、文件夹进行压缩与加密，但不支持对 FAT 与 FAT32 磁盘分区上的文件进行上述操作。压缩文件可以提高磁盘利用率，加密文件可以提高文件的安全性，这些操作对用户是透明的。

4.4.1　文件、文件夹的压缩与解压缩

对 NTFS 磁盘及分区上的文件、文件夹进行压缩，可以提高磁盘空间利用率。Windows Server 2008 中设置磁盘压缩后，不论压缩还是解压缩，系统将自动完成，无须人工参与。磁盘空间的计算不考虑文件压缩的因素，例如复制文件时，系统判断磁盘是否有足够的可用空间是以文件的原始大小来计算的，磁盘配额的空间计算也是以文件的原始大小来计算的。

设置文件夹压缩属性，右击要设置的文件夹，选择"属性"→"常规"→"高级"→"压缩内容以便节省磁盘空间"命令，单击"确定"按钮开始压缩。压缩完成后通过文件名字体颜色的改变将该文件夹标记为"压缩"文件夹。设置压缩之后，在该文件夹内所添加的文件、子文件夹与子文件夹内的文件都会被自动压缩；也可以选择将已经存在于该文件夹内的现有文件、子文件夹与子文件夹内的文件压缩，或者保留原有的状态，如图 4-12 和图 4-13 所示。

对被压缩的磁盘、文件、文件夹，可以设置以不同颜色显示，以区别于未压缩的磁盘、文件和文件夹。选择"资源管理器"或"我的电脑"中的"工具"→"文件夹选项"命令，在

出现的"文件夹选项"对话框中选中"查看"选项卡，在"高级设置"列表中复选"用彩色显示加密或压缩的 NTFS 文件"，如图 4-14 所示。

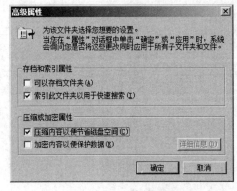

图 4-12　压缩属性的选择

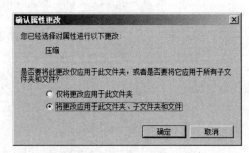

图 4-13　压缩设置对话框

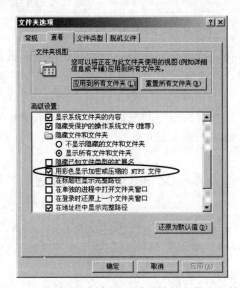

图 4-14　使用不同颜色显示被压缩的文件和文件夹

4.4.2　文件复制或移动对压缩属性的影响

复制或移动 NTFS 磁盘分区上的文件时，文件压缩属性的变化依下列情况而不同：

（1）文件由一个文件夹复制到另外一个文件夹时，由于文件的复制要产生新文件，因此新文件的压缩属性继承目标文件夹的压缩属性。

（2）文件由一个文件夹移动到另外一个文件夹时，分以下两种情况：

1）如果移动是在同一个磁盘分区中进行的，则文件的压缩属性不变，因为在 Server 2008 中，同一磁盘中文件的移动只是指针的改变，并没有真正地移动。

2）如果移动到另一个磁盘分区的某个文件夹中，则该文件将继承目标文件夹的压缩属性，因为移动到另一个磁盘分区，实际上是在那个分区上产生一个新文件。

文件夹移动或复制的原理与文件是相同的。另外，如果将文件从 NTFS 磁盘分区移动或复制到 FAT 或 FAT32 磁盘分区内或是软盘上，则该文件会被解压缩。

4.4.3 文件与文件夹的加密和解密

Windows Server 2008 使用内置的加密文件系统（EFS）实现文件加密，文件和文件夹加密之后，只有当初进行加密操作的用户能够使用，提高了文件的使用安全性。

对文件进行加密的操作过程与压缩类似，在如图 4-12 所示的对话框中，选择"加密内容以便保护数据"选项。加密之后该文件夹内所添加的文件、子文件夹与子文件夹内的文件都会被自动加密；也可以同时将之前已经存在于该文件夹内的现有文件、子文件夹与子文件夹内的文件加密，或者保留其原有的状态。

文件和文件夹的加密也可以在"命令提示符"环境下利用 CIPHER.EXE 程序实现，该命令的参数设置可以用命令 CIPHER /? 查看，根据需要选择使用。

4.5 分布式文件系统及其应用

利用分布式文件系统（Distributed File System，DFS）实现网络上文件系统资源的分布式使用与管理，DFS 构成一个逻辑树结构，用户可以抛开文件的实际物理位置，仅通过一定的逻辑关系就可以查找和访问网络的共享资源，用户能够像访问本地文件一样访问分布在网络上的文件。

4.5.1 DFS 服务的安装

DFS 是文件服务的一部分，即安装 DFS 时必须先安装文件服务。如果已经安装了文件服务，则只需安装 DFS 角色即可。具体步骤如下：

（1）选择"开始"→"程序"→"管理工具"→"服务器管理器"，打开"服务器管理器"窗口，选择"角色"→"文件服务"，单击右边窗口中的"添加角色服务"超链，打开如图 4-15 所示的"添加角色服务"对话框，选择"分布式文件系统"复选项，单击"下一步"按钮，在"创建 DFS 命名空间"文本框中输入空间的名称，这里输入 school。

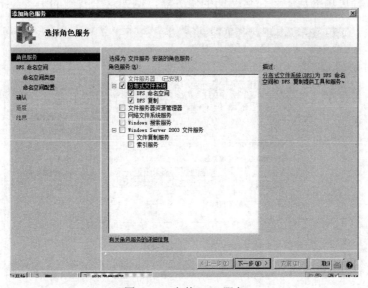

图 4-15 安装 DFS 服务

（2）单击"下一步"按钮，显示如图 4-16 所示的"选择命名空间类型"对话框，选择命名空间的类型，这里选择基于域的命名空间，单击"下一步"按钮直到确认完成安装。

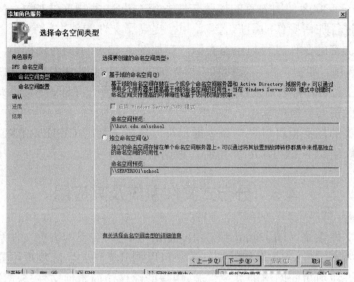

图 4-16 "选择命名空间类型"对话框

4.5.2 创建 DFS

命名空间是共享文件夹的一种虚拟视图，通过该技术可以将不同服务器上的共享文件夹透明地连接到一个或多个命名空间上，将这些文件夹组合在一起，用户使用时如同在一个磁盘上操作一样。

运行"开始"→"管理工具"→DFS Management，打开"DFS 管理"窗口，如图 4-17 所示，右击"命名空间"图标，选择"新建命名空间"命令，出现如图 4-18 所示的"新建命名空间向导"对话框。在"命名空间服务器"对话框中输入服务器的名称，或者单击"浏览"按钮，在网络上选择可用的放置该命名空间的服务器，例如这里找到的是 server001 服务器。

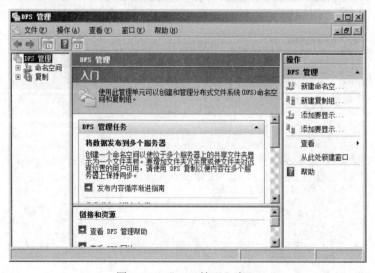

图 4-17 "DFS 管理"窗口

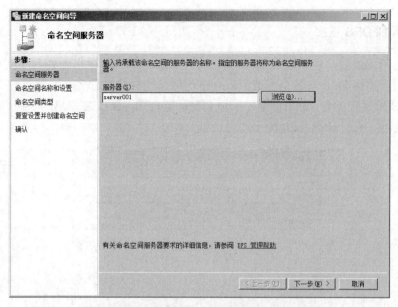

图 4-18　"选择命名空间服务器"对话框

单击"下一步"按钮，显示如图 4-19 所示的对话框，输入命名空间名称，这里输入 DFS Space1，单击"编辑设置"按钮，在弹出的对话框中可以设置共享文件夹的本地路径以及共享权限。

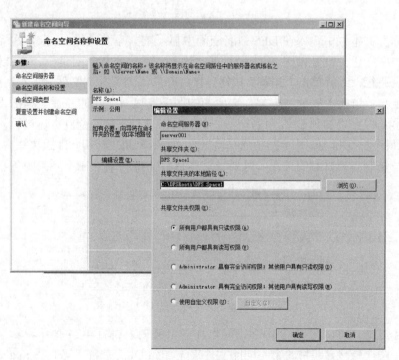

图 4-19　"命名空间名称和设置"对话框

单击"下一步"按钮，显示"命名空间类型"对话框。根据需要选择要创建的命名空间的类型，这里选择"基于域的命名空间"。单击"下一步"按钮，出现"复查设置并创建命名空间"对话框，单击"创建"按钮，完成新的命名空间的创建。

4.5.3　添加 DFS 链接

命名空间创建好后，可以添加 DFS 链接将分布在网络中各主机上的共享文件夹映射到命名空间下，用户访问 DFS 命名空间就可以直接访问这些共享文件夹。

打开 DFS 管理控制台，右击创建好的命名空间 DFS Space1，在弹出的快捷菜单中选择"新建文件夹"选项，打开如图 4-20 所示的对话框。

图 4-20　建立链接共享名称

在"名称"文本框中输入在 DFS 命名空间中显示的共享名，如 music，在"文件夹目标"处单击"添加"按钮，打开如图 4-21 所示的"添加文件夹目标"对话框，在此输入目标文件夹的完整目录路径；或者单击"浏览"按钮，在打开的"浏览共享文件夹"对话框（如图 4-22 所示）中指定与该链接关联的共享文件夹所在的服务器以及所在的路径，单击"确定"按钮，即可将该共享文件夹添加到 DFS 命名空间中的 music 文件夹中。重复上述过程，可以向 music 中添加多个目标文件夹，如图 4-23 所示。注意，如果添加的是多个目标文件夹，则这些目标文件夹之间是复制与被复制的关系，且要求这些目标文件夹最好在不同的服务器上。

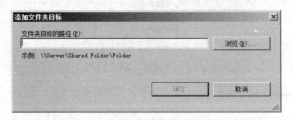

图 4-21　添加了共享链接的 DFS 控制台

重复上述过程，可以向 DFS 命名空间添加多个链接。如图 4-24 所示，示例中 DFS 命名空间下添加了两个链接，即将两个不同的文件夹添加到 DFS 命名空间 DFS Space1 下。这样用户只要访问 DFS Space1 就能访问其中的所有共享文件，通过"网上邻居"访问 DFS 命名空间所在的主机可以看到 DFS 命名空间 DFS Space1，展开该目录，可以看到包含的文件夹，即两个映射到此命名空间的共享文件夹。因此，域用户将 DFS 命名空间映射为本地磁盘可以方便地访问分布在域中不同主机上的共享文件。

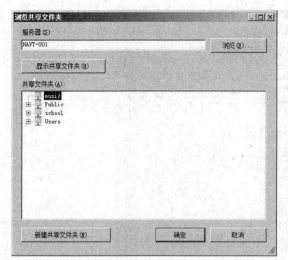
图 4-22　"浏览共享文件夹"对话框

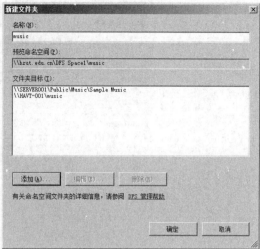
图 4-23　添加多个文件夹目标对话框

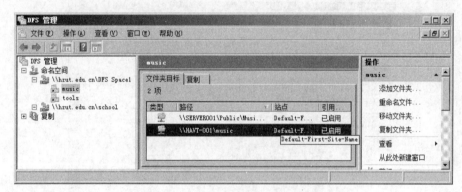
图 4-24　添加了 DFS 链接的 DFS 管理窗口

4.5.4　DFS 复制

因为硬盘容量的限制，网络上的文件可能存放在多台服务器上，利用 DFS 复制功能可以将这些文件集中到一台中心服务器上，操作步骤如下：

（1）在"DFS 管理"窗口中，右击"复制"，在弹出的快捷菜单中选择"新建复制组"选项，显示"复制组类型"对话框，选择"用于数据收集的复制组"单选项，从其他服务器向中心服务器收集数据。单击"下一步"按钮，打开如图 4-25 所示的"名称和域"对话框，根据需要输入复制组的名称，选择复制组的作用域，默认是当前服务器所在的 Active Directory。

（2）单击"下一步"按钮，显示如图 4-26 所示的"分支服务器"对话框，在"名称"文本框中输入数据来源服务器的名称，或者单击"浏览"按钮选择服务器。

（3）单击"下一步"按钮，显示如图 4-27 所示的"已复制文件夹"对话框，也就是数据的来源文件夹，单击"添加"按钮添加数据源文件夹。单击"下一步"按钮，打开"中心服务器"对话框，在"名称"文本框中输入中心服务器的名称，或者单击"浏览"按钮选择。单击"下一步"按钮，显示如图 4-28 所示的"中心服务器上的目标文件夹"，单击"浏览"按钮选择目标文件夹的路径。

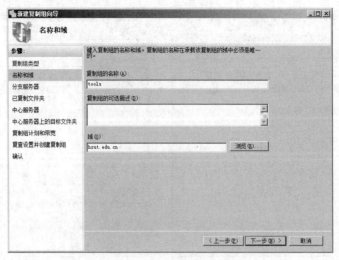

图 4-25 "名称和域"对话框

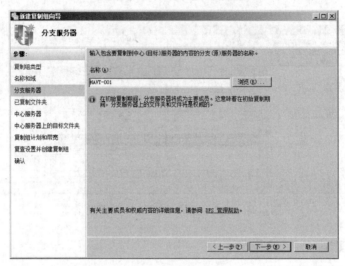

图 4-26 "分支服务器"对话框

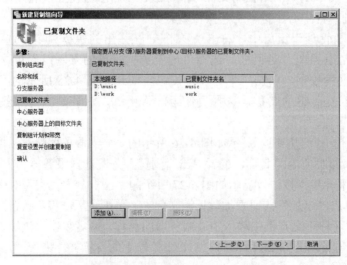

图 4-27 "已复制文件夹"对话框

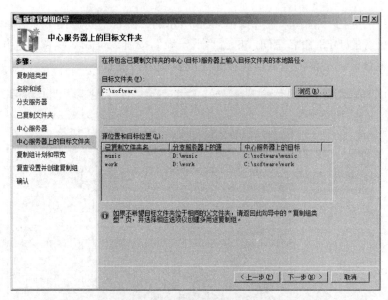

图 4-28　"中心服务器上的目标文件夹"对话框

（4）单击"下一步"按钮，显示"复制组计划和带宽"对话框，根据需要选择复制计划，单击"下一步"按钮，打开"复查设置并创建复制组"对话框，对前面所做的设置进行复查，单击"创建"按钮完成复制组的创建。

复制组创建完成后，并不执行复制任务，这是因为复制默认状态是没有发布的，需要发布以后才能将各分支服务器上的源数据复制到中心服务器，具体操作步骤如下：

（1）选择新创建的复制组 tools，单击右边窗口中的"已复制文件夹"选项卡，右击要发布的复制文件夹，在弹出的快捷菜单中选择"在命名空间中共享和发布"选项，打开"发布方法"对话框，选择"共享和发布命名空间中的已复制文件夹"选项，单击"下一步"按钮，打开如图 4-29 所示的"共享已复制文件夹"对话框，如有更改，则单击"编辑"按钮，在弹出的"编辑共享"对话框中设置文件夹的名称和访问权限。

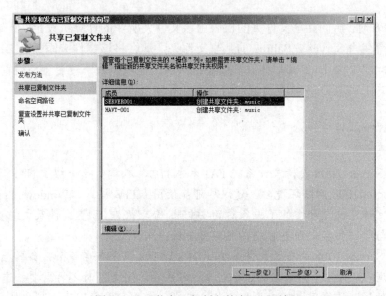

图 4-29　"共享已复制文件夹"对话框

（2）单击"下一步"按钮，打开如图 4-30 所示的"命名空间路径"对话框，单击"浏览"按钮选择域中已有的 DFS 命名空间，单击"下一步"按钮，打开"复查设置并共享已复制文件"对话框，复查正确则单击"共享"按钮完成复制组的发布。

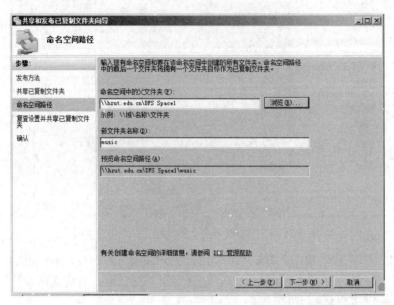

图 4-30　"命名空间路径"对话框

4.5.5　访问 DFS

当配置好 DFS 之后，用户就可以在网络中的计算机上自由地访问 DFS。打开"网上邻居"，浏览并打开宿主服务器（DFS 根目录所在的计算机），会看到宿主服务器上所有共享的文件夹，打开作为 DFS 根目录的共享文件夹，就可以看到在创建 DFS 时添加的所有共享文件夹。也可以使用浏览器访问 DFS 目录，当然，为了方便使用，还可以将 DFS 根目录文件夹映射为网络驱动器。

在访问 DFS 时，访问共享文件夹的权限由该文件夹所在的计算机设定。例如，在 haut-004 计算机上有一个名为 Server 2 Sahre2 的共享文件夹，那么将该文件夹添加到 DFS 中后，其他用户对它的访问权限由 haut-004 计算机设定。当然，在域模式下，更容易设置域用户访问权限，因此域模式下实现 DFS 具有更好的可管理性和安全性。

本章小结

Windows Server 2008 支持文件系统 FAT 和 NTFS，本章重点介绍了 NTFS 的优点，在构建 Windows Server 2008 网络环境时，建议尽可能使用 NTFS 格式。Windows Server 2008 文件和文件夹的访问许可权设计增加了服务器的安全性，合理规划、配置文件及文件夹的访问许可，正确配置添加与管理共享文件夹才能实现其安全性。

Windows Server 2008 分布式文件系统（DFS）可以将分布在多个服务器上的文件在逻辑上实现统一管理，如同位于网络上的一个位置，用户在访问文件时不再需要知道和指定它们的实际网络物理位置，使得用户可以更加容易地查找、查看和编辑网络上的文件。

习题四

1．Windows Server 2008 支持哪些文件系统？

2．与 FAT 相比，NTFS 具有哪些优点？

3．创建一个文件夹，设为共享，在共享权限中设置为 Everyone 可读、可写，从其他客户计算机以非域用户、域用户身份分别访问此文件夹，能否浏览、读取、写入数据？

4．设置文件、文件夹访问权限有何不同？

5．什么是分布式文件系统？

6．DFS 有什么特点和好处？

7．如何创建、添加 DFS 根目录？

8．如何向 DFS 命名空间添加多个 DFS 链接？

9．如何向 DFS 中添加用于数据收集的复制组？如何实现目标的复制？

实训四

题目 1：设置文件夹的共享

内容与要求：

1．在本地磁盘的某个驱动器（应为 NTFS 格式）中新建一个文件夹，命名为"试验"，将其设为共享文件夹，并将其设为 Everyone 用户可以读、写。

2．在邻近的某台计算机上将该文件夹映射为该计算机的 K 驱动器。

题目 2：设置文件夹访问许可

内容与要求：

1．为系统添加两个普通用户 user1 和 user2。

2．新建一个文件夹，设置该文件夹访问许可，允许 user1 读、写、列出文件目录等，允许 user2 只读，以 user1 和 user2 分别登录系统，验证用户对该文件夹的操作权限。

3．修改该文件夹的访问许可，重复步骤 2，观察访问权限的变化。

题目 3：分布式文件系统设计

内容与要求：

1．深入理解 DFS 概念及功能。

2．将本机设为域控制器（具体步骤参考活动目录的内容），将邻近的某台计算机（假设计算机名为 computer1）加入到创建的域中。在 computer1 上创建一个名为"实训"的文件夹，并将其设为共享。

3．在主域控制器中添加一个 DFS 根目录，在该目录中添加一个名为"实训"的链接，将该链接指向刚才在 computer1 上创建的"实训"文件夹，即将"实训"文件夹添加到 DFS 中。

4．在主域控制器中添加用于数据收集的复制组并发布，将各分支服务器上的源数据复制到中心服务器，完成配置复制。

第 5 章　活动目录

　　活动目录是微软的一种非常重要的目录服务，它存储网络上各种资源（如用户、组、计算机、共享资源、打印机和联系人等）的信息，提供分布式的目录服务，信息可以分散在多台不同的计算机上，只要拥有相应的权限，用户可以方便地在网络上的任何一台计算机上登录到域，并可以查找和使用这些网络资源，为域管理人员提供了一个集中管理网络对象的架构与服务。本章介绍 Windows Server 2008 中活动目录的概念与基本管理，Windows 域的概念与管理，组织单位、组及账户的管理。本章包括以下内容：

- 活动目录的基本概念
- 活动目录的规划与安装
- 域控制器的管理
- 组和组织单位的管理
- 用户账户和计算机账户的管理
- 资源发布与域的管理

5.1　概述

5.1.1　活动目录简介

　　活动目录（Active Directory）是一种目录服务，它存储有关网络对象（如用户、组、计算机、共享资源、打印机和联系人等）的信息，使管理员和用户可以方便地查找并使用这些网络资源。微软活动目录的应用起源于 Windows NT 4.0，经 Windows 2000 Server 发展到 Windows Server 2008，在易用性、安全性和标准性等方面都得到了丰富和发展。

　　域（Domain）仍然是 Windows Server 2008 目录服务的基本管理单位，域模式的最大好处就是它的单一网络登录能力，任何用户只要在域中有一个账户，就可以漫游域网络。域目录树中的每一个节点都有自己的安全边界，这种层次结构既实现了细粒度管理，又保证了安全性。Windows Server 2008 把一个域作为一个完整的目录，域之间基于 Kerberos 认证的可传递信任关系建立起树状连接，从而使单一账户在该树状结构中的任何地方都有效，方便了网络管理和扩展。

　　活动目录服务把域详细划分成组织单位（OU），组织单位是一个逻辑单位，它是域中一些用户和组、文件与打印机等资源对象的集合。组织单位中还可以再划分下级组织单位，下级组织单位能够继承父单位的访问许可权。每一个组织单位可以有自己单独的管理员并为其指定管理权限，从而实现了对资源和用户的分级管理。活动目录服务通过这种域内的组织单位树和域之间的可传递信任树组织信任对象，实现颗粒式管理。这样，在网络中，一个域能够轻松地管理数万个对象，而一棵域树则可以是包含上亿个对象的庞大的网络。

活动目录是一种集成管理技术，是一个层次的、树状的结构，通过活动目录组织和存储网络上的对象信息，可以让管理员非常方便地进行对象的查询、组织和管理。活动目录具有与 DNS 集成、便于查询、可伸缩可扩展、可以进行基于策略的管理、安全高效等特点。

相对于 Windows Server 2003，Windows Server 2008 活动目录服务有很大的改进，主要体现在：增加了只读域控制器、可重启的活动目录域服务、活动目录审核等。

5.1.2 活动目录的特性

Windows Server 2008 活动目录是一个完全可扩展、可伸缩的目录服务，既能满足商业 ISP 的需要，又能满足企业内部网和外联网的需要，通过活动目录可以实现提高增强网络的安全性、提高管理的灵活性，方便用户在各种不同环境部署服务。

1. 可重启的活动目录域服务

在 Windows Server 2003 操作系统中，如果操作涉及到离线整理活动目录数据库或活动目录的修复和还原等，就需要重启服务器，这样严重影响到了服务器中其他服务的正常运行，比如不依赖目录服务的 WWW、DHCP、流媒体等其他服务。

而在 Windows Server 2008 中，提供了可重启活动目录域服务的功能，其中活动目录域服务像其他服务一样是作为一个服务存在，可以在系统服务控制台中停止或者启动，而不必像以前那样重启服务器，减少了服务器重启的次数，极大地方便了用户，提高了网络服务的应用。

2. 只读域服务

在 Windows Server 2003 操作系统中，所有域控制器均可以进行更新，管理员可以在任何一个域控制器上进行写操作，并且这些操作会同步到其他域控制器上。但是这样存在极大的安全隐患，例如域中某一台域控制器被恶意操作，错误的信息也会被同步更新到其他域控制器上，这样就出现了安全问题。

而在 Windows Server 2008 中，提供了只读域服务（只读域控制器），有效地避免了类似的安全问题。只读域控制器最大的特点是虽然存有活动目录域服务中所有的对象和属性，但是只能从域控制器复制数据，不能向域控制器写数据。另外，只读域控制器是单向复制，包括 AD 数据库和 SYSVO，只可以从其他域控制器上同步信息，不可以向其他域控制器同步信息。

3. 活动目录审核

Windows Server 2003 通过在活动目录中指派审核策略提供目录审核，但只有一种审核策略，不支持对域对象细节的监控。Windows Server 2008 的目录审核功能则更为细化、精确一些，可以在日志中查看对活动目录做过的修改类型、修改时间、修改对象、修改的值等信息。Windows Server 2008 活动目录审核策略细化为 4 个子类别，分别是：目录服务访问、目录服务更改、目录服务复制、详细目录服务复制。

4. 多元密码策略

Windows Server 2003 操作系统的密码策略指派到域上，一个域只有一个密码策略，也就是域中所有用户只能用一个密码策略，如果不同的部门需要不同的密码策略，则只能通过创建子域实现，密码策略不能单独应用于活动目录中的对象。Windows Server 2008 使用的是多元密码策略（Fine-Grained Password Policy），可以针对不同的用户或用户群体设置不同的密码策略。比如学校中网络中心部署强密码策略（密码复杂度较高、密码长度较长、密码更新周期短一些），而其他部门则可以部署较为宽松的密码策略。

5.2　安装活动目录

5.2.1　规划活动目录

安装活动目录之前，需要事先细致而全面地规划适合本单位实际应用的活动目录，否则不但无法发挥活动目录的强大功能，反而会给使用带来诸多麻烦。

1. 规划 DNS

若要使用活动目录，首先需要规划名称空间。在 Windows Server 2008 中，用 DNS 名称命名活动目录域。选择 DNS 名称用于活动目录域时，以单位保留在 Internet 上使用的已注册 DNS 域名后缀开始（如 hzut.edu.cn 代表一个学校），并将该名称和单位中使用的地理名称或部门名称结合起来，组成活动目录域的全名。例如，学校的计算机系可以命名其域为 computerDP. hzut.edu.cn。这种命名方法确保每个活动目录域名是全球唯一的。采用这种命名方法，可以使用现有名称作为创建其他子域的父名称，进一步增大名称空间以供单位中的新部门使用。

2. 规划域结构

最简单的域结构是单域。一般应从单域开始规划，只有当单域模式不能满足应用需求时，才增加其他的域。一个域可跨越多个站点并且包含数百万个对象，单域可跨越多个地理站点，同时单个站点可包含属于多个域的用户和计算机。在一个域中，可以使用组织单位（OU）反映单位的部门组织结构，而不必创建独立的域树。

只有在下列情形下才建议创建多个域：

- 大量的对象
- 不同的 Internet 域名
- 对复制进行更多的控制
- 分散的网络管理

3. 规划组织单位结构

在域中可以创建组织单位的层次结构，组织单位可包含用户、组、计算机、打印机、共享文件夹以及其他组织单位。组织单位是目录容器对象，在"Active Directory 用户和计算机"管理控制台中它们以文件夹形式组织。组织单位简化了域中目录对象的视图以及对这些对象的管理。可将每个组织单位的管理控制权委派给特定的管理员，更接近实际单位工作职责划分。

通常创建的组织单位应能反映部门的职能或商务结构。例如，在一所高校内，创建教务处、科技处、信息学院、机械学院和管理学院等部门单位的顶级单位后，在信息学院单位中，又可以创建其他的嵌套组织单位，如计算机系和电子系等单位。在计算机系中，还可以创建另一级的嵌套单位，如软件教研室和硬件教研室等单位。总之，组织单位可以以有意义且易于管理的方式来模拟实际工作的单位，而且在任何一级都可以指派一个适当的本地权力机构或人作为管理员。

每个域都可以实现自己的组织单位层次结构。如果企业中包含多个域，则可以在每个域中创建不同于其他的组织单位结构。

4. 规划委派模式

在每个域中创建组织单位树，并将部分组织单位子树的权力派给其他用户或组，就可以将权力分派到单位中的最底层部门。这样，除了个别保留拥有对整个域的管理授权的管理员账户和域管理员组，以备少数高度信任的管理员使用，其他管理权限可以下放到基层。

规划活动目录时，还要注意以下几点：

（1）使用的域越少越好，Windows Server 2008 支持庞大的单个域容量。

（2）限制组织单位的层次，以提高在活动目录中搜索对象的运行效率。

（3）限制组织单位中的对象个数，有利于高效地查找特定资源。

（4）可以将管理权限分配到组织单位级，这样既提高了管理效率，又降低了管理员的负荷。

5.2.2　安装活动目录

安装 Windows Server 2008 时，系统默认没有安装活动目录。用户要将自己的服务器配置成域控制器，应该首先安装活动目录。如果网络没有其他域控制器，可将服务器配置为域控制器，并新建子域、域目录树或目录林。如果网络中有其他域控制器，可将服务器设置为附加域控制器，加入旧域、旧目录树或目录林。

安装 Windows Server 2008 活动目录服务，可以通过命令 dcpromo.exe 方式进行，也可以通过"服务器管理器"进行，这里以"服务器管理器"为例来安装活动目录，具体步骤如下：

步骤一：添加 Active Directory 域服务角色。

（1）启动 Windows Server 2008，系统自动打开配置服务器窗口，或者选择"管理工具"→"服务器管理器"命令，打开"服务器管理器"窗口，如图 5-1 所示。

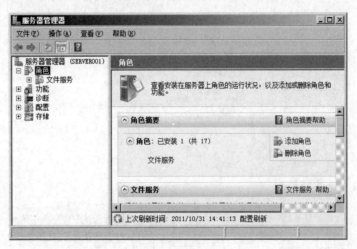

图 5-1　"服务器管理器"窗口

（2）在窗口中右击"角色"选项，选择"添加角色"选项，出现"添加角色向导"对话框，单击"下一步"按钮，出现"选择服务器角色"对话框，如图 5-2 所示，从服务器角色列表中选择"Active Directory 域服务"选项，单击"下一步"按钮。

（3）出现"Active Directory 域服务"对话框，在此对域服务进行了简单介绍，单击"下一步"按钮，出现"确认安装选择"对话框，以确认选择了正确的服务器角色，单击"安装"按钮，开始 Active Directory 域服务的安装。完成安装后出现"安装结果"对话框，如图 5-3 所示。

步骤二：运行 Active Directory 域服务安装向导。

（1）在"服务器管理器"窗口中，在左侧窗格中单击"角色"→"Active Directory 域服务"选项，然后单击右侧窗格显示的超链"运行 Active Directory 域服务安装向导"，打开"Active

Directory 域服务安装向导"对话框，如图 5-4 所示，单击"下一步"按钮。

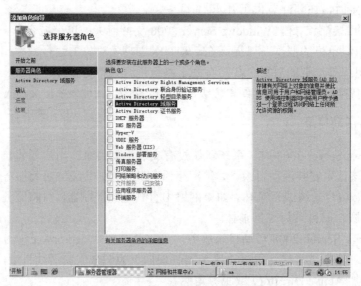

图 5-2　服务器角色配置界面

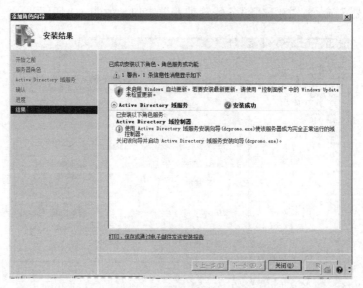

图 5-3　"安装结果"对话框

（2）打开"操作系统兼容性"对话框，提示 Windows Server 2008 中改进的安全设置会影响旧版 Windows。单击"下一步"按钮，打开"选择某一部署配置"对话框，如图 5-5 所示，因为是第一个域控制器，所以选择"在新林中新建域"单选按钮，单击"下一步"按钮。

（3）打开"命名林根域"对话框，如图 5-6 所示，输入域名，如 hzut.edu.cn，单击"下一步"按钮，经过检查后打开"设置林功能级别"对话框，若想与以前操作系统版本兼容，在"林功能级别"中选择 Windows 2000 选项。单击"下一步"按钮出现"设置域功能级别"对话框，同样选择"Windows 2000 纯模式"选项，单击"下一步"按钮。

（4）打开"其他域控制器选项"对话框，选中"DNS 服务器"复选框，如图 5-7 所示。单击"下一步"按钮，打开"静态 IP 分配"对话框，选择"否，将静态 IP 地址分配给所有物理网络适配器"选项,并正确配置静态 IP 地址后单击"下一步"按钮。

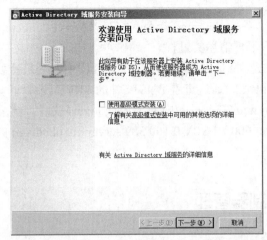

图 5-4 Active Directory 域服务安装向导欢迎界面

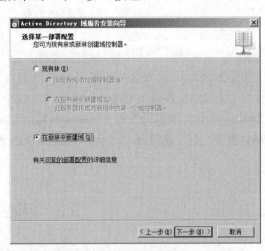

图 5-5 "选择某一部署配置"对话框

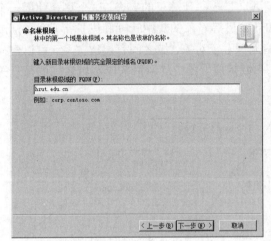

图 5-6 "命名根林域"对话框

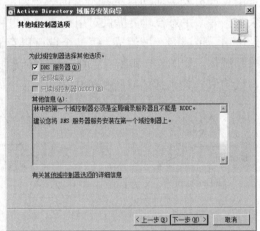

图 5-7 "其他域控制器选项"对话框

(5)出现"无法创建 DNS 服务器的委派"信息提示框,单击"是"按钮,在出现的对话框中设置"数据库、日志文件和 SYSVOL"的位置,然后单击"下一步"按钮。

(6)出现"目录服务还原模式的 Administrator 密码",完成密码设置,单击"下一步"按钮。打开"摘要"对话框,显示前面所作的设置,如有问题,可单击"上一步"按钮返回修改。单击"下一步"按钮开始服务的安装。

安装完成后,显示"完成 Active Directory 域服务安装向导"对话框,单击"完成"按钮退出安装向导,并根据提示重新启动计算机。

注意:在活动目录安装之后,不但服务器的开机和关机时间变长,而且系统的执行速度也会变慢。所以,如果用户对某个服务器没有特别要求或不把它作为域控制器来使用,可将该服务器上的活动目录删除,使其降级为成员服务器或独立服务器。

成员服务器是指安装到现有域中的附加域控制器,独立服务器是指在名称空间目录树中直接位于另一个域名下的服务器。删除活动目录使服务器成为成员服务器还是独立服务器取决于该服务器的域控制器的类型。如果要删除活动目录的服务器不是域中唯一的域控制器,则删除活动目录将使该服务器成为成员服务器；如果要删除活动目录的服务器是域中最后一个域控制器，则删除活动目录将使该服务器成为独立服务器。

要删除活动目录，选择"开始"→"运行"，执行 dcpromo 命令，打开"Active Directory 安装向导"对话框，并沿着向导进行删除，这里不再细述其过程。

在完成活动目录安装后，可以通过以下方法检验安装是否正确，安装过程中一项最重要的工作是在 DNS 数据库中添加服务记录（SRV 记录）。通过查看 DNS 文件的 SRV 记录验证安装效果，使用文本编辑器打开%SystemRoot%/system32/config/中的 Netlogon.dns 文件，查看 LDAP 服务记录，出现形如_ldap._tcp.hzut.edu.cn. 600 IN SRV 0 100 389 server1.hzut.edu.cn 的记录。

5.3　域控制器管理

域（Domain）是活动目录的分区，定义了安全边界，允许授权用户访问本域中的资源。域是由管理员安装活动目录时定义的一个网络坏境，是一些计算机的集合，这个集合使用一个目录数据库，并为管理员提供对用户账户、组和计算机等对象的集中管理和维护等功能。活动目录可由一个或多个域组成，每一个域可以存储上百万个对象，域之间有层次关系，可以建立域树和域林，如图 5-8 和图 5-9 所示，进行无限的域扩展。图中的双箭头表示域之间的信任关系，域的信任关系都是双向和可传递的。

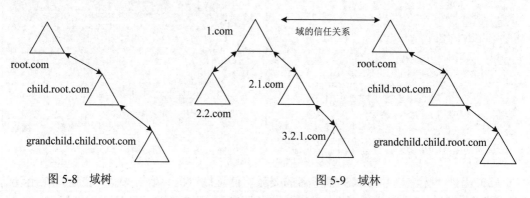

图 5-8　域树　　　　　　　　　　　　　　图 5-9　域林

在活动目录中，目录存储只有一种形式，而域控制器（Domain Controller）包括了完整的域目录的信息，因此，每一个域中必须有一个域控制器。活动目录是 Windows Server 2008 网络提供的目录服务，是运行在域控制器上的数据库，存储着网络对象的信息，活动目录中可以有多个域控制器。

在企业网络中，特别是在单域网络中，域控制器是网络正常运作的中心，起到重要的网络控制作用。因此，对于管理员来说，管理域控制器是最重要的工作之一，用户必须根据网络运行情况合理地设置域控制器的属性。

5.3.1　设置域控制器属性

安装好目录服务和域控制器后，管理员可以查看并设置域控制器属性。运行"管理工具"中的"Active Directory 用户与计算机"管理控制台，展开域树目录，如图 5-10 所示。

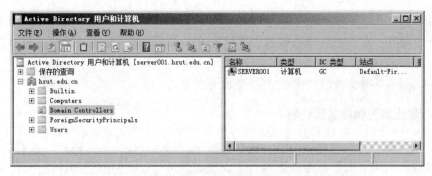

图 5-10 "Active Directory 用户和计算机"管理控制台窗口

在控制台目录树中双击展开域节点，单击 Domain Controllers 子节点，详细资料窗格列出当前域控制器的计算机列表，右击设置的域控制器（如 SERVER001），选择"属性"选项，打开该控制器的"属性"对话框，如图 5-11 所示。

- "常规"选项卡："描述"文本框中输入对域控制器的一般描述。可以设置"信任计算机作为委派"，以支持其他域内服务器请求本地服务。
- "操作系统"选项卡：显示操作系统的名称、版本以及 Service Pack，管理员只能查看但不能修改这些内容。
- "隶属于"选项卡：如图 5-12 所示，可以根据需要添加组，单击"添加"按钮，打开"选择组"对话框，为域控制器选择一个要添加的组；要删除某个已经添加的组，在"隶属于"列表框中选择该组，然后单击"删除"按钮。当管理员为域控制器添加多个组时，还可为域控制器设置一个主要组。设置主要组，在"隶属于"列表框中选择组，一般为 Domain Controllers，也可为 Cert Publishers，然后单击"设置主要组"按钮。

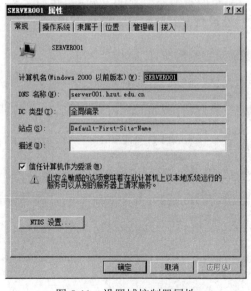

图 5-11 设置域控制器属性

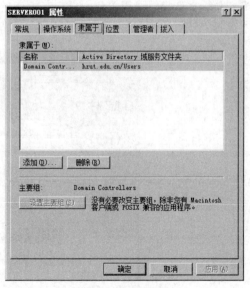

图 5-12 设置成员组

- "位置"选项卡：可以设置域控制器的位置。
- "管理者"选项卡：设置管理者信息，要更改域控制器的管理者，可单击"更改"按钮，打开"选择用户或联系人"对话框，选择新的管理人；要删除管理者，可单击"清除"按钮；要查看和修改管理者属性，可单击"查看"按钮，打开该管理者属性对话框来进行操作。

域控制器设置完毕，单击"确定"按钮保存设置。

5.3.2　查找域控制器目录内容

活动目录实际上是一个网络清单，包括网络中的域、域控制器、用户、计算机、联系人、组、组织单位、网络资源等各个方面的信息，使管理员可以方便地管理这些内容。

查找目录内容，在"Active Directory 用户和计算机"控制台窗口的控制台目录树中右击域节点，在弹出的快捷菜单中选择"查找"命令，打开"查找 用户、联系人及组"对话框，如图 5-13 所示。

图 5-13　"查找 用户、联系人及组"对话框

在"查找"下拉列表框中选择要查找的目录内容，包括用户、联系人及组、计算机、打印机、共享文件夹、组织单位、自定义搜索等。例如我们要查找计算机，在"查找"下拉列表框中选择"计算机"，如图 5-14 所示，在"范围"下拉列表框中选择查找范围，如整个目录。

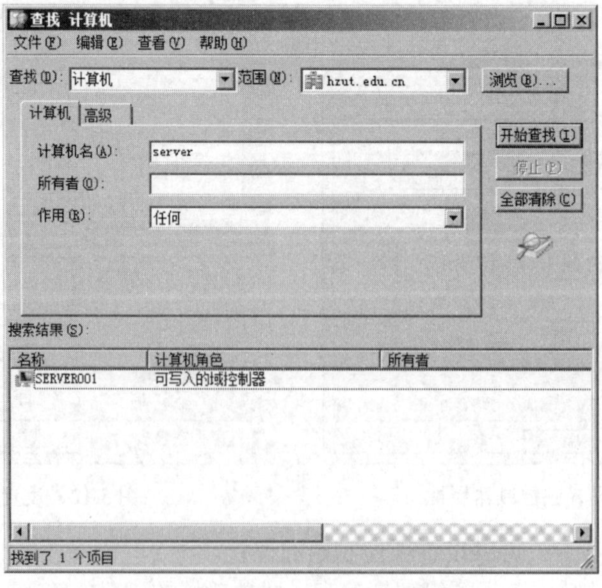

图 5-14　查找计算机结果

在"计算机"选项卡中设置查找条件。例如,在"计算机名"文本框中输入要查找的计算机名,如输入部分内容 server,在"所有者"文本框中输入计算机的用户名,在"作用"下拉列表框中选择计算机在网络中的作用。

单击"高级"选项卡,设置高级查找条件,单击"字段"按钮,从弹出的快捷菜单中选择设置条件的选项,然后在"条件"下拉列表框和"值"文本框中设置查询条件。设置好条件之后单击"添加"按钮,将条件添加到下面的文本框中。如果要继续添加高级条件,则重复上述步骤。

所有查找条件设置完毕,单击"开始查找"按钮即开始查找,查找结果显示在"搜索结果"窗口中,如图 5-14 所示。

5.4 组织单位和组管理

5.4.1 组织单位和组基本概念

组织单位(Organizational Unit,OU)又称组织单元,是一个容器对象,它可以包括域中的一些用户、计算机和组、文件与打印机等资源。不过,组织单位不能包含其他域中的对象。由于活动目录服务把域又详细地划分成组织单位,且组织单位中还可以再划分下级组织单位,因此组织单位的分层结构可用来建立域的分层结构模型,进而可使用户把网络所需的域的数量减至最小。

组织单位具有继承性,子单位能够继承父单位的访问许可权。域管理员可以使用组织单位来创建管理模型,授予用户对域中所有组织单位或单个组织单位的管理权限。

组是指活动目录或本地计算机对象,包含用户、联系人、计算机和其他组等。组可以用来管理用户和计算机对网络资源的访问,如活动目录对象及其属性、网络共享、文件、目录、打印机队列,还可以筛选组策略。

引入组的概念,方便管理员对用户和计算机账户的管理,有了组的概念之后,就可以将这些具有相同权限的用户或计算机划归到一个组中,使这些用户成为该组的成员,然后通过赋予该组权限来使这些用户或计算机都具有相同的权限。

注意:组和组织单位有很大的不同,组主要用于权限设置,而组织单位则主要用于网络构建,组织单位只表示单个域中的对象集合(可包括组对象),组可以包含用户、计算机、本地服务器上的共享资源、单个域、域目录树或目录林。

例如,我们以域 hzut.edu.cn 为例,域控制器安装好后,启动"Active Directory 用户和计算机"管理控制台,可以看到,系统默认产生 Users、Computers、Builtin、Domain Controllers 等组织单位,如 Domain Controllers 包括域控制服务器,这里是刚刚安装的目录服务器,Users 包括一些组和用户,Builtin 包括本地域安全组。我们可以根据具体应用设置自己的组织单位,如创建 Accounts(账号)组织单位,并为其创建二级组织单位,包括 Information、Management 和 Machinery,分别代表信息、管理和机械 3 个学院,用于存放各个学院用户账号;创建 Groups 组织单位,存放组信息;创建 Resources 组织单位,存放桌面、移动和服务器等资源信息,层次结构图如图 5-15 所示。

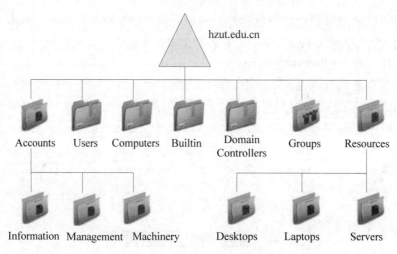

图 5-15　创建层次化组织单位

5.4.2　创建组织单位和组

系统提供了许多内置组用于权限和安全设置，但一般它们不能满足特殊安全和灵活性的需要。为了更好地管理用户和计算机账户，管理员可根据网络应用创建一些新组。创建新组之后，可以赋予特定权限并添加组成员。按上述规划的 hzut 域的结构，首先创建组织单位。

创建组织单位，在控制台目录树中展开域节点，右击域节点或可添加组织单位的文件夹节点，从弹出的快捷菜单中选择"新建"→"组织单位"命令，在弹出对话框的"名称"文本框中输入新创建组织单位的名称，再单击"确定"按钮。如分别创建 Accounts、Groups、Information 等组织单位。

创建新组，在控制台目录树中展开域节点，右击要进行组创建的组织单位或容器，如为 Groups 创建新组，从弹出的快捷菜单中选择"新建"→"组"命令，打开如图 5-16 所示的对话框，在"组名"文本框中输入要创建的组名 teachers，此例中组为全局安全组。单击"确定"按钮即完成组的创建。

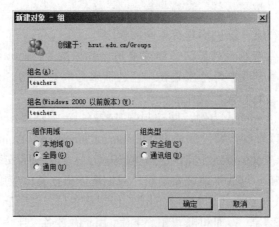

图 5-16　创建组

在域中合理地添加和安排组织单位，不仅方便管理员对域中账户和组的管理，而且有利于网络的扩展。按照图 5-15 规划的层次结构创建组织单位和组后，活动目录结构如图 5-17 所示。

图 5-17　创建组织单位和组

　　管理员可以定期删除活动目录中不再发挥作用的组织单位和组。需要注意的是，管理员只能删除自己创建的组织单位和组，不能删除由系统创建的内置组织单位和组。

　　删除组织单位和组，在"Active Directory 用户和计算机"管理控制台中右击要删除的组或组织单位，选择快捷菜单中的"删除"命令，系统打开信息确认框，单击"是"按钮即完成组或组织单位的删除。

5.4.3　委派控制组或组织单位

　　在 Windows Server 2008 网络中，随着组和组织单位的增多，网络的管理工作越来越繁杂，为了减轻管理员的网络系统管理工作负担，通过委派控制功能，管理员可以将一部分域管理工作委派给其他用户、计算机或组。

　　对某个组或组织单位进行委派控制，在"Active Directory 用户与计算机"管理控制台中右击要委派控制的组织单位或组节点，如 Information，从弹出的快捷菜单中选择"委派控制"命令，进入"控制委派向导"窗口，单击"下一步"按钮。在打开的"用户和组"对话框中单击"添加"按钮，打开"选择用户、计算机或组"对话框，可以直接输入一个或多个要委派控制的用户或组，也可以单击"高级"选项卡进行查找，从列表中选择一个或多个要委派控制的用户或组。这里我们输入用户账号为 zhj（假设该用户已存在），如图 5-18 所示，单击"确定"按钮。

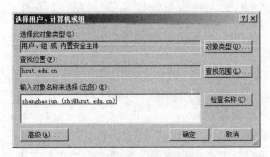

图 5-18　选择用户和组

　　单击"下一步"按钮，打开"要委派的任务"对话框可以选择要委派的常见任务，如图

5-19 所示。单击"下一步"按钮，出现总结对话框，单击"完成"按钮。

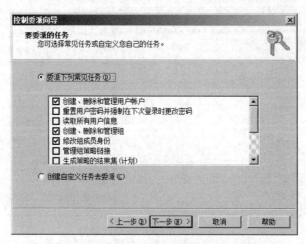

图 5-19　定义要委派的任务

注意：对不同资源进行控制委派，配置向导有所不同。

5.4.4　设置组织单位属性

用户在创建组织单位之后，可以根据需要设置组织单位属性，包括指定组织单位的管理者和常规属性，为组织单位创建组策略。设置组织单位的属性，在"Active Directory 用户与计算机"管理控制台中右击需要设置的组织单位，从弹出的快捷菜单中选择"属性"命令，打开该组织单位的属性对话框，如图 5-20 所示。

图 5-20　设置组织单位属性

- "常规"选项卡：可以设置"描述"、"省/自治区"、"市县"、"街道"和"邮政编码"等计算机和用户常规信息。
- "管理者"选项卡：单击"更改"按钮，打开"选择 用户、联系人或组"对话框，选择一个用户或联系人作为管理者；管理者更改之后，单击"属性"按钮，可打开所更改的管理者的属性对话框，管理员可对管理者的属性进行修改，如果要清除管理者，则单击"清除"按钮。

5.4.5 设置组属性

用户创建一个新组后，系统并没有设置该组的常规属性和权限，也没有为其指定组成员和管理者，该组几乎不能发挥任何作用。

设置组的属性，在"Active Directory 用户与计算机"管理控制台中右击组对象，从弹出的快捷菜单中选择"属性"命令，打开该组的属性对话框，如图 5-21 所示。

为了便于管理，在"描述"和"注释"文本框中分别输入有关该组的描述和注释；可以修改组名称；为了便于组管理员与组成员交换信息，在"电子邮件"文本框中输入组管理员的电子邮件地址。

单击"成员"选项卡，如图 5-22 所示。添加成员，单击"添加"按钮，打开"选择用户联系人或计算机"对话框，选择要添加的成员。要删除组成员，在"成员"列表框中选择要删除的组成员，然后单击"删除"按钮。

图 5-21 设置组常规属性

图 5-22 设置组成员选项

通过向新组添加内置组设置新组的权限。选择"隶属于"选项卡，单击"添加"按钮，打开"选择组"对话框，为自己创建的组选择内置组。要删除某个组权限，在"隶属于"列表框中选择该组，再单击"删除"按钮。

设置组的管理者，选择"管理者"选项卡；更改组管理者，单击"更改"按钮，打开"选择用户或联系人"对话框，选择管理者；查看管理者的属性，单击"属性"按钮进行查看；清除管理者对组的管理，单击"清除"按钮。

属性设置完毕，单击"确定"按钮保存设置并关闭属性对话框。

5.5 用户和计算机账户管理

5.5.1 用户和计算机账户

在一个网络中，用户和计算机都是网络的应用主体。拥有计算机账户是计算机接入 Windows 网络的基础，拥有用户账户是用户登录到网络并使用网络资源的基础。活动目录使用户和计算机账户表示计算机或个人等物理实体。账户为用户或计算机提供安全凭据，以便用户和计算机能够登录网络并访问域资源。活动目录的账户主要用于验证用户或计算机的身份、授权对域资源的访问、审核用户或计算机账户所执行的操作等。

1. 用户账户

用户账户记录了用户的用户名和口令、隶属的组、可以访问的网络资源，以及用户的个人文件和设置。每个域用户都应在域控制器中有一个用户账户，才能访问域中的服务器和使用域中的网络资源。用户账户由一个用户名和一个口令来标识，用户登录系统时，用户账户通过活动目录验证后登录到计算机和域，并授权访问域资源。用户账户也可作为某些应用程序的服务账户。

Windows Server 2008 提供了预定义用户账户，包括管理员账户和客户账户，用户使用预定义账户可以登录到本地计算机并访问其上的资源。每个预定义账户有不同的权限。管理员账户具有最广泛的权限，而客户账户则只有有限的权限。

为了更安全地访问系统，管理员应为每个用户创建独立的用户账户，并将用户账户添加到组中，指定账户的相应权限。

2. 计算机账户

客户端计算机必须先加入到域，才能使用用户账户登录到域，接受域的统一管理或使用域中的资源。

注意：计算机在加入域前，应该将客户端计算机的 DNS 地址设置为域控制器（域控制器与 DNS 是集成的）的 IP 地址，如果二者不是集成的，应该设置为 DNS 服务器的 IP 地址。

每个加入域的 Windows 计算机都具有计算机账户，否则无法与域连接或访问域资源。与用户账户类似，计算机账户也提供验证和审核计算机登录到网络以及访问域资源的方法。不过，一个计算机系统要加入到域中，只能使用一个计算机账户，而一个用户可拥有多个用户账户，且可在不同的计算机（指已经连接到域中的计算机）上使用自己的用户账户登录网络。

注意：Windows 95/98 计算机不具备 Windows 2000/NT/2003/2008 计算机所具有的高级安全特性，无法在 Windows Server 2008 域中为其指定计算机账户。

5.5.2 创建用户和计算机账户

当有新的用户加入到域中时，管理员应该在域控制器中添加一个相应的用户账户。当有新的客户计算机加入到域中时，管理员应在域控制器中创建一个计算机账户，使其成为域成员。

创建用户账户，在 "Active Directory 用户和计算机" 管理控制台中右击要添加用户的组织单位或容器，从弹出的快捷菜单中选择 "新建" → "用户" 命令，打开如图 5-23 所示的对话框。

输入姓、名和用户登录名等信息后单击 "下一步" 按钮，打开设置密码对话框，如图 5-24 所示，在 "密码" 和 "确认密码" 文本框中输入用户初始密码。如果希望用户下次登录时自行更改密码，可选择 "用户下次登录时须更改密码" 复选框，否则选择 "用户不能更改密码" 复选框。如果希望密码永远不过期，可选择 "密码永不过期" 复选框。如果暂不启用该用户账户，可选择 "账户已禁用" 复选框。单击 "下一步" 按钮即可完成创建。

创建计算机账户的方法同上，选择 "新建" → "计算机" 命令，在弹出的对话框中输入该计算机的名称，再单击 "确定" 按钮。

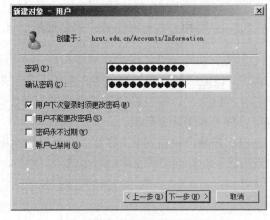

图 5-23　新建用户　　　　　　　　　　图 5-24　密码设置

5.5.3　删除、停用和移动用户与计算机账户

当系统中的某一个用户账户不再使用时，管理员可删除用户账户。当域中的某个计算机不再需要与域连接时，管理员可删除该计算机账户，以防其他计算机假借原来的计算机使用域中的网络资源。删除一个用户和计算机账户，在控制台目录树中展开域节点，单击要删除的用户或计算机所在的组织单位或容器，在详细资料窗格中右击要删除的用户或计算机，选择"删除"命令，出现信息确认框后单击"是"按钮即可删除该用户或计算机。

如果某个用户的账户暂时不使用，如单位内长期出差的人员，可禁止其账户的使用。同样，如果某个计算机账户暂时不使用，如单位内有计算机因故障而不能在短时间内使用，也可禁用该账户。需要恢复禁用账户时，管理员重新启用该账户即可。禁用账户，在控制台目录树中展开域节点，单击要禁用的用户账户或计算机所在的组织单位或容器，在详细资料窗格中右击要停用的用户或计算机账户，选择"禁用账户"命令，出现信息确认框后单击"是"按钮即可禁用被选用户或计算机账户。

在一个大型网络中，为了便于管理，管理员经常需要将用户和计算机账户移动到新的组织单位或容器中。例如，某单位一位职工从 A 部门调到 B 部门，则应将其账户从 A 部门的组织单位中移动到 B 部门所在的组织单位中。账户被移动后，用户和计算机仍可使用它们进行网络登录，不需要重新创建。不过，用户和计算机账户的管理员和组策略将随着组织单位的改变而改变。移动用户和计算机账户，在控制台目录树中展开域节点，单击要移动的用户或计算机账户所在的组织单位或容器，在详细资料窗格中右击要移动的用户账户，选择"移动"命令，打开"移动"对话框，在"将对象移到容器"对话框中双击域节点，展开该节点，如图 5-25 所示，单击移动的目标组织单位，然后单击"确定"按钮即可完成移动。

图 5-25　移动账户

5.5.4 将用户和计算机账户添加到组

为便于管理员管理用户和计算机账户，可以将不同的用户或计算机添加到具有不同权限的组中，使用户和计算机继承所在组的所有权限。同时，管理员也可以直接通过组管理多个用户和计算机账户，减轻管理员的管理维护工作。如学校内某个用户可能既属于某个学院的组，也可以属于网络管理员组。

将用户账户添加到组，在控制台目录树中展开域节点，单击要加入组的用户所在的组织单位或容器，在详细资料窗格中右击该用户账户，选择"添加到组"命令，打开如图 5-26 所示的"选择组"对话框，可以直接输入组对象的名称，也可以单击"高级"按钮，打开高级窗口进行查找，然后在组列表框中选择一个要添加的组，单击"确定"按钮即可将用户添加到组。

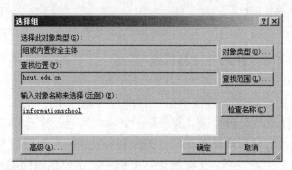

图 5-26　为用户添加组

将计算机账户添加到组，在控制台目录树中展开域节点，单击"计算机"或要加入组的计算机所在的组织单位或容器，在详细资料窗格中右击该计算机账户，选择"属性"命令，打开该计算机的属性对话框，然后单击"成员属于"标签，打开"隶属于"选项卡，单击"添加"按钮，打开"选择组"对话框，选择要加入的组，单击"确定"按钮完成添加。

5.5.5 重设用户密码

用户密码是用户登录网络的重要凭证，用户忘记密码或（怀疑）密码被他人盗用时，管理员可以重新设置密码。

重新设置用户密码，在控制台目录树中展开域节点，单击包含要重新设置密码的用户的组织单位或容器，在详细资料窗格中右击该用户账户，选择"重设密码"命令，打开"重设密码"对话框，在"新密码"和"确认密码"文本框中输入要设置的新密码。如果允许用户更改密码，可选择"用户下次登录时须更改密码"复选框，单击"确定"按钮保存设置，同时系统会打开确认信息框，单击"确定"按钮可完成设置。

5.5.6 管理客户计算机

管理员通过域控制器直接管理网络中的客户计算机，这不但加强了域控制器的作用，而且有利于用户对网络的管理和维护。域控制器可以直接管理运行 Windows Server 2008/2003 或 Windows 2000/NT 系统的计算机，不能管理安装 Windows 95/98 或者其他系统的计算机。

管理客户计算机，在控制台目录树中展开域节点，然后单击要管理的计算机所在的组织单位，右击该计算机，从弹出的快捷菜单选择"管理"命令，打开该计算机的计算机管理窗口。在该窗口中，管理员可以对连接的计算机进行系统工具、存储、服务器应用程序和服务等方面的管理，例如可以管理该计算机上的用户账户、读写该计算机上的共享文件夹等。

5.6 资源发布和域的管理

5.6.1 资源发布管理

在 Windows Server 2008 中可以发布共享文件夹、共享打印机等资源。

发布共享文件夹，类似于设置共享文件夹，运行"管理工具"中的"Active Directory 用户和计算机"管理控制台程序，在控制台树中右击要在其中添加共享文件夹的文件夹，选择"新建"→"共享文件夹"选项，打开"新建对象-共享文件夹"对话框，如图 5-27 所示。输入文件夹的名称和网络路径，这里添加主机 haut-004 下共享文件夹 Server 2 Shares 到管理组织单位 Accounts/Information 下，单击"确定"按钮完成操作。

需要注意的是，输入的网络路径必须正确，路径指向的文件夹必须设置为共享，此处添加共享文件夹系统不进行检查，路径错误之后无法对资源进行正常管理。

发布打印机，运行"Active Directory 用户和计算机"管理控制台程序，选择发布打印机的对象容器，右击并选择"新建"→"打印机"选项，弹出"新建对象-打印机"对话框，键入网络路径，如图 5-28 所示，单击"确定"按钮完成操作。

图 5-27 设置共享文件夹　　　　　　　　　　图 5-28 设置共享打印机路径

自定义搜索资源，运行"Active Directory 用户和计算机"，在控制台树中右击"域节点"选项，选择"查找"选项，在"查找"对话框中单击"自定义搜索"，单击"字段"，选择要搜索的对象种类，然后单击要为其指定搜索值的对象的属性；在"条件"中单击搜索的条件；在"值"中键入要应用搜索条件的属性值。单击"添加"按钮，将该搜索条件添加至自定义搜索。重复上述步骤，直到添加完所需的全部搜索条件为止。单击"开始查找"按钮。

5.6.2 域的管理

1. 提升域功能级别

Windows Server 2008 中有 4 个域功能级别，表 5-1 列出了域功能级别及其所支持的域控制器。默认情况下，域以 Windows 2000 混合功能级别操作。

表 5-1　域功能级别与其支持的域控制器

域功能级别	支持的域控制器
Windows 2000 本机模式	Windows 2000、Windows Server 2003、Windows Server 2008
Windows Server 2003	Windows Server 2003、Windows Server 2008
Windows Server 2008	Windows Server 2008

　　根据网络的实际需要，可以提升域功能级别。运行"Active Directory 域和信任关系"，右击管理的域的域节点，选择"提升域功能级别"选项，打开如图 5-29 所示的对话框，在"选一个可用的域功能级别"下拉列表中选择一种模式。

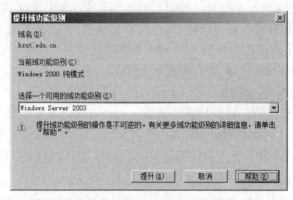

图 5-29　提升域功能级别

　　注意：
　　（1）只有活动目录中 Domain Admins 组（在要提升其功能的域中）或 Enterprise Admins 组的成员，或是已被委派适当权限的用户才能执行上述操作。
　　（2）提升域功能级别操作是不可逆的，也就是说，一旦将域功能级别提升为 Windows 2003 模式后，就不能再变回 Windows 2000 纯模式，一旦将域功能级别提升为 Windows Server 2008 后，就不能再变回 Windows 2003 模式或 Windows 2000 纯模式。
　　2．创建明确的域信任
　　信任是域之间建立的关系，即一个域中的域控制器可以验证另一个域中的用户。当某个域中有些用户需要经常登录域林中的其他域时，有必要创建明确的域信任，也称信任的快捷方式，实现两个不同域之间的身份验证。
　　创建明确的域信任，运行"Active Directory 域和信任关系"管理控制台，右击域节点，选择"属性"选项，单击"信任"选项卡，如图 5-30 所示。根据需要，单击"新建信任"按钮，打开"新建信任向导"对话框，输入一个信任域的名称，单击"下一步"按钮；打开的对话框会询问信任类型，选择"领域信任"，单击"下一步"按钮，选择信任传递为"不可传递"，单击"下一步"按钮，会询问信任方向，选择"双向"，单击"下一步"按钮；打开的对话框询问信任密码，输入密码，如图 5-31 所示。
　　单击"下一步"按钮，向导给出所配置的信息，在以后的步骤中使用默认设置，最后单击"完成"按钮完成配置。
　　注意： 密码必须是信任域和被信任域双方都接受的。

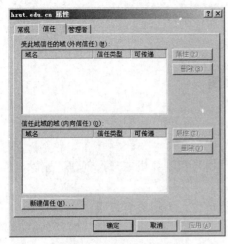
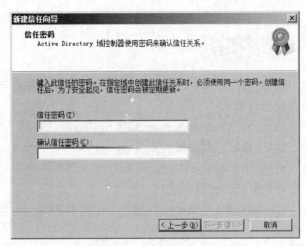

图 5-30　"信任"选项卡　　　　　　图 5-31　"信任密码"对话框

3. 撤消信任关系

如果不再需要已建立的信任关系，可以撤消信任关系。运行 "Active Directory 域和信任关系"，在控制台树中右击要撤消的信任关系所涉及的域节点，选择"属性"选项，单击"信任"选项卡，在"受此域信任的域"或"信任此域的域"中单击要撤消的信任关系，然后单击"删除"按钮。

注意：不能撤消域林中不同域之间默认的双向可传递信任关系，但可删除明确创建的快捷信任关系。

活动目录实现了在统一的环境下管理全网的各种资源，保证了系统的良好扩展性和可管理性，方便管理员的管理工作。本章介绍了活动目录的基本概念、管理模式、安装方法以及对用户和计算机账户的管理、组和组织单位的管理、域和域控制器的管理等内容。

活动目录、域控制器和域三者具有相互依存关系。活动目录运行在域控制器上，域控制器是域中的服务器，控制域的活动。

1．活动目录的优点是什么？如何安装活动目录？
2．在安装活动目录之后，如何检验活动目录安装是否正确？
3．不同的组对网络性能具有哪些影响？
4．如何限制用户由某台客户机在某个特定时段登录？
5．组织单位的委派控制有何意义？
6．如何实现域间信任？
7．将用户账户、计算机账户添加到组中作用有何不同？

实训五

题目：Windows Server 2008 活动目录的安装与配置

内容与要求：

1．安装 Windows Server 2008 活动目录。

2．设置域控制器属性。

3．使用"Active Directory 用户和计算机"窗口管理用户和计算机账户，创建、删除、停用和移动用户和计算机账户。

4．管理组和组织单位，创建、设置和删除组与组织单位，为组设置权限。

第6章　DNS 服务器配置与管理

域名系统 DNS 是 Internet 中使用的分配名字和地址的机制，域名系统允许用户使用友好的名字——域名，而不是难以记忆的 IP 地址访问 Internet 上的主机。本章介绍 DNS 服务器的配置与管理，主要包括以下内容：

- DNS 域名系统的基本概念和域名解析工作原理
- DNS 服务器的安装
- DNS 服务器的配置与管理
- WINS 概念及 WINS 服务器的配置

在 Internet 上进行信息浏览时，通常使用友好的名字，即域名，例如访问新浪主页，使用 www.sina.com.cn，而不是直接使用新浪 Web 服务器的 IP 地址。用户计算机访问 www.sina.com.cn 时，先通过域名解析系统（DNS）找到相应主机的 IP 地址，之后用户计算机与服务器之间使用实际 IP 地址进行连接。

6.1　DNS 的基本概念和原理

域名系统（Domain Name System，DNS）指在 Internet 中使用的分配名字和地址的机制，域名系统允许用户使用友好的名字，而不是难以记忆的 IP 地址访问 Internet 上的主机。

域名解析就是将用户给出的名字变换成网络地址的方法和过程。当 DNS 客户端提出查询域名请求后，接收查询的 DNS 服务器检索其数据库，若能解析，就将 IP 地址送回给客户；若不能解析，这个任务就转给下一个 DNS 服务器，该过程可能进行多次。

6.1.1　DNS 域名空间与区域 Zone

整个 DNS 的结构是一个树状结构，该树状结构被称为域名空间，如图 6-1 所示。图中最上一层为根域（Root Domain），其中有多台 DNS 服务器，由多个机构管理，如 Inter NIC。下一层为顶级域（Top-Level Domain），每个顶级域内都有数台 DNS 服务器。从名字可以看出该顶级域的作用范围，它们一般为英文单词的缩写，例如 com 表示商业机构，edu 表示教育或学术研究单位，net 为网络服务机构，cn 为中国的缩写等。顶级域下可再细分子域（Subdomain），如 cn 下又细分为 edu、com 等子域。在子域下还可以再建立子域，如在 cn 的 edu 下可建立 hnzz（假设为某大学注册的域名）子域等。最后一层为主机名。这样，各级域名加主机名共同构成完整的域名（Fully Qualified Domain Name，FQDN），如 host2.libr.hnzz.edu.cn 表示中国科研教育网某大学图书馆主机 host2。

国际域名由美国商业部授权的 ICANN 负责注册和管理，其网址为http://www.internic.net，而国内域名则由中国互联网络信息中心（China Internet Network Information Center，CNNIC）负责注册和管理，其网址为http://www.cnnic.net.cn。中国教育行业用户域名由中国教育科研计算机网 CERNET 负责注册和管理，其网址为http://www.cernet.com。

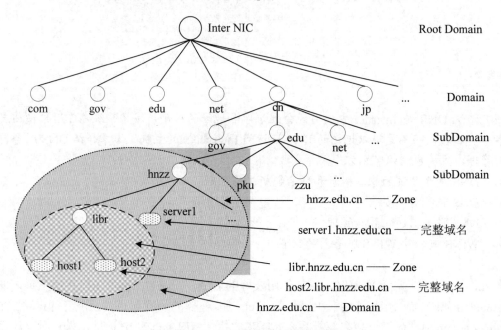

图 6-1 DNS 域名空间树型结构

区域（Zone）是域名空间树状结构的一部分，它将域名空间划分为较小的区段，DNS 服务器是以 Zone 为单位管理域名的。这个区域内的主机数据都存储在该区域 DNS 服务器内，用来存储这些数据的文件就称为区域文件。将一个域（Domain/SubDomain）划分为多个区域可以分散网络管理的工作负荷。

注意：一个 Zone 所包含的范围必须是在域名空间中连续的区域，每个 Zone 都拥有各自的 DNS 数据库文件记录，用来记录该 Zone 的数据。

如图 6-1 所示，某高校从 CERNET 申请域名为 hnzz.edu.cn，hnzz.edu.cn 为该校设置的管理区域，在其下可以设置主机记录，也可以为较大的单位或部门（如图书馆）创建域 libr.hnzz.edu.cn，有时也称之为子区域。

6.1.2 查询模式

当客户机需要访问 Internet 上的某一主机时，首先向本地 DNS 服务器查询对方 IP 地址，本地 DNS 服务器如查询不到会继续向另外一台 DNS 服务器查询，直到解析出需要访问主机的 IP 地址，这一过程称为"查询"。

例如，用户通过 Internet 访问www.pku.edu.cn，通过顶级域名解析出该主机属于中国、中国教育科研网 CERNET，由 CERNET 子域的 DNS 解析出域名 pku 属于北京大学，继而询问北京大学的 DNS 服务器，北京大学的 DNS 服务器解析出对应别名为 www 的主机 IP 地址，并返回给用户。

客户机送出查询请求后，DNS 服务器必须告诉客户机正确的数据（IP 地址）或通知客户机找不到其所需数据。"查询"的模式可分为以下 3 种：

- 递归查询（Recursive Query）：客户机向首选 DNS 服务器提交域名解析请求，该 DNS 服务器内若没有所需的数据，则该 DNS 服务器会代替客户机向另一个 DNS 服务器查询，若后者本地也没有查询数据，则继续委托下一个 DNS 服务器查询，依次类推，直到查询到解析记录，逐级返回。这种查询方式称为递归查询。
- 迭代查询（Iterative Query）：客户机送出查询请求后，首选 DNS 服务器中若不包含所需数据，它继续询问顶级 DNS 服务器，若顶级 DNS 服务器本地未查询到结果，该服务器返回用户 DNS 服务器另外一台 DNS 服务器的 IP 地址，使客户 DNS 服务器自动转向另外一台 DNS 服务器查询，依次类推，直到查到所需数据，否则由最后一台 DNS 服务器通知查询失败。
- 反向查询（Reverse Query）：客户机利用 IP 地址查询其主机完整域名，即 FQDN。

当 DNS 服务器向其他的 DNS 服务器查询到客户机所需的数据后，除了将此数据提供给客户机外，还会将此数据备份到本地 DNS 服务器的高速缓存中，以便下次其他客户机查询相同的域名时从高速缓存内快速提取。备份数据在高速缓存内只保留一段时间，这段时间称为 TTL，可以在存储此数据的主要名称服务器内设置 TTL 时间长度。当 DNS 服务器在高速缓存存储一份数据后，TTL 时间就会开始递减，当 TTL 时间变为 0 时，DNS 服务器就将此数据从高速缓存内清除。

6.2　DNS 服务器的安装

选择一台已经安装好 Windows Server 2008 的服务器，确认该服务器已安装了 TCP/IP 协议，并正确设置了 IP 地址、子网掩码、默认网关等，通过"本地连接"的"属性"项可以查看参数设置。作为 DNS 服务器，为了让其自身浏览器能正常访问互联网，其 TCP/IP 属性中"首选 DNS 服务器"地址设置为自己的 IP 地址。如果在网络上还有其他 DNS 服务器提供服务的话，则在"备用 DNS 服务器"处输入另外一台 DNS 服务器的 IP 地址。

在 Windows Server 2008 中，通过添加"角色"的方式来安装 DNS 服务器。选择"开始"→"程序"→"管理工具"→"服务器管理器"选项，在打开的窗口中选择"角色"选项，单击"添加角色"超链，运行"添加角色向导"，单击"下一步"按钮，打开"选择服务器角色"对话框，如图 6-2 所示，选择"DNS 服务器"复选框，单击"下一步"按钮，出现"DNS 服务器简介"对话框，单击"下一步"按钮，出现"确认安装选择"对话框，单击"安装"按钮，系统开始自动安装相应服务程序，如图 6-3 所示。

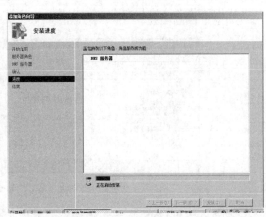

图 6-2　"选择服务器角色"对话框　　　　图 6-3　"安装进度"对话框

完成 DNS 服务安装后，在"管理工具"应用程序组中会多一个 DNS 管理控制台程序，提供 DNS 服务器的管理与设置，而且会创建一个%SystemRoot%\system32\dns 文件夹，其中存储与 DNS 运行有关的文件，如缓存文件、区域文件和启动文件等。

6.3　DNS 服务器的配置与管理

DNS 以区域 Zone 为管理单位，DNS 服务器存储着域名空间内部分区域的数据，在一台 DNS 服务器内可以存储一个或多个区域的数据，以区域文件保存设置数据。

6.3.1　添加正向查找区域

DNS 服务器支持以下 3 种区域类型：

（1）主要区域。

存放此区域内所有主机数据的正本，其区域文件采用标准 DNS 规格的一般文本文件。当在 DNS 服务器内创建一个主要区域与区域文件后,这个 DNS 服务器就是这个区域的主要名称服务器。

（2）辅助区域。

存放区域内所有主机数据的副本，这份数据从其"主要区域"利用区域传送的方式复制过来，区域文件采用标准 DNS 规格的一般文本文件，文件属性为只读不可修改。创建辅助区域的 DNS 服务器为辅助名称服务器。

（3）存根区域。

存根区域是一个区域副本，只包含标识该区域的权威域名系统（DNS）服务器所需的资源记录。存根区域用于使父区域的 DNS 服务器知道其子区域的权威 DNS 服务器，从而保持 DNS 名称解析效率。存根区域由起始授权机构（SOA）资源记录、名称服务器（NS）资源记录和粘附 A 资源记录组成。

注意：在创建新的区域之前，首先检查 DNS 服务器的设置，确认已将"IP 地址"、"主机名"、"域"等已经分配给了 DNS 服务器。

要创建新的区域，需要运行"管理工具"中的 DNS 管理控制台，打开"DNS 管理器"窗口，如图 6-4 所示。选取要创建区域的 DNS 服务器，右击"正向查找区域"，选择"新建区域"选项，出现"欢迎使用新建区域向导"对话框时单击"下一步"按钮。选择要建立的区域类型，这里我们选择"主要区域"，单击"下一步"按钮。

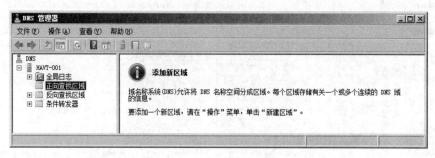

图 6-4　"DNS 管理器"窗口

注意：只有 DNS 服务器是域控制器时才可以选择"在 Active Directory 中存储区域"。

　　出现如图 6-5 所示的"区域名称"对话框时，输入新建主区域的区域名称，例如 hnzz.edu.cn，单击"下一步"按钮，文本框中会自动显示默认的区域文件名。如果不接受默认的名字，也可以键入不同的名称。

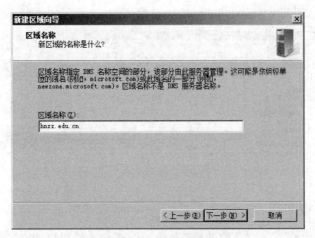

图 6-5　输入区域名称

　　这里需要注意域和区域的差别。DNS 域名树的分支是为域名所用，叶子一般是主机，而区域是 DNS 名称空间的一个连续部分，一个服务器的授权区域可以包括多个域，也可以在一个区域中只有一个域。

　　根据安装向导提示选择默认值，最后出现总结对话框，单击"完成"按钮，结束区域添加。

　　新创建的主区域显示在所属 DNS 服务器的列表中，DNS 管理器将为该区域创建两个记录，如图 6-6 所示：一个是"起始授权机构记录"SOA（Start of Authority），描述了这个区域中的 DNS 服务器是哪一台主机，本例中 DNS 主机名为 HAVT-001；另一个是名称服务器记录 NS（Name Server），描述了这个区域的 DNS 服务器是哪一台主机，这里同样是 HAVT-001。服务器使用所创建的区域文件保存这些资源记录。

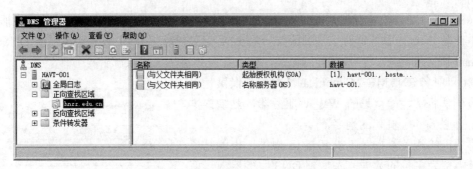

图 6-6　DNS 自动添加的资源记录

6.3.2　添加 DNS Domain

　　一个较大的网络，为了便于管理，可以在区域 Zone 内划分多个子区域，为了与域名系统一致 Windows Server 2008 中也称为域（Domain）。例如，一个校园网中，计算机系有自己的服务器，为了方便管理，可以为其单独划分子区域，如增加一个 ComputerDep 区域，在这个区域下可以添加主机记录以及其他资源记录（如别名记录等）。

添加子区域，选择要划分的子区域，如 hnzz.edu.cn，右击并选择"新建域"选项，出现"键入新域名"对话框，输入域名 ComputerDep，单击"确定"按钮完成操作。

此时在 hnzz.edu.cn 下面出现 ComputerDep 子区域，如图 6-7 所示。访问这个域下的主机必须带此域的名称，例如 www.computerdep.hnzz.edu.cn。

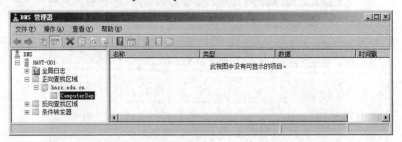

图 6-7　新建立的子域

6.3.3　添加 DNS 记录

创建新的主区域后，"域服务管理器"会自动创建起始授权机构、名称服务器等记录。DNS 数据库还包含其他的资源记录，用户可根据需要自行向主区域或域中添加资源记录。常见的记录类型如下：

（1）起始授权机构 SOA（Start Of Authority）：该记录表明 DNS 名称服务器是 DNS 域中的数据表的信息来源，该服务器是主机名的管理者，创建新区域时自动创建该资源记录，是 DNS 数据库文件中的第一条记录。

（2）名称服务器 NS（Name Server）：为 DNS 域标识 DNS 名称服务器，该资源记录出现在所有 DNS 区域中。创建新区域时，自动创建该资源记录。

（3）主机地址 A（Address）：该资源记录将主机名映射到 DNS 区域中的一个 IP 地址。

（4）指针 PTR（Point）：该资源记录与主机记录配对，可将 IP 地址映射到 DNS 反向区域中的主机名。

（5）邮件交换器资源记录 MX（Mail Exchange）：为 DNS 域名指定了邮件交换服务器。网络中存在 E-mail 服务器时，需要添加一条 MX 记录对应 E-mail 服务器，以便 DNS 能够解析 E-mail 服务器地址。若未设置此记录，E-mail 服务器无法接收邮件。

（6）别名 CNAME（Canonical Name）：仅仅是主机的另一个名字，如常见的 WWW 服务器，是给提供 Web 信息服务的主机起的别名。

将主机的相关数据（主机名与 IP 地址，也就是资源记录类型为主机的数据）添加到 DNS 服务器内，就可以使 DNS 客户机使用域名而不是主机 IP 地址访问服务器。

以添加 WWW 服务器的主机记录为例，选中要添加主机记录的主区域，如 hnzz.edu.cn，右击并选择"新建主机"选项，出现如图 6-8 所示的对话框，在"名称"文本框中输入新添加的计算机的名字，如 Web，在"IP 地址"文本框中输入相应的主机 IP 地址。

图 6-8　输入新建主机信息

如果要将新添加的主机 IP 地址与反向查询区域相关联，则选中"创建相关的指针（PRT）记录"复选框，将自动生成相关反向查询记录，即由地址解析名称。

可重复上述操作添加多个主机，操作完成后单击"完成"按钮关闭对话框，会在"DNS 管理器"中增添相应的记录，如图 6-9 所示，表示主机 Web（计算机名）的 IP 地址为 172.18.67.204。由于计算机名为 Web 的这台主机添加在 hnzz.edu.cn 区域下，网络用户可以直接使用 web.hnzz.edu.cn 访问 172.18.67.204 这台主机。

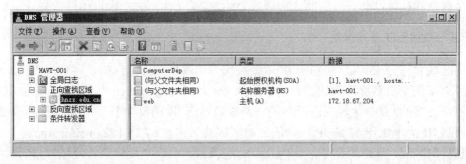

图 6-9　添加主机记录后的资源列表

通常情况下，用户习惯于使用 www.hnzz.edu.cn 来访问相应的 Web 服务器，这时可以给 Web 这台计算机另起一个别名。例如，我们要为刚添加的计算机 Web 添加一个别名记录，右击 hnzz.edu.cn，选择"新建别名"选项，出现"新建资源记录"对话框，在"别名"文本框中输入 www，在"目标主机域名"文本框中输入主机名称，如 web.hnzz.edu.cn，单击"确定"按钮。完成别名记录添加后，网络用户可以通过 www.hnzz.edu.cn 访问主机 172.18.67.204，也可以通过 web.hnzz.edu.cn 访问该主机。

DNS 服务器具备动态更新功能，当一些主机信息（主机名称或 IP 地址）更改时，更改的数据会自动传送到 DNS 服务器端，这要求 DNS 客户端也必须支持动态更新功能。

需要 DNS 接收客户端动态更新，以区域为单位设置，右击要启用动态更新的区域，选择"属性"选项，出现如图 6-10 所示的对话框，选择是否要动态更新。

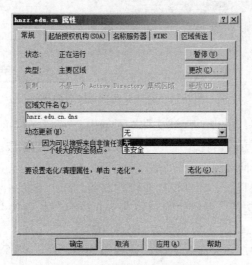

图 6-10　设置允许动态更新

设置客户端使用动态更新，即使用 DNS 动态更新来注册客户计算机的 IP 地址和主域名，在客户端网络属性设置中，单击"TCP/IP 属性"设置对话框中的"高级"按钮，在 DNS 属性页中选中"在 DNS 中注册此连接的地址"复选框，默认情况下该选项处于启用状态。计算机的主域名是在计算机名后附加主 DNS 后缀，并且在"计算机名称"选项卡（在"控制面板"的"系统"中）上显示为完整的计算机名。

要使用 DNS 动态更新来注册 IP 地址和此连接的连接专用域名，在上述属性页中选中"在 DNS 注册中使用此连接的 DNS 后缀"复选框，默认情况下该选项处于禁用状态。此连接的连接专用域名是在计算机名后附加的此连接的 DNS 后缀（在相应文本框中设置）。

6.3.4　添加反向查找区域

反向区域允许 DNS 客户端利用 IP 地址反向查询主机名称，例如，客户端查询 IP 地址为 172.18.67.204 的主机名称，系统会自动解析为 havt-001.hnzz.edu.cn（上面例子中的主机）。反向区域不是必需的，反向区域的区域名的前半段是网络 ID 的反向书写，后半段为 in-addr.arpa。例如，网络 ID 为 172.18.67 的 IP 地址段反向区域的名称为 67.18.172.in-addr.arpa。

添加反向区域，选取要创建区域的 DNS 服务器，右击"反向查找区域"，选择"新建区域"选项，出现"欢迎使用新建区域向导"对话框，单击"下一步"按钮。在区域类型对话框中选择"主要区域"，单击"下一步"按钮。出现如图 6-11 所示的对话框时，直接在"网络 ID"文本框中输入此区域支持的网络 ID，例如 172.18.67，系统自动在"反向查找区域名称"处设置区域名 67.18.172. in-addr.arpa。

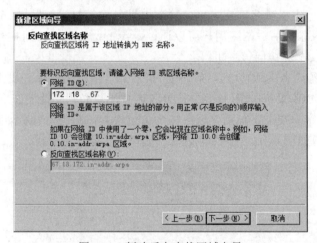

图 6-11　新建反向查找区域向导

单击"下一步"按钮，出现"区域文件"对话框，"创建新文件"文本框中自动显示默认的区域文件名，用户可以更改，单击"下一步"按钮完成。如图 6-12 所示，其中的 67.18.172.in-addr.arpa 就是所创建的反向区域。

通过向反向区域添加记录，提供反向查询的服务。选中反向主区域 67.18.172.in-addr.arpa，右击并选择"新建指针"选项，出现如图 6-13 所示的对话框，输入主机 IP 地址和主机的名称，如主机的 IP 是 172.18.67.217，主机名称为 server002。

可重复以上操作，添加多个指针记录。完成添加后，在 DNS 管理控制台中会增添相应的记录，如图 6-14 所示。

添加反向搜索区域记录指针，也可在正向搜索区域内创建主机记录时选中"创建相关的指针（PTR）记录"复选项，要求同时创建一条反向记录。

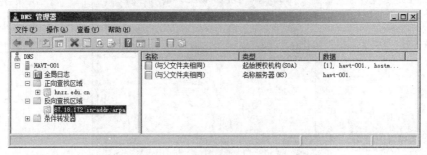

图 6-12　新建的反向查找区域

图 6-13　添加反向区域记录

图 6-14　增加指针后的资源列表

6.3.5　设置转发器

　　DNS 负责本网络区域的域名解析，对于非本网络的域名，可以通过上级 DNS 解析。设置转发器，将自己无法解析的域名转到下一个 DNS 服务器。在 DNS 管理控制台中选中 DNS 服务器，右击并选择"属性"选项，打开"属性"对话框，选择"转发器"选项，如图 6-15 所示，单击"编辑"按钮，为该域设置转发器的 IP 地址，直接将转发器 IP 地址添加到地址列表中即可。

图 6-15 设置转发器

转发器一般指上一级 DNS 服务器，如果你是某大学的一名网络管理员，可能将本学校 DNS 转发器设置成学校所在 CERNET 地区的地区网络中心 DNS 服务器，地区中心的 DNS 服务器的转发器可能设置为 CERNET 顶级域名服务器地址。

6.4　DNS 客户端的设置

网络中的计算机，必须设定正确的 DNS 地址才能够正常使用域名解析系统。在客户端配置 DNS 属性，右击桌面上的"网上邻居"，选择"属性"选项，在打开的窗口中右击"本地连接"，选择"属性"选项，在"本地连接属性"对话框中选择"Internet 协议（TCP/IP）"→"属性"选项，出现如图 6-16 所示的对话框。在"首选 DNS 服务器"文本框中输入 DNS 服务器的 IP 地址，如果还有其他的 DNS 服务器提供服务，则在"备用 DNS 服务器"处输入另外一台 DNS 服务器的 IP 地址。

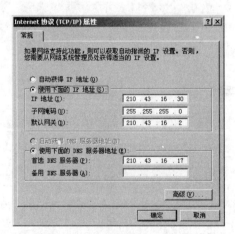

图 6-16 设置客户端 DNS 选项

如果有多台 DNS 服务器，则单击"高级"按钮，在 DNS 选项卡逐一添加多个 DNS 服务器的 IP 地址，DNS 客户端会依序向这些 DNS 服务器查询。

6.5　WINS 服务

6.5.1　WINS 服务概述

WINS（Windows Internet Name Server）为注册及查询计算机和组的动态映射 NetBIOS 名称提供了一个分布式数据库，是微软操作系统实现名称和 IP 地址解析的一种机制。

目前在微软网络上可以使用两种名称实现计算机间名称解析：一种是 DNS 域名称，另一种是 NetBIOS 名称。如果网络内只有 Windows Server 2008 的计算机，则可以不考虑 NetBIOS 名称解析的问题。但是在存在 Windows 95/98 以及低版本 Windows NT 计算机的混合网络环境，需要构建 WINS 服务器实现 NetBIOS 名称解析。

WINS 客户机启动时主动将计算机名、IP 地址、DNS 域名等数据注册到 WINS 服务器的数据库中，当某一客户机需要与其他客户机通信时，它可以从 WINS 服务器获得所需的计算机名、IP 地址、DNS 域名。

安装 WINS 服务器，要求服务器使用固定 IP 地址。在 Windows Server 2008 中，通过添加"功能"的方式来安装 WINS 服务器。选择"开始"→"程序"→"管理工具"→"服务器管理"选项，在打开的窗口中选择"功能"选项，单击"添加功能"超链，运行"添加功能向导"，打开"选择功能"对话框，选择"WINS 服务器"复选框，单击"下一步"按钮确认安装，系统开始自动安装相应的服务程序。安装完成后，系统在服务器的"管理工具"组中增加一个 WINS 应用程序选项。

6.5.2　WINS 服务器的配置与管理

运行"管理工具"中的 WINS 管理控制台，如图 6-17 所示。

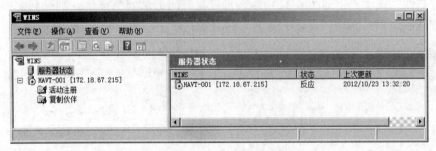

图 6-17　WINS 管理控制台窗口

在服务器列表中选择服务器，右击并选择"属性"选项，打开服务器属性对话框，如图 6-18 所示。

- "常规"选项卡："自动更新统计信息间隔"用于设置 WINS 数据库动态记录更新周期时间，用户可以自己设置自动更新时间间隔，以便验证记录的有效性，清除无效的记录；"数据库备份"用于设置数据库的备份路径，建议不要备份到系统盘上，并选择"服务器关闭期间备份数据库"选项。

- "间隔"选项卡：如图 6-19 所示，"更新间隔"用于设置客户机重新向 WINS 服务器更新其注册名称的时间间隔。如果在该时间间隔内客户机未更新其注册名称，则此名称被标记为"释放"。建议"更新间隔"不要设得太短，以避免客户机经常向服务器更新注册，增加网络流量。"消失间隔"，一个被标记为"释放"的计算机名称在"消失间隔"的时间后被标记为"废弃不用"。"消失超时"，一个被标记为"废弃不用"的计算机名称在经过"消失超时"后，将被从服务器的数据库中删除。"验证间隔"，经过此时间间隔后，WINS 服务器必须验证那些不属于此服务器的名称是否仍然活动。

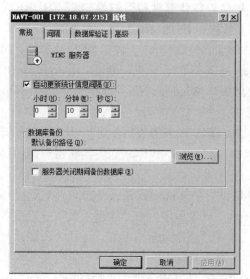

图 6-18　WINS 服务器属性配置对话框

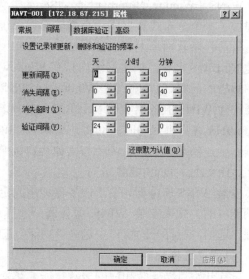

图 6-19　设置 WINS 服务器的间隔属性

注意：消失间隔、消失超时、验证间隔都依赖于更新间隔的设置。

- "数据库验证"选项卡：如图 6-20 所示，可以设置数据库每次验证的时间间隔和验证开始时间。
- "高级"选项卡：如图 6-21 所示，可以将时间记录到 Windows 时间日志中，为及时查找和更正错误提供准确的依据。启用爆发处理，保证系统的稳定性。

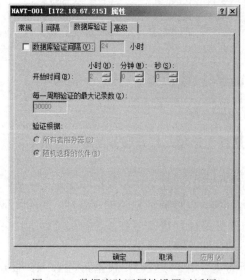

图 6-20　数据库验证属性设置对话框

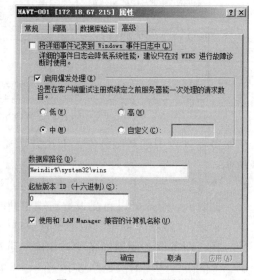

图 6-21　WINS 高级属性设置

6.5.3　数据库的复制

通常情况下，可以配置两台 WINS 服务器，避免因 WINS 服务器发生故障而导致整个服务失效。两台 WINS 服务器互为备份，互相复制数据库，提供了高可靠性和容错性。WINS 数据库的复制采用增量型复制，即在复制过程中只复制数据库中变化的记录，而不是整个数据库。

实现 WINS 服务器之间相互复制，首先要确定它们之间的关系——"复制伙伴"关系，分为接收伙伴（Pull Partner）和发送伙伴（Push Partner）两种角色。假设有 A、B 两台 WINS 服务器，A 服务器接收由 B 服务器发送过来的在一定时间间隔内数据库的更新数据，则 A 为 B 的接收伙伴，而 B 为 A 的发送伙伴。

设置"复制伙伴"关系，启动 WINS 管理控制台，选择 WINS 服务器下的复制伙伴组件，右击"复制伙伴"，选择"新建复制伙伴"选项，出现如图 6-22 所示的对话框，在其中填写作为复制伙伴的 WINS 服务器的名称或 IP 地址，单击"确定"按钮。

这时在"复制伙伴"组件中添加了一个 WINS 服务器，修改设置属性，右击刚刚添加的 WINS 服务器，选择"属性"选项，打开"属性"对话框，如图 6-23 所示，设定复制伙伴的属性。在默认情况下，复制伙伴既是接收伙伴又是发送伙伴，可以在"复制伙伴类型"下拉列表框中根据自己的需要更改。其中"开始时间"为每次开始进行复制的时间，"复制间隔"为每隔多长时间复制一次。

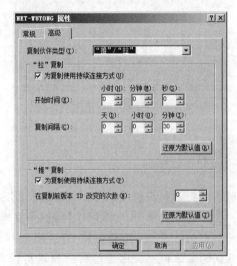

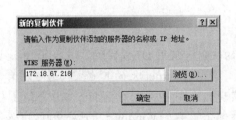

　　图 6-22　"新的复制伙伴"对话框　　　　图 6-23　数据库复制属性设置对话框

完成上述设置后，就可以实现 WINS 数据库在多台 WINS 服务器间的复制。

6.5.4　静态映射管理

WINS 客户机在开机时会自动将其 IP 地址和计算机名注册到 WINS 服务器的数据库中并定期更新，在 WINS 服务器上客户机的计算机名和 IP 地址的映射是动态的。

也可以使用静态映射的方式在数据库中手工添加计算机名称及其 IP 地址的映射，这种映射关系没有时间限定，除非管理员手动删除，否则将一直存在。一般而言，静态映射只用于没有 WINS 功能的客户机。另外，当 DHCP 服务和 WINS 服务同时在一个网络系统中存在时，在 DHCP 服务器中保留的 IP 地址要优先于 WINS 的静态映射。

在 WINS 服务器中添加静态映射，启动 WINS 管理控制台，选择相应服务器下的"活动注册"组件并右击，选择"新建静态映射"选项，出现如图 6-24 所示的对话框。在其中输入计算机的名字及其 IP 地址，再单击"确定"按钮。

6.5.5 启用客户机 WINS 功能

客户机使用 WINS 功能，设置 TCP/IP 协议属性。以安装 Windows XP 的计算机为例，设置客户机使用 WINS，打开网络属性对话框，选择"Internet 协议（TCP/IP）"选项，单击"属性"选项，单击"高级"标签，在出现的对话框中选择 WINS 标签，出现如图 6-25 所示的对话框。单击"添加"按钮，输入 WINS 服务器的 IP 地址，单击"确定"按钮完成设置。

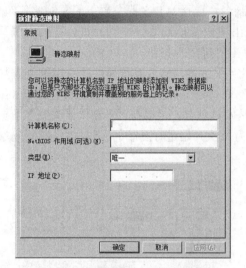

图 6-24 "新建静态映射"对话框

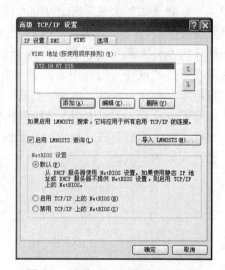

图 6-25 添加 WINS 服务器对话框

域名解析系统提供了 IP 地址与友好记忆名称的映射，使用 DNS 实现了域名到 IP 地址的解析。企业建设网络时，需要向 Internet 发布站点，允许 Internet 上的其他主机通过域名访问企业网络中的计算机，必须安装 DNS 服务器，以实现域名到 IP 地址的解析。本章介绍了 DNS 域名系统的基本概念、域名解析的原理与模式，详细介绍了在 Windows Server 2008 中如何设置与管理 DNS 服务器，以及添加区域、主机资源记录等的过程。

WINS 是 Windows 系统自有的一种基于 NetBIOS 协议的名称服务，适用于 Windows 早期版本的操作系统和支持 NetBOIS 协议的操作系统。随着 Internet 中标准的 DNS 域名解析服务的广泛应用，WINS 服务可迁移到 DNS 服务。本章介绍了 WINS 服务的安装、配置与管理等内容。

1. 什么是 DNS 域名系统？描述域名解析的过程。
2. 客户机向 DNS 服务器查询 IP 地址有哪 3 种模式？

3．什么是 DNS 的资源记录？记录有哪些类型？

4．配置 DNS 服务器时如何添加别名记录？添加别名记录有什么作用？

5．在 DNS 系统中，什么是反向解析？如何设置反向解析？

6．DNS 服务器转发器的功能是什么？如何设置？

7．为了实现以域名访问远程计算机或服务器，客户机应如何设置？

8．WINS 服务的功能是什么？

9．启用 WINS 服务，客户机应如何配置？

题目 1：DNS 服务器的配置与管理

内容与要求：

1．在 Windows Server 2008 中安装 DNS 服务。

2．DNS 服务器的配置与管理：

（1）创建正向区域和反向区域。

（2）添加主机记录和指针。

（3）为常用的 Web 服务器创建别名 www。

思考：DNS 服务器与网页浏览的关系。

题目 2：WINS 服务器的配置与管理

内容与要求：

1．安装 WINS 服务器。

2．配置与管理 WINS 服务器。

3．启用客户端的 WINS 功能。

思考：网络中，WINS 服务器是必需的吗？在什么情况下有必要构建 WINS 服务器？

第7章　Hyper-V 服务器配置与管理

本章介绍网络操作系统 Windows Server 2008 Hyper-V 的配置与操作，以及虚拟机的创建、设置与管理等内容。本章包括以下内容：

- Windows Server 2008 Hyper-V 的安装
- 虚拟机的安装与配置
- Hyper-V 虚拟硬盘的创建

7.1　Windows Server 2008 Hyper-V 概述

Hyper-V 是微软公司提出的一种系统管理程序虚拟化技术。所谓虚拟化技术就是可以将一个计算机资源从另一个计算机资源中剥离的一种技术，通过该技术可以提高资源的利用率，可以有效地利用现有的服务器资源，实现服务器的整合，减少数据中心的规模，解决数据中心的能耗以及散热问题，并且能够大大节省费用投入。

在没有虚拟化技术的情况下，一台计算机只能运行一个操作系统，虽然可以在一台计算机上安装两个甚至多个操作系统，但只能有一个操作系统处于运行状态。而通过虚拟化技术则可以在一台计算机上同时启动多个操作系统，每个操作系统上可以有许多不同的应用，多个应用之间互不干扰。

7.2　Windows Server 2008 Hyper-V 的安装

7.2.1　安装前的准备工作

Hyper-V 基于 64 位系统，在安装 Windows Server 2008 Hyper-V 前，需要检查计算机硬件配置是否达到了安装所需的基本要求。

安装 Windows Server 2008 Hyper-V 的计算机应符合下列需求：

（1）支持 64 位扩展技术，能够运行 x64 版本的 Windows Server 2008。

（2）能够安装 Windows Server 2008 Enterprise 或 Windows Server 2008 Datacenter。

（3）主板支持虚拟化并且需要在 BIOS 中设置相关选项。

（4）CPU 支持虚拟化并必须具备硬件数据执行保护（DEP）功能，并且必须启动该功能。

（5）内存最低配置要求为 2GB。

7.2.2　安装 Windows Server 2008 Hyper-V 中文版

做好上述准备工作后，就可以进入安装阶段，具体步骤如下：

（1）安装 Windows Server 2008 操作系统。

具体步骤参见前面的相关章节，但需要特别注意的是这里安装的 Windows Server 2008 必须是 64 位的。

（2）下载安装 Hyper-V 补丁程序。

在安装 Hyper-V 之前需要安装 64 位的补丁程序，可通过微软官方网站下载后进行安装工作，安装完成后需要重新启动服务器。

（3）在 Windows Server 2008 的"服务器管理器"控制台中添加"Hyper-V 角色"，具体操作为：

1）选择"开始"→"程序"→"管理工具"→"服务器管理器"，显示"服务器管理器"控制台，如图 7-1 所示。

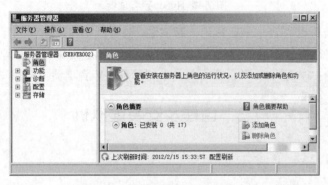

图 7-1　"服务器管理器"窗口

2）右击"角色"选项，选择"添加角色"选项，出现"添加角色向导"对话框，单击"下一步"按钮。出现"选择服务器角色"对话框，如图 7-2 所示，从服务器角色列表中选择 Hyper-V 选项，单击"下一步"按钮。

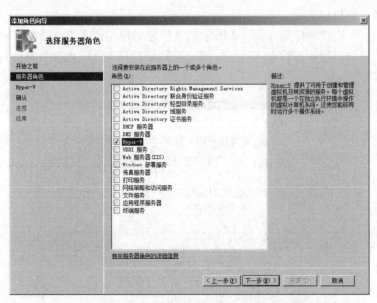

图 7-2　"选择服务器角色"对话框

3）显示"Hyper-V 简介"对话框，单击"下一步"按钮，打开"确认安装选择"对话框，单击"安装"按钮，开始 Hyper-V 角色的安装。安装完成后需要重新启动服务器，然后打开"服务器管理器"窗口，安装结果如图 7-3 所示，可以看到 Hyper-V 管理器。

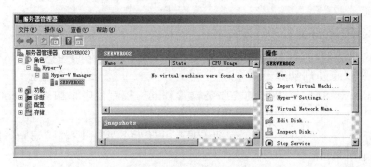

图 7-3　Hyper-V 管理器

Hyper-V 管理器可以与 Hyper-V 角色一起安装，也可以安装在没有运行 Hyper-V 的服务器上。Hyper-V 管理器有多种不同的方法启动，图 7-3 所示是通过服务器管理器启动的，也可以直接选择"开始"→"程序"→"管理工具"→"Hyper-V 管理器"来启动 Hyper-V 管理器。

7.3　创建及安装虚拟机

7.3.1　创建虚拟机

通过 Hyper-V 管理器利用虚拟化技术可以在一台计算机上同时启动多个操作系统，各个系统独立运行、互不干扰。

启动 Windows Server 2008 Hyper-V 管理器，打开如图 7-3 所示的"服务器管理器"窗口。在左边窗格中右击服务器名称 SERVER002，在弹出的快捷菜单中选择"新建"→"虚拟机"选项，打开"新建虚拟机向导"对话框。

单击"下一步"按钮，打开如图 7-4 所示的"指定名称和位置"对话框，输入虚拟机的名称并选择文件的存储位置，然后单击"下一步"按钮，打开"分配内存"对话框，指定分配给虚拟机的内存容量。

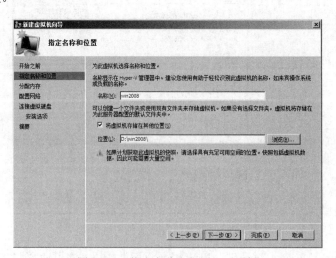

图 7-4　"指定名称和位置"对话框

单击"下一步"按钮，显示"配置网络"对话框，在其中选择设置好的网络，然后单击"下一步"按钮，打开如图 7-5 所示的"连接虚拟硬盘"对话框。选择"创建虚拟硬盘"单选按钮并指定位置。

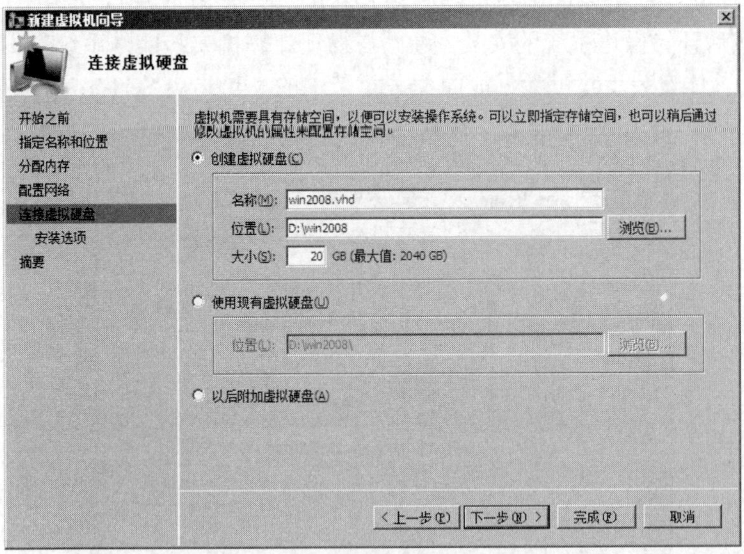

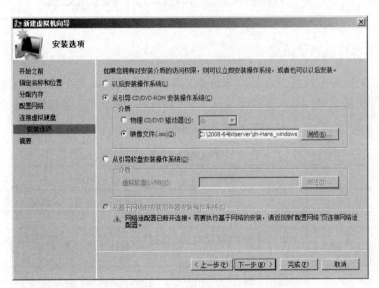

图 7-5　"连接虚拟硬盘"对话框

单击"下一步"按钮，打开如图 7-6 所示的"安装选项"对话框。安装操作系统既可以通过光盘安装，也可以通过映像文件安装，在该对话框中选择后者，通过映像文件安装。单击"下一步"按钮，显示"正在完成新建虚拟机向导"对话框，单击"完成"按钮即可完成新的虚拟机的创建。

图 7-6　"安装选项"对话框

7.3.2　安装虚拟机

在新建虚拟机步骤中，如图 7-6 所示的"安装选项"对话框提供给用户安装操作系统的几种选项。可以在创建好虚拟机以后安装操作系统；也可以在创建时安装，既可以通过光盘安装，也可以通过映像文件安装。

通过映像文件在虚拟机中安装 Windows Server 2008 操作系统的步骤如下：在"Hyper-V 管理器"窗口中，选择所创建的虚拟机的名称并右击，在弹出的快捷菜单中选择"启动"选项，启动虚拟机，然后开始操作系统的安装，过程与物理计算机安装操作系统基本相同，开始界面如图 7-7 所示，具体安装步骤可参见前面相关章节中的 Windows Server 2008 安装与基本配置。

图 7-7　虚拟机操作系统安装界面

7.4　创建及添加 Hyper-V 虚拟硬盘

7.4.1　虚拟硬盘及物理硬盘

Hyper-V 既支持虚拟硬盘也支持物理硬盘。虚拟硬盘其实就是在 Hyper-V 服务器上建立的一个文件，文件扩展名是.vhd。虚拟硬盘又分为两种：一种是动态虚拟硬盘，另一种是固定大小的虚拟硬盘。表 7-1 所示为 Hyper-V 硬盘的比较。

表 7-1　Hyper-V 硬盘比较表

类型		模式	优点	缺点
物理硬盘			直接写入磁盘，访问速度快	单一虚拟机使用
虚拟硬盘	固定大小磁盘	.vhd 文件提供存储容量，文件的大小在创建磁盘时指定	可制作快照，速度快	容量大小不能更改
	动态扩充磁盘	创建磁盘时，.vhd 文件的大小比较小，随着添加的数据该文件大小会变大	可制作快照，容量可随着需求增长	速度慢
	差异磁盘	.vhd 文件的大小随着存储到的磁盘的更改而增加	可快速复制虚拟机	速度慢

虚拟硬盘和物理硬盘的主要区别在于：访问物理硬盘时虚拟机是直接访问，不需要通过 Hyper-V 操作系统；而对于虚拟硬盘，虚拟机要通过 Hyper-V 操作系统才能访问。

7.4.2　创建虚拟硬盘

在实际应用中，可能需要多块硬盘，Hyper-V 具有创建多块虚拟硬盘的功能。创建虚拟硬盘的步骤如下：

（1）打开"Hyper-V 管理器"窗口，在左边窗格中右击服务器的名称，在弹出的快捷菜单中选择"新建"→"硬盘"命令，打开"新建虚拟硬盘向导"对话框，单击"下一步"按钮。

（2）出现如图 7-8 所示的"选择磁盘类型"对话框，根据需要选择相应的磁盘类型。单击"下一步"按钮，打开如图 7-9 所示的"指定名称和位置"对话框，在此指定虚拟硬盘文件的名称和位置。单击"下一步"按钮，打开"配置磁盘"对话框，输入新建空白虚拟硬盘的大小。单击"下一步"按钮，核查摘要信息，再单击"完成"按钮。

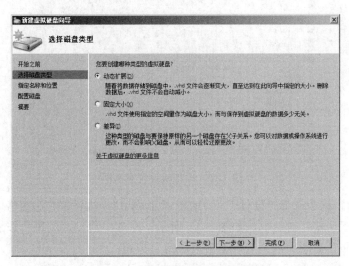

图 7-8　"选择磁盘类型"对话框

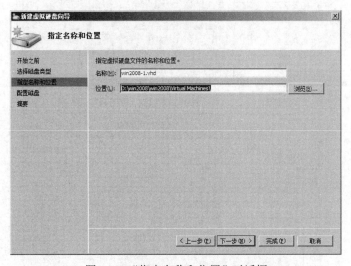

图 7-9　"指定名称和位置"对话框

7.4.3　添加虚拟硬盘

当虚拟机需要使用多块硬盘时，可以通过添加虚拟硬盘来解决，步骤如下：

（1）打开"Hyper-V 管理器"窗口，选择已经创建并安装好的虚拟机，如上一节中创建安装过的 win2008，右击，在弹出的快捷菜单中选择"设置"选项，打开如图 7-10 所示的"win2008 的设置"对话框。在其中可以对硬件进行添加，可以对相关设置进行管理。

图 7-10　虚拟机设置对话框

（2）在左边窗格中选择"硬件"→"IDE 控制器 0"，然后在右边窗格中单击"添加"按钮，打开"硬盘驱动器"对话框，如图 7-11 所示。在其中通过"浏览"按钮选择上节创建好的虚拟机硬盘，路径如图所示，然后单击"确定"按钮。

图 7-11　添加虚拟硬盘对话框

完成添加操作后，启动 win2008 虚拟机，打开"计算机管理"窗口，会弹出"初始化"磁盘对话框，提示用户对新添加的磁盘进行初始化操作，该磁盘就是刚刚添加的虚拟硬盘，效果如图 7-12 所示。

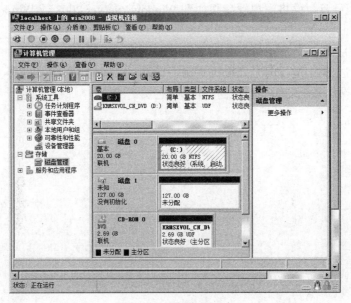

图 7-12　添加虚拟硬盘

本章首先介绍了 Windows Server 2008 Hyper-V 的相关概念，然后介绍了 Hyper-V 的安装需求以及安装过程，在此基础上介绍了如何创建及安装虚拟机，最后介绍了虚拟硬盘的相关概念，并详细介绍了如何创建虚拟硬盘以及将虚拟硬盘添加到相应的虚拟机。

1．简述什么是虚拟化技术。为什么要使用虚拟化技术？
2．安装 Windows Server 2008 Hyper-V 时应注意哪些事项？
3．什么是虚拟硬盘，虚拟硬盘和物理硬盘的主要区别是什么？
4．Windows Server 2008 Hyper-V 中的虚拟硬盘有哪些类型，各自的特点什么？
5．如何创建一个新的虚拟机？
6．如何创建一个虚拟硬盘？如何给虚拟机添加虚拟硬盘？

题目：Windows Server 2008 Hyper-V 虚拟机的安装与配置
内容与要求：
1．在宿主计算机上安装 Windows Server 2008 Hyper-V，创建虚拟机。

2．在 Hyper-V 的虚拟机中安装配置 Windows Server 2003 或 Windows Server 2008 操作系统。

3．为安装的虚拟操作系统配置虚拟机环境，修改虚拟操作系统内存空间大小。

4．创建虚拟硬盘，并将虚拟硬盘添加到 Windows Server 2003 或 Windows Server 2008 虚拟机中。

5．打开添加了硬盘的虚拟机，在磁盘管理中对其进行管理。

6．在一台宿主机上运行两个虚拟机实例，设置网络属性，测试虚拟操作系统之间、虚拟操作系统与宿主操作系统之间互相访问的情况。

第 8 章　Web 服务器配置与管理

本章主要讲解 Windows Server 2008 Web 服务器的基本知识及相关配置应用，通过本章的学习，读者应该掌握以下内容：

- Web 服务器的安装
- Web 服务器的相关配置
- Web 站点和虚拟目录的区别
- 网站环境的搭建

Web 服务是网络中应用最为广泛的服务，主要用来搭建 Web 网站，向网络发布各种信息。如今企业都拥有自己的网站，用来发布公司信息、宣传公司、实现信息反馈等。使用 Windows Server 2008 可以轻松方便地搭建 Web 网站。

8.1　IIS 概述

IIS（Internet Information Services，互联网信息服务）是由微软公司提供，用于配置应用程序池或 Web 网站、FTP 站点、SMTP 或 NNTP 站点，基于 MMC（Microsoft Management Console）控制台的管理程序。IIS 是 Windows Server 2008 操作系统自带的组件，无需第三方程序，既可用来搭建基于各种主流技术的网站，又能管理 Web 服务器中的所有站点。

IIS 即 Internet 信息服务，是 Windows Server 2008（2003）操作系统集成的服务，通过该服务可以搭建 Web 网站，与 Internet、Intranet 或 Extranet 上的用户共享信息。在 Windows Server 2008 企业版中的版本是 IIS 7.0，IIS 7.0 是一个集成了 IIS、ASP.NET、Windows Communication Foundation 的统一的 Web 平台，可以运行当前流行的、具有动态交互功能的 ASP.NET 网页。支持使用任何与.NET 兼容的语言编写的 Web 应用程序。

IIS 7.0 提供了基于任务的全新 UI（用户界面）并新增了功能强大的命令行工具，借助这些工具可以方便地实现对 IIS 和 Web 站点的管理。同时，IIS 7.0 引入了新的配置存储和故障诊断排除功能。

8.2　安装 IIS 服务器

在 Windows Server 2008 中，IIS 角色作为可选组件，默认安装的情况下是没有安装 IIS 的，所以要先进行组件的安装。

8.2.1　安装 IIS

（1）启动 Windows Server 2008 时系统默认会启动"初始配置任务"窗口，如图 8-1 所示，帮助管理员完成新服务器的安装和初始化配置。如果没有启动该窗口，可以通过"开始"→"管理工具"→"服务器管理器"打开服务器管理器窗口。

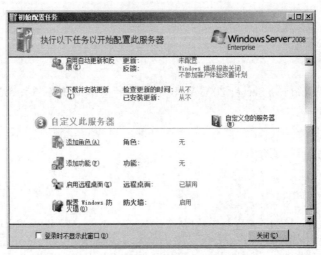

图 8-1　"初始配置任务"窗口

（2）单击"添加角色"，打开"添加角色向导"的"选择服务器角色"界面，选择"Web 服务器（IIS）"复选框，如图 8-2 所示。

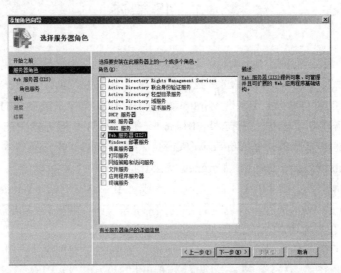

图 8-2　"选择服务器角色"界面

（3）单击"下一步"按钮，显示如图 8-3 所示的"Web 服务器（IIS）"对话框，列出了 Web 服务器的简要介绍及注意事项。

（4）单击"下一步"按钮，显示如图 8-4 所示的"选择角色服务"对话框，列出了 Web 服务器所包含的所有组件，用户可以手工选择。此处需要注意的是，"应用程序开发"角色服务中的几项尽量都要选中，这样配置的 Web 服务器将可以支持相应技术开发的 Web 应用程序。

"FTP 服务器"选项是配置 FTP 服务器需要安装的组件，我们将在下一章进行详细介绍。

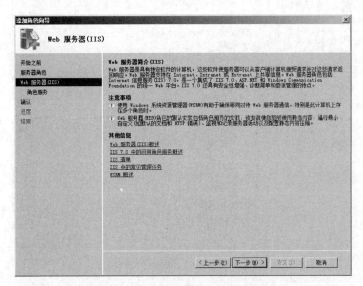

图 8-3　"Web 服务器（IIS）"界面

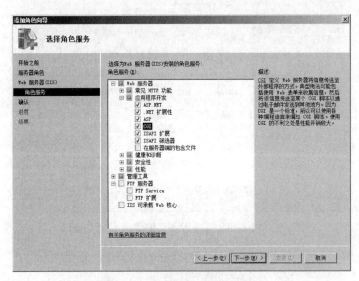

图 8-4　"选择角色服务"界面

（5）单击"下一步"按钮，显示如图 8-5 所示的"确认安装选择"对话框，列出了前面选择的角色服务和功能，以供核对。

（6）单击"安装"按钮，即可开始安装 Web 服务器。安装完成后，显示 "安装结果"对话框。

（7）单击"关闭"按钮，Web 服务器安装完成。

通过"开始"→"管理工具"→"Internet 信息服务（IIS）管理器"打开 IIS 服务管理器，即可看到已安装的 Web 服务器，如图 8-6 所示。Web 服务器安装完成后，默认会创建一个名为 Default Web Site 的站点。为了验证 IIS 服务器是否安装成功，打开浏览器，在"地址"栏中输入 Http://localhost 或者"Http://本机 IP 地址"，如果出现如图 8-7 所示的窗口，说明 Web 服务器安装成功；否则说明 Web 服务器安装失败，需要重新检查服务器设置或者重新安装。

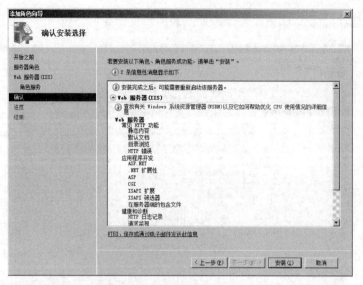

图 8-5　"确认安装选择"界面

图 8-6　"Internet 信息服务（IIS）管理器"窗口

图 8-7　Web 服务器欢迎页面

至此，Web 服务器安装成功并可以使用了。用户可以将做好的网页文件（如 Index.htm）放到 C:\inetpub\wwwroot 这个路径下，然后在浏览器地址栏中输入 http://localhost/Index.htm 或者 "http://本机 IP 地址/Index.htm" 就可以浏览做好的网页了。网络中的用户也可以通过 "http://本机 IP 地址/Index.htm" 方式访问你的网页文件。

8.2.2　配置 IP 地址和端口

Web 服务器安装好之后，默认创建一个名字为 Default Web Site 的站点，使用该站点就可以创建网站。默认情况下，Web 站点会自动绑定计算机中的所有 IP 地址，端口默认为 80，也就是说，如果一个计算机有多个 IP，那么客户端通过任何一个 IP 地址都可以访问该站点，但是一般情况下，一个站点只能对应一个 IP 地址，因此需要为 Web 站点指定唯一的 IP 地址和端口。

在 IIS 管理器中选择默认站点，如在图 8-6 所示的 "Default Web Site 主页" 窗格中可以对 Web 站点进行各种配置；在右侧的 "操作" 栏中可以对 Web 站点进行相关的操作。

（1）单击 "操作" 栏中的 "绑定" 超链接，打开如图 8-8 所示的 "网站绑定" 对话框。可以看到 IP 地址下有一个 "*" 号，说明现在的 Web 站点绑定了本机的所有 IP 地址。

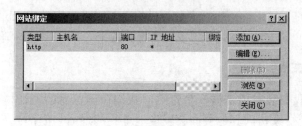

图 8-8　"网站绑定" 对话框

（2）单击 "添加" 按钮，打开 "添加网站绑定" 对话框，如图 8-9 所示。

图 8-9　"添加网站绑定" 对话框

（3）单击 "全部未分配" 后边的下拉箭头，选择要绑定的 IP 地址即可。这样，就可以通过这个 IP 地址访问 Web 网站。"端口" 栏表示访问该 Web 服务器要使用的端口号。按照图 8-9 所示的配置，我们就可以使用 http://192.168.0.3 访问 Web 服务器。此处的 "主机名" 是该 Web 站点要绑定的主机名（域名），可以参考 DNS 章节的相关内容。

提示：Web 服务器默认的端口是 80 端口，因此我们访问 Web 服务器时就可以省略默认端口；如果设置的端口不是 80，比如是 8000，那么访问 Web 服务器就需要使用 http://192.168.0.3:8000 来访问。

8.2.3 配置主目录

主目录即网站的根目录，保存 Web 网站的相关资源，默认路径为 C:\Inetpub\wwwroot。如果不想使用默认路径，可以更改网站的主目录。打开 IIS 管理器，选择 Web 站点，单击右侧"操作"栏中的"基本设置"超级链接，显示如图 8-10 所示的对话框。

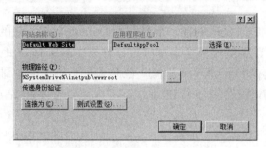

图 8-10 "编辑网站"对话框

在"物理路径"下方的文本框中显示的就是网站的主目录。此处%SystemDrive%\代表系统盘。

如果要更改网站的主目录，可以在"物理路径"文本框中输入 Web 站点的目录的路径，如 D:\wwwroot，或者单击文本框后的▭按钮选择相应的目录。单击"确定"按钮保存即可。

8.2.4 配置默认文档

在访问网站时，我们会发现这样一个特点，我们在浏览器的地址栏中输入网站的域名即可打开网站的主页，而继续访问其他页面会发现地址栏的最后一般都会有一个网页名。那么为什么打开网站主页时不显示主页的名字呢？实际上，我们输入网址的时候，默认访问的就是网站的主页，只是主页名称没有显示而已。通常，Web 网站的主页都会设置成默认文档，当用户使用 IP 地址或者域名访问时，就不需要再输入主页名称，从而便于用户的访问。下面来看下如何配置 Web 站点的默认文档。

（1）在 IIS 管理器中选择默认的 Web 站点，在"Default Web Site 主页"窗格中双击 IIS 区域的"默认文档"图标，打开如图 8-11 所示的窗口。

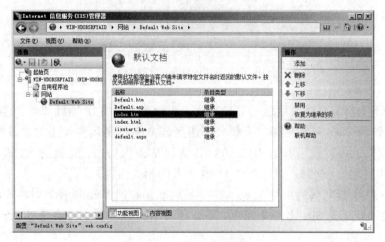

图 8-11 默认文档设置窗口

可以看到，系统自带了 6 种默认文档，如果要使用其他名称的默认文档，例如当前网站是使用 ASP.NET 开发的动态网站，首页名称为 Index.aspx，则需要添加该名称的默认文档。

图 8-12　添加默认文档

（2）单击右侧的"添加"超链接，显示如图 8-12 所示的对话框，在"名称"文本框中输入要使用的主页名称，单击"确定"按钮即可添加该默认文档。新添加的默认文档自动排在最上面。

当用户访问 Web 服务器时，输入域名或 IP 地址后，IIS 会自动按顺序由上至下依次查找与之相应的文件名。因此，配置 Web 服务器时应将网站主页的默认文档移到最上面。如果需要将某个文件名上移或者下移，可以先选中该文件名，然后使用图 8-11 右侧"操作"下的"上移"和"下移"实现。

如果想删除或者禁用某个默认文档，只需要选择相应的默认文档，然后单击图 8-11 右侧"操作"栏中的"删除"或"禁用"即可。

提示：默认文档的"条目类型"指该文档是从本地配置文件添加的，还是从父配置文件读取的。对于我们自己添加的文档，"条目类型"都是本地；对于系统默认显示的文档，都是从父配置文件读取的。

8.2.5　访问限制

配置的 Web 服务器是要供用户访问的，因此不管使用的网络带宽有多充裕，都有可能因为同时连接的计算机数量过多而使服务器死机。所以有时候需要对网站进行一定的限制，例如限制带宽和连接数量等。

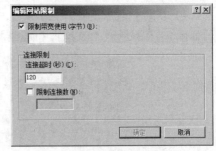

图 8-13　编辑网站限制

选中 Default Web Site 站点，单击右侧"操作"栏中的"限制"超链接，打开如图 8-13 所示的"编辑网站限制"对话框。IIS 7.0 中提供了两种限制连接的方法，分别为限制带宽使用和限制连接数。

选择"限制带宽使用（字节）"复选框，在文本框中键入允许使用的最大带宽值。在控制 Web 服务器向用户开放的网络带宽值的同时，也可能降低服务器的响应速度。但是，当用户 Web 服务器的请求增多时，如果通信带宽超出了设定值，请求就会被延迟。

选择"限制连接数"复选框，在文本框中键入限制网站的同时连接数。如果连接数量达到指定的最大值，以后所有的连接尝试都会返回一个错误信息，连接将被断开。限制连接数可以有效地防止试图用大量客户端请求造成 Web 服务器超负载的恶意攻击。在"连接超时"文本框中键入超时时间，可以在用户端达到该时间时显示为连接服务器超时等信息，默认是 120 秒。

提示：IIS 连接数是虚拟主机性能的重要标准，所以，如果要申请虚拟主机（空间），首先要考虑的一个问题就是该虚拟主机（空间）的最大连接数。

8.2.6　配置 IP 地址限制

有些 Web 网站由于其使用范围的限制，或者其私密性的限制，可能需要只向特定用户公开，而不是向所有用户公开。此时就需要添加允许访问的 IP 地址（段）或者拒绝的 IP 地址（段）。

需要注意的是，要使用"IP 地址限制"功能，必须安装 IIS 服务的"IP 和域限制"组件。

1. 设置允许访问的 IP 地址

（1）在"服务器管理器"（打开方法为单击"开始"→"程序"→"管理工具"）的"角色"窗口中单击"Web 服务器（IIS）"区域中的"添加角色服务"，打开如图 8-14 所示的对话框，添加"IP 和域限制"角色。如果先前安装 IIS 时已安装了该角色，那么就不需要安装了；如果没有安装，则选中该角色服务安装即可。

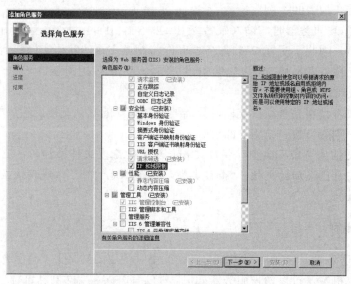

图 8-14　"添加角色服务"对话框

（2）安装完成后重新打开 IIS 管理器，选择 Web 站点，双击"IP 地址和域限制"图标，显示如图 8-15 所示的"IP 地址和域限制"窗口。

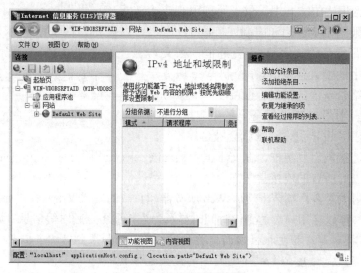

图 8-15　IP 地址和域限制

（3）单击右侧"操作"栏中的"编辑功能设置"链接，显示如图 8-16 所示的"编辑 IP 和域限制设置"对话框。在下拉列表中选择"拒绝"选项，那么此时所有的 IP 地址都将无法访问站点。如果访问，将会出现 403.6 的错误信息。

图 8-16　"编辑 IP 和域限制设置"对话框

（4）在右侧"操作"栏中单击"添加允许条目"按钮，显示"添加允许限制规则"对话框，如图 8-17 所示。如果要添加允许某个 IP 地址访问，可选择"特定 IPv4 地址"单选按钮，键入允许访问的 IP 地址。

一般来说，我们需要设置一个站点是要多个人访问的，所以大多数情况下要添加一个 IP 地址段，可以选择"IPv4 地址范围"单选按钮，并键入 IP 地址及子网掩码或前缀，如图 8-18 所示。需要说明的是，此处输入的是 IPv4 地址范围中的某个值，然后输入子网掩码，当 IIS 将此子网掩码与"IPv4 地址范围"框中输入的 IPv4 地址一起计算时，就确定了 IPv4 地址空间的上边界和下边界。

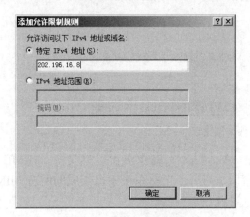

图 8-17　添加允许限制规则

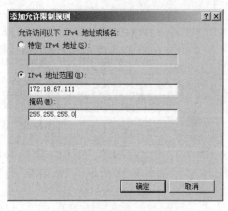

图 8-18　添加 IP 地址段

经过以上设置后，只有添加到允许限制规则列表中的 IP 地址才可以访问 Web 网站，使用其他 IP 地址都不能访问，从而保证了站点的安全。

2．设置拒绝访问的计算机

"拒绝访问"和"允许访问"正好相反。"拒绝访问"将拒绝一个特定的 IP 地址或者拒绝一个 IP 地址段访问 Web 站点。例如，Web 站点对于一般的 IP 都可以访问，只是针对某些 IP 地址或 IP 地址段不开放，就可以使用该功能。

（1）打开"编辑 IP 和域限制设置"对话框，选择"允许"，使未指定的 IP 地址允许访问 Web 站点。参考图 8-16 所示。

（2）单击"添加拒绝条目"超链接，显示如图 8-19 所示的对话框，添加拒绝访问的 IP 地址或

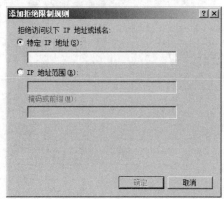

图 8-19　"添加拒绝限制规则"对话框

者 IP 地址段。操作步骤和原理与"添加允许条目"相同，这里不再重复。

8.2.7 配置 MIME 类型

IIS 服务器中 Web 站点默认不仅支持如.htm、.html 等这些网页文件类型，还支持大部分的文件类型，如.avi、.jpg 等。但是，如果文件类型不为 Web 网站所支持，那么在网页中运行该类型的程序或者从 Web 网站下载该类型的文件时将会提示无法访问。此时，需要在 Web 网站添加相应的 MIME 类型，如 ISO 文件类型。MIME（Multipurpose Internet Mail Extensions）即多功能 Internet 邮件扩充服务，可以定义 Web 服务器中利用文件扩展所关联的程序。

如果 Web 网站中没有包含某种 MIME 类型文件所关联的程序，那么用户访问该类型的文件时就会出现如图 8-20 所示的错误信息。

图 8-20　缺少文件类型错误

在 IIS 管理器中，选择"网站"中需要设置的 Web 站点，在主页窗口中双击"MIME 类型"图标，显示如图 8-21 所示的"MIME 类型"窗口，列出了当前系统中已集成的所有 MIME 类型。

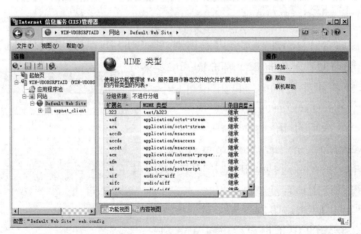

图 8-21　MIME 类型窗口

如果想添加新的 MIME 类型，可以在"操作"栏中单击"添加"按钮，显示如图 8-22 所示的"添加 MIME 类型"对话框。在"文件扩展名"文本框中键入想要添加的 MIME 类型，例如.ISO，在"MIME 类型"文本框中键入文件扩展名所属的类型。

提示：如果不知道文件扩展名所属的类型，可以在 MIME 类型列表中选择相同类型的扩展名，双击打开"编辑 MIME 类型"对话框，在"MIME 类型"文本框中复制相应的类型。

按照同样的步骤，可以继续添加其他 MIME 类型。这样，用户就可以正常访问 Web 网站的相应类型的文件了。当然如果需要修改 MIME 类型，可以双击打开进行

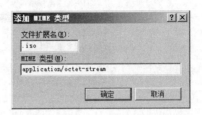

图 8-22 "添加 MIME 类型"对话框

编辑；如果要删除 MIME 类型，可以选中相应的 MIME 类型，再单击"操作"栏中的"删除"按钮。

8.3 创建和管理虚拟目录

虚拟目录技术可以实现对 Web 站点的扩展。虚拟目录其实是 Web 站点的子目录，和 Web 网站的主站点一样，保存了各种网页和数据，用户可以像访问 Web 站点一样访问虚拟目录中的内容。一个 Web 站点可以拥有多个虚拟目录，这样就可以实现一台服务器发布多个网站的目的。虚拟目录也可以设置主目录、默认文档、身份验证等，访问时和主网站使用相同的 IP 地址和端口。

8.3.1 创建虚拟目录

在 IIS 管理器中，选择欲创建虚拟目录的 Web 站点，如 Default Web Site 站点，右击并选择快捷菜单中的"添加虚拟目录"选项，显示如图 8-23 所示的"添加虚拟目录"对话框。在"别名"文本框中键入虚拟目录的名字，在"物理路径"文本框中输入该虚拟目录的物理路径。虚拟目录的物理路径可以是本地计算机的物理路径，也可以是网络中其他计算机的物理路径。

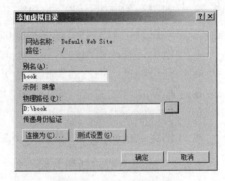

单击"确定"按钮，虚拟目录添加成功并显示在 Web 站点下方作为子目录。按照同样的步骤，可以继续添加多个虚拟目录。另外，在添加的虚拟目录上还可以添加虚拟目录。

图 8-23 添加虚拟目录

选中 Web 站点，在 Web 网站主页窗口中单击右侧"操作"栏中的"查看虚拟目录"链接，可以查看 Web 站点中的所有虚拟目录。

8.3.2 管理配置虚拟目录

虚拟目录和主网站一样，可以在管理主页中进行各种管理和配置，如图 8-24 所示，可以和主网站一样配置主目录、默认文档、MIME 类型及身份验证等。并且操作方法和主网站的操作完全一样。唯一不同的是，不能为虚拟目录指定 IP 地址、端口和 ISAPI 筛选。

配置过虚拟目录后，我们就可以访问虚拟目录中的网页文件了，访问的方法是：http://IP 地址/虚拟目录名/网页，针对我们刚才创建的 book 虚拟目录，则可以使用 http://192.168.0.3/

book/Index.htm 或者 http://localhost/book/Index.htm 访问。

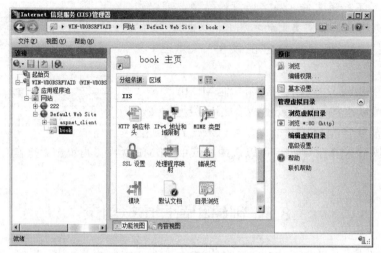

图 8-24　虚拟目录主页

8.4　创建和管理虚拟网站

如果公司网络中想创建多个网站，但是服务器数量又少，而且网站的访问量也不是很大的话，则无须为每个网站都配置一台服务器，使用虚拟网站技术就可以在一台服务器上搭建多个网站，并且每个网站都拥有各自的 IP 地址和域名。当用户访问时，看起来就像是在访问多个服务器。虚拟网站技术具有以下特点：

- 利用虚拟网站技术，可以在一台服务器上创建和管理多个 Web 站点，从而节省设备的投资，是中小企业理想的网站搭建方式。
- 便于管理：虚拟网站和真正的 Web 服务器配置和管理方式基本相同。
- 分级管理：不同的虚拟网站可以指定不同的人员管理。
- 性能和带宽调节：当计算机配置了多个虚拟网站时，可以按需求为每一个虚拟站点分配性能和带宽。
- 创建虚拟目录：在虚拟 Web 站点同样可以创建虚拟目录。

8.4.1　创建虚拟网站的方式介绍

在一台服务器上创建多个虚拟站点一般有 3 种方式，分别是 IP 地址法、端口法和主机头法。

- IP 地址法：可以为服务器绑定多个 IP 地址，这样就可以为每个虚拟网站都分配一个独立的 IP 地址。用户可以通过访问 IP 地址来访问相应的网站。
- 端口法：端口法是指使用相同的 IP 地址、不同的端口号来创建虚拟网站。这样在访问的时候就需要加上端口号。
- 主机头法：主机头法是最常用的创建虚拟 Web 网站的方法。每一个虚拟 Web 网站对应一个主机头，用户访问时使用 DNS 域名访问。主机头法其实就是我们经常见到的"虚拟主机"技术。

8.4.2　使用 IP 地址创建

如果服务器的网卡绑定有多个 IP 地址，就可以为新建的虚拟网站分配一个 IP 地址，用户利用 IP 地址就可以访问该站点。首先，我们为服务器添加多个 IP，打开"本地连接属性"窗口，选中"Internet 协议版本 4"，单击"属性"→"高级"→"添加"命令即可为服务器再添加 IP 地址。

在 IIS 管理器的"网站"窗口中，右击"网站"并选择菜单中的"添加网站"选项，或者单击右侧"操作"栏中的"添加网站"链接，显示如图 8-25 所示的"添加网站"对话框。

* 网站名称：要创建的虚拟网站的名称。
* 物理路径：虚拟网站的主目录。
* IP 地址：为虚拟网站配置的 IP 地址，IP 地址 192.168.0.4 是我们后来添加的 IP。

设置完成后单击"确定"按钮，一个新的虚拟网站创建完成。使用分配的 IP 地址就可以访问 Web 网站了。

用同样的方法可以添加名字为 Web2 的站点，IP 地址使用我们后来添加的 IP 地址 192.168.0.4。这样，一台服务器使用不同的 IP 地址创建了多个虚拟网站。需要说明的是，使用多 IP 地址创建 Web 网站，在实际应用中存在很多问题，不是最好的解决方案。下面我们来看另外一种实现方法。

8.4.3　使用端口号创建

如果服务器只有一个 IP 地址，就可以通过指定不同的端口号的方式来创建 Web 网站，实现一台服务器搭建多个虚拟网站的目的。用户访问这种方式创建的网站时就必须加上端口号，如 http://192.168.0.3:85。

同样的方法，在 IIS 管理器中选择"添加网站"选项，打开如图 8-26 所示的对话框。输入网站名称，设定主目录，IP 地址选择默认，端口号处填写要使用的端口号，如 85。

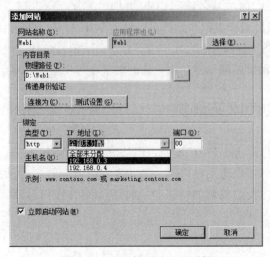

图 8-25　"添加网站"对话框

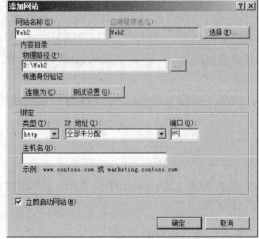

图 8-26　使用端口号创建虚拟网站

单击"确定"按钮，一个新的虚拟网站创建成功。如果需要再创建多个网站，只需设置不同的端口即可。

8.4.4　使用主机头创建虚拟网站

使用"主机头法"创建虚拟网站是目前使用最多的方法。可以很方便地实现在一台服务器上架设多个网站。使用主机头法创建网站时，应事先创建相应的 DNS 名称，而用户在访问时只要使用相应的域名即可访问。

在 DNS 控制台中，需要先将 IP 地址和域名注册到 DNS 服务器中，如图 8-27 所示（需要先安装 DNS 服务，然后添加域名和 IP 地址的绑定。具体操作请参考 DNS 服务器配置章节）。

在图 8-27 中，我们添加了两个域名：www.abc.com 和 www.xyz.com。

在 IIS 管理器的"网站"窗口中，右击"网站"并选择快捷菜单中的"添加网站"选项，弹出"添加网站"对话框，如图 8-28 所示。设置网站名称和物理路径，IP 地址默认，在"主机名"文本框中键入规划好的主机头名。

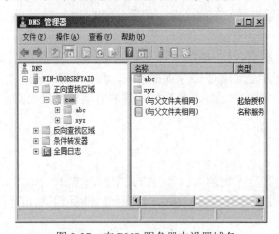

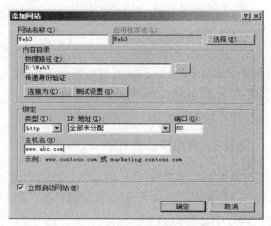

图 8-27　在 DNS 服务器中设置域名　　　　图 8-28　使用主机头法添加网站

单击"确定"按钮，网站创建成功。同样的方法，创建 Web4 站点，物理路径对应 D:\Web4 目录，绑定 www.xyz.com 主机名。这样，就可以通过域名访问相应的站点。

虚拟目录和虚拟网站是有区别的，利用虚拟目录和虚拟网站都可以创建 Web 站点，但是，虚拟网站是一个独立的网站，可以拥有独立的 DNS 域名、IP 地址和端口号；而虚拟目录则需要挂在某个虚拟网站下，没有独立的 DNS 域名、IP 地址和端口号，用户访问时必须带上主网站名。

8.5　搭建动态网站环境

默认情况下，IIS 中的 Web 网站只支持运行静态 HTML 页面，但从现在的网站技术来说，一般都采用动态技术实现，这就需要在 IIS 中搭建动态网站环境。在 IIS 中可以配置多种动态网站技术环境，如 ASP、JSP、PHP 等。在此，我们将对如何搭建 ASP 环境和 PHP 环境做一下具体介绍。

8.5.1　搭建 ASP 环境

Active Server Pages（ASP）是微软提供的动态网站技术，可以用来创建和运行动态交互式网页。使用 IIS 架设的 Web 服务器可以运行 ASP 网页。

要搭建 ASP 运行环境，首先要确保安装了 ASP 组件。在"添加角色服务"向导中，选中

ASP.NET 和 ASP 复选框，如图 8-29 所示。

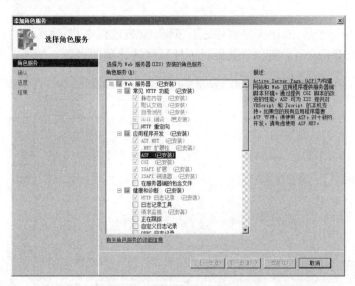

图 8-29　安装 ASP.NET 和 ASP

　　打开 IIS 管理器，选择 Web 站点，在主页窗口中双击 ASP 图标，显示如图 8-30 所示的窗口，可以设置 ASP 属性，包括编译、服务和行为等设置。此处需要将"启用父路径"的属性设置为 True。

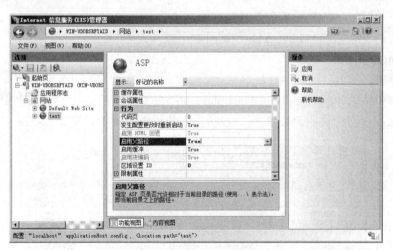

图 8-30　ASP 设置窗口

　　需要说明的一点是，在 64 位的 Windows Server 2008 系统中没有 Jet 4.0 驱动程序，而 IIS 7.0 应用程序池默认没有启用 32 位程序，所以需要在 IIS 7.0 中启用 32 位程序。

　　设置方法为：在 IIS 管理器中，选中"应用程序池"，单击右侧"操作"栏中的"设置应用程序池默认设置"，将"启用 32 位应用程序"设置为 True。

8.5.2　搭建 PHP 环境

　　PHP 也是一种编程语言，可以方便快捷地编写出功能强大、运行速度快，并可以运行于 Windows、UNIX、Linux 操作系统的 Web 应用程序。PHP 编写的 Web 应用程序一般采用 Apache

服务器，不过 IIS 安装相应的 PHP 程序后也可以支持 PHP。可以从官方网站（http://windows.php.net/download/）下载。

下载 PHP 安装程序后，双击安装程序进行安装，安装过程中，在如图 8-31 所示的 Web Server Setup 页面中选择 IISFastCGI 选项，其他过程选择默认选项即可。

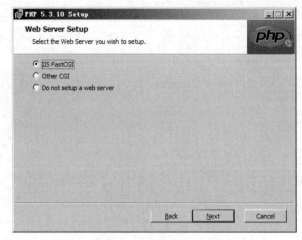

图 8-31　Web Server Setup

安装完成后，打开 IIS，选择默认网站，双击"处理应用程序映射"图标，会看到一个名为 Php_via_FastCGI 的程序映射名称，该映射说明对于*.php 的应用程序都将使用 FastCgiMoudle 处理程序来处理。至此，PHP 环境已经搭建完毕。

在默认网站下添加一个 Index.php 测试页面，键入内容为：

<?php phpinfo();?>

保存并退出。

在浏览器中输入 http://localhost/Index.php，如果配置正确的话，将会出现如图 8-32 所示的 PHP 配置信息；否则，说明 PHP 配置不成功，需要检查并重新设置。

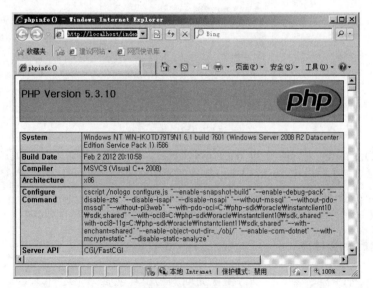

图 8-32　PHP 测试页

本章小结

Web 服务是最广泛的网络应用服务，实现信息浏览和存取。本章介绍了 Web 服务的工作原理、安装步骤、Web 服务的配置及维护等，最后介绍了如何在 IIS 中搭建常见的动态网站环境。

习题八

1．练习安装 IIS，启动、暂停 WWW 服务。如何测试 Web 服务是否正常工作？
2．Web 服务默认端口号是多少？如何访问 Web 服务？
3．创建虚拟网站的方式有哪几种？
4．简要说明虚拟网站和虚拟目录的区别。
5．若需要 Web 站点支持 ASP，应做哪些设置？

实训八

题目：WWW 服务器的配置与管理

内容与要求：

1．在 Windows Server 2008 服务器上安装 IIS 服务。

2．配置与管理 WWW 服务器：

（1）添加新的 Web 站点。

（2）管理 Web 站点，设置站点属性，如将连接并发数限制为 3 个，如何设置，并测试设置效果。

（3）自己编写一个简单网页，添加到 Web 站点上作为默认首页面。

（4）使用 ASP 编写一个简单网页，如何让该页面能正常访问？

（5）为安装 IIS 的 Windows Server 2008 配置两个 IP 地址，实验能否在两个网段访问相同的 Web 站点？

思考：WWW 服务的原理（与域名解析的关系），要想用域名访问 WWW 服务器，需要在 DNS 服务器上进行什么设置？

第 9 章 FTP 服务器配置与管理

本章主要讲解 Windows Server 2008 FTP 文件传输服务的安装、配置与管理，主要包括以下内容：

- FTP 服务器的安装与配置
- FTP 站点的创建
- FTP 站点的访问权限
- FTP 站点的访问方式

随着网络的发展，出现了各种各样的文件传输工具，而且通常具有较好的可用性。不过，FTP 仍以其方便、安全可靠等特点为广大用户使用。使用架设的 FTP 服务器，可以从 FTP 服务器下载文件到客户端，也可以将文件从客户端上传到 FTP 服务器，而且可以借助 NTFS 设置严格、灵活的访问权限。在维护 Web 网站、远程上传文件等方面，FTP 服务仍作为首选工具。

9.1 FTP 服务概述与应用

FTP（File Transfer Protocol，文件传输协议）不仅可以像文件服务一样在局域网中传输文件，还可以在 Internet 中使用，也可以作为专门的下载网站，为网络提供软件及各类文件下载。虽然 Web 服务也可以提供下载服务，但是 FTP 服务的效率更高，而且可以设置严格且灵活的访问权限。

FTP 服务被广泛用于软件下载服务、Web 网站更新服务，以及不同类型计算机间的文件传输服务。常用 FTP 服务包括以下 3 个方面的应用：

（1）软件下载服务。

与超文本传输协议（HTTP）不同，FTP 服务使用两个端口进行传输，一个端口用于发送文件，另外一个端口用于接收文件，所以对于文件传输而言，FTP 要比 HTTP 的效率高得多。因此，即使在 Web 服务能够提供软件下载的今天，FTP 服务依然是各专业软件下载站点提供下载服务的主要方式。

用户登录至 FTP 服务器后，将直接显示所有文件和文件夹列表，用户可以像在 Windows 界面中那样浏览网站的目录结构，并根据自己的需要直接下载，因此，当欲向 FTP 站点添加文件时，只需将其拷贝到相应的目录即可。

（2）Web 网站更新。

Web 网站中的内容的更新有多种解决方案，但其中最安全、最方便的当属 FTP 方式。

只需将 Web 站点的主目录和 FTP 站点的主目录设置为同一个目录，并为该目录设置访问权限，远程计算机即可向 Web 站点上传修改后的 Web 文件。在此我们简要介绍一下网络上虚拟主机的工作原理：虚拟主机其实就是一台服务器上的某一个虚拟 Web 站点，并且这些虚拟 Web 站点由不同的用户维护（拥有），可以分别建立虚拟 FTP 站点，将虚拟 FTP 站点的主目录与虚拟 Web 站点的主目录设置为同一目录，并为每一个虚拟 FTP 站点指定相应的授权用户，即可实现各网络用户对自己 Web 站点的管理和维护。

（3）不同类型计算机间的文件传输。

FTP 和所有的 TCP/IP 家族成员一样，都是与平台无关的。也就是说，无论是什么样的计算机，无论使用什么操作系统，只要计算机安装有 TCP/IP 协议，那么这些计算机之间即可实现 FTP 通信。

9.2　创建与配置 FTP 服务器

FTP 服务是 IIS 中的一个组件。在 IIS 7.0 中，操作系统安装后不会自动创建 FTP 站点，而是需要由用户手动创建配置。

9.2.1　FTP 服务规划

如果 FTP 服务器的访问量很大，可以考虑配置一台专门的 FTP 服务器，并且加入域，借助域进行用户验证。

如果 FTP 服务器访问量不是很大，就不必单独占用一台服务器。如果在网络中传输少量文件，可以与文件服务器安装在一起；如果是为了维护 Web 网站，可以与 Web 服务器一同安装。

9.2.2　安装 FTP 服务器

FTP 服务集成于 Web 服务中，并且需要 IIS 进行管理，但默认不会安装，需要手动选择。下面是 FTP 服务器安装的详细过程。

因为在上一章节已经安装了 Web 服务，因此需要按以下步骤安装 FTP 服务。在"服务器管理器"控制台中选中角色，然后单击"Web 服务器（IIS）"中的"添加角色服务"超链接，打开如图 9-1 所示的"添加角色服务"向导窗口，选中"FTP 服务器"。

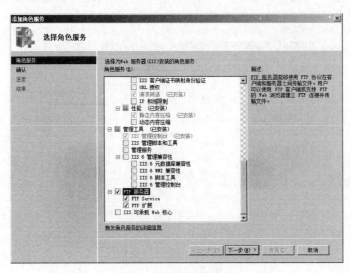

图 9-1　添加角色服务

提示：如果没有安装过 Web 服务，则需要先完成安装 Web 服务，出现如图 9-1 所示的窗口后选中"FTP 服务器"即可。

单击"下一步"按钮，然后单击"安装"按钮。等待安装过程结束后，会看到安装成功的提示，单击"关闭"按钮。

9.2.3　创建 FTP 站点

当 FTP 服务器安装完成以后，默认没有创建 FTP 站点。因此，需要用户手动添加 FTP 站点。

（1）单击"开始"→"管理工具"→"Internet 信息服务（IIS）管理器"，打开 IIS 管理器窗口。默认状态下，只有一个 Web 站点，如图 9-2 所示。

图 9-2　IIS 管理器界面

（2）选中"网站"，单击右侧"操作"栏中的"添加 FTP 站点"链接，启动"添加 FTP 站点"向导。首先显示如图 9-3 所示的"站点信息"对话框，在"FTP 站点名称"文本框中键入一个名称，在"物理路径"文本框中指定 FTP 站点的路径。

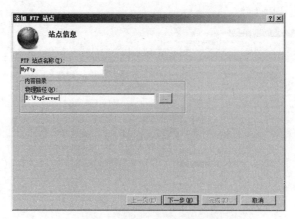

图 9-3　"站点信息"对话框

（3）单击"下一步"按钮，显示如图 9-4 所示的"绑定和 SSL 设置"对话框。在"IP 地址"下拉列表框中为 FTP 站点指定一个 IP 地址；在"端口"文本框中设置端口号，默认为 21；默认选中"自动启动 FTP 站点"复选框，添加成功后 FTP 站点会自动启动；在 SSL 区域中选择是否使用 SSL 方式，这里选择"无"单选按钮，不使用 SSL。

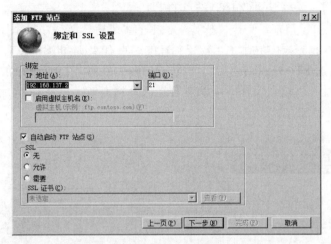

图 9-4　"绑定和 SSL 设置"对话框

（4）单击"下一步"按钮，显示如图 9-5 所示的"身份验证和授权信息"对话框。

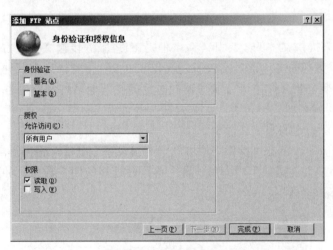

图 9-5　身份验证和授权信息

在"身份验证"选项区域中，可以选择"匿名"或者"基本"选项，即匿名身份验证和基本身份验证。如果不选中则默认不启用相应的验证方式。

在"授权"选项区域中，选择允许访问的用户类型，可以是所有用户、匿名用户、指定用户或者用户组。

在"权限"区域中可为用户选择读取或者写入权限。

（5）单击"完成"按钮，FTP 站点添加完成，和原有的 Web 站点排列在一起。在"FTP主页"窗口中可以对当前站点进行各种设置。

FTP 站点添加完成后，用户即可使用指定的 IP 地址访问 FTP 网站，格式为"ftp://IP地址"，如 ftp://192.168.137.2。

9.2.4　设置 IP 地址和端口号

如果服务器的 IP 地址发生变化，就需要更改 FTP 站点的地址。而为了 FTP 服务器的安全，避免未知用户的访问，还可以更改 FTP 站点的端口号。

（1）在 FTP 主页窗口中，单击"操作"栏中的"绑定"链接，显示如图 9-6 所示的"网站绑定"对话框。在列表框中显示了当前已存在的站点 IP 地址和端口信息。

（2）选择现有的 FTP 站点，单击"编辑"按钮，显示如图 9-7 所示的"编辑网站绑定"对话框。在"IP 地址"下拉列表框中可以为当前 FTP 站点指定一个 IP 地址，在"端口"文本框中可以指定 FTP 站点的端口，默认为 21。

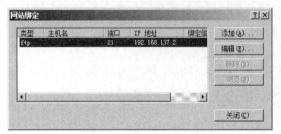
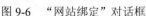

图 9-6　"网站绑定"对话框

图 9-7　"编辑网站绑定"对话框

9.2.5　限制连接数量

FTP 服务器用来提供文件的上传和下载，但是 FTP 服务传输文件时占用的带宽较多，如果同时访问 FTP 服务器的用户数量比较多，就会占用大量带宽，影响其他网络服务的正常运行。尤其在一些中小企业，往往一台服务器同时也提供其他多种网络服务，如 Web、E-mail 等，当并发访问数量较多时，更会因带宽被大量占用而造成服务中断或超时。因此，必要时应对 FTP 连接数量进行一定的限制。

在 FTP 主页窗口中，单击"操作"栏中的"高级设置"链接，弹出"高级设置"对话框。展开"链接"，在"最大连接数"中即可设置允许同时连接的用户数量，如图 9-8 所示。完成后单击"确定"按钮即可保存。

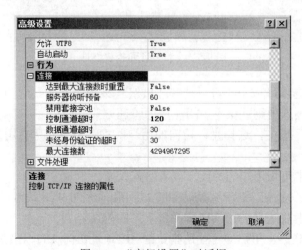

图 9-8　"高级设置"对话框

在该对话框中也可以设置 FTP 站点的主目录，即"物理路径"。

9.2.6　设置主目录

FTP 服务器的主目录就是 FTP 站点的根目录，保存了 FTP 站点中的所有文件和文件夹，通常位于本地磁盘或网络磁盘中。当 FTP 客户端访问该 FTP 站点时，也就是在访问根目录所在的文件夹。

在 FTP 主页中，单击"操作"栏中的"基本设置"链接，显示如图 9-9 所示的"编辑网站"对话框。在"物理路径"文本框中输入 FTP 站点主目录所在的文件夹路径，或者单击 按钮浏览选择。

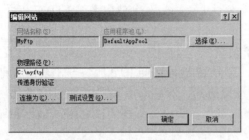

图 9-9　设置主目录

9.2.7　设置 FTP 消息

为了使 FTP 站点更加人性化，可以给 FTP 站点设置欢迎消息，当用户登录 FTP 站点和退出 FTP 站点时，显示欢迎信息。

在 FTP 站点的主页窗口中，双击"FTP 消息"图标，打开如图 9-10 所示的"FTP 消息"窗口。

图 9-10　FTP 消息设置

可以设置如下选项：

- 横幅：用户连接到 FTP 服务器时显示的消息，通常为 FTP 站点的名称。
- 欢迎：当用户连接到 FTP 服务器后显示的消息，通常包括向用户致意、使用该 FTP

站点时应该注意的问题、管理者的联系方式、上传下载规则等。

● 退出：当用户从 FTP 服务器注销时显示的消息，如"欢迎再次光临"等。

● 最大连接数：用户试图连接到 FTP 服务器，但该 FTP 服务器已达到允许的最大客户端连接数而导致失败时，将显示此消息。

设置完成后单击"操作"栏中的"应用"。

9.2.8 设置 IP 访问安全

为了保证 FTP 服务器的安全，使 FTP 服务器可以对用户的 IP 地址进行限制，只允许信任的 IP 地址访问 FTP 站点，而拒绝不受信任的 IP 地址访问 FTP 站点，避免来自外界的恶意攻击，提示 FTP 站点访问的安全性。特别是对企业内部的 FTP 站点而言，采用 IP 地址限制的方式既简单又有效。

1. 添加允许访问的 IP 地址

如果设置为只允许某一部分 IP 地址访问 FTP 服务器，其他所有 IP 都不允许访问。那么，就需要先设置拒绝所有 IP 地址访问，然后添加允许访问的 IP 地址。操作步骤如下：

（1）在 FTP 站点的"主页"窗口中，双击"FTP IPv4 地址和域限制"图标，显示"FTP IPv4 地址和域限制"窗口。然后单击"操作"栏中的"编辑功能设置"链接，显示如图 9-11 所示的"编辑 IPv4 地址和域限制设置"对话框。在"未指定的客户端的访问权"下拉列表框中选择"拒绝"选项。

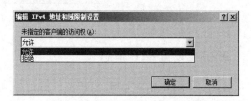

图 9-11   编辑 IPv4 地址和域限制设置

（2）单击"确定"按钮保存设置，然后单击"操作"栏中的"添加允许条目"链接，显示如图 9-12 所示的"添加允许限制规则"对话框。如果要添加单个的 IP 地址，可选择"特定 IP 地址"单选按钮，并键入允许的 IP 地址。

如果添加一个 IP 地址段，可选择"IP 地址范围"单选按钮，并键入 IP 地址和掩码。完成后单击"确定"按钮保存。

2. 设置拒绝访问 IP 地址

如果设置为拒绝某一部分 IP 地址访问 FTP 服务器，而其他所有 IP 都允许访问，那么需要先设置为允许所有 IP 地址访问，然后添加拒绝访问的 IP 地址。操作步骤如下：

（1）单击"操作"栏中的"编辑功能设置"链接，在"编辑 IPv4 地址和域限制设置"对话框的"未指定的客户端的访问权"下拉列表框中选择"允许"选项。

（2）单击"操作"栏中的"添加拒绝条目"链接，显示如图 9-13 所示的"添加拒绝限制规则"对话框，可以设置拒绝访问的 IP 地址或者 IP 地址段。

设置完成后单击"确定"按钮保存。

9.2.9 设置用户访问权限

如果 FTP 服务器不想被用户随意访问，则可以禁用匿名登录，启用用户身份验证，为特殊用户赋予访问 FTP 站点的权限。

1. 设置用户身份验证

在 FTP 站点的主页窗口中，双击"FTP 身份验证"图标，显示如图 9-14 所示的"FTP 身份验证"窗口，可以设置基本身份验证和匿名身份验证。如果要启用相关验证，可选中某项并单击"操作"栏中的"启用"。

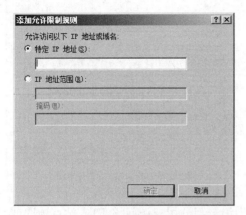

图 9-12　"添加允许限制规则"对话框

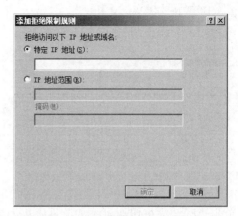

图 9-13　"添加拒绝限制规则"对话框

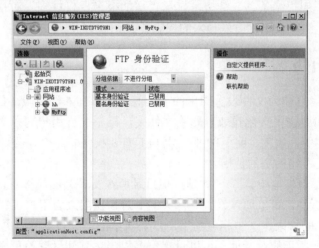

图 9-14　FTP 身份验证

如果要允许所有用户匿名访问，可启用"匿名身份验证"；如果要使客户端必须登录才能使用，并且为不同的用户设置不同的权限，则需要启用"基本身份验证"，并且该验证方式优先于"匿名身份验证"。

2. 设置授权规则

如果要为 FTP 站点指定允许访问的用户，可以通过配置"授权规则"来实现。不过，在配置授权规则之前，应当禁用"匿名身份验证"，并启用"基本身份验证"功能。

在 FTP 站点的主页窗口中，双击"FTP 授权规则"图标，显示 "FTP 授权规则"窗口。默认只有一条规则，就是创建 FTP 站点时设置的规则，允许所有用户读取 FTP 站点上的文件。

如果要更改默认规则，可单击"操作"栏中的"编辑"链接，显示如图 9-15 所示的"编辑允许授权规则"对话框，可以设置用户及权限。

如果要允许一部分用户拥有对 FTP 站点的"读取"或"写入"权限，可单击"添加允许规则"链接，显示"添加允许授权规则"对话框。选择"指定的角色或用户组"单选按钮，并键入用户或者用户组，多个用户之间用顿号隔开；在"权限"区域中选择读取或者写入权限，如图 9-16 所示。

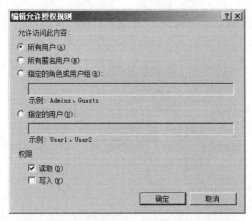

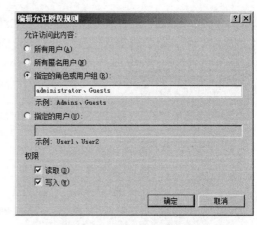

图 9-15   "编辑允许授权规则"对话框   图 9-16   指定角色或用户组

单击"确定"按钮即可添加该规则。如果要拒绝一部分用户访问该 FTP 站点读取或写入权限，则可单击"添加拒绝条目"链接，显示"添加拒绝授权规则"对话框，设置拒绝访问的用户或者用户组，然后设置读取或写入的权限。

9.2.10   设置 NTFS 权限

在 FTP 站点中，只能为文件设置简单的"读取"和"写入"权限。如果需要为用户设置更详细的权限，例如允许用户创建或者删除文件夹，但不允许用户写入文件等，这就需要借助于 NTFS 权限来实现。通常，将 FTP 服务器与 NTFS 权限相结合，为 FTP 站点中的文件设置多种权限，以满足不同用户的使用。

在 Windows 资源管理器中打开 FTP 站点根目录所在文件夹的属性对话框，选择"安全"选项卡，如图 9-17 所示，可以通过设置文件夹的 NTFS 权限来为用户设置执行权限。

如果要设置更多的权限，选中相应的用户，依次单击"高级"→"更改权限"→"编辑"按钮，打开如图 9-18 所示的对话框，可以设置更多权限，具体设置不再详述。

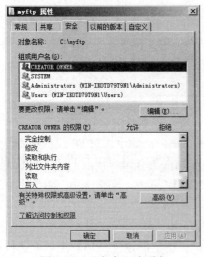

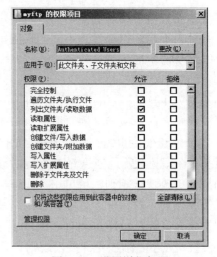

图 9-17   "安全"选项卡   图 9-18   设置详细权限

9.3　创建与管理虚拟站点

FTP 服务和 Web 服务一样，也具有虚拟站点的功能，可以在一台服务器上搭建多个虚拟 FTP 站点或目录。多个虚拟 FTP 站点或目录可以位于同一个服务器，可以单独进行配置和管理，而且虚拟站点还可以拥有不同的 IP 地址和端口号，设置不同的用户权限，能够将不同的信息进行有效分离，从而提高数据的安全性和可管理性。

9.3.1　虚拟站点的创建方式

在同一台服务器上创建多个 FTP 虚拟站点通常有两种方式（和创建 Web 站点的方式一样，可以参考第 8 章）：利用 IP 地址和端口号来实现，用户访问时就如同访问不同的服务器一样。这两种方式的区别如下：

- 利用不同的 IP 地址创建：如果服务器绑定了多个 IP 地址，就可以利用这种方式创建，每个 FTP 站点指定一个 IP 地址。
- 利用不同的端口号创建：如果服务器只有一个 IP 地址，就可以利用不同的端口号创建不同的 FTP 站点。用户访问时需要加上端口号才可以访问。

9.3.2　使用 IP 地址和端口号创建虚拟站点

在 IIS 管理器中，右击"网站"，选择快捷菜单中的"添加 FTP 站点"选项，运行"添加 FTP 站点"向导。在"站点信息"对话框中输入 FTP 站点名称和主目录。

单击"下一步"按钮，显示如图 9-19 所示的"绑定和 SSL 设置"对话框。在"IP 地址"下拉列表框中指定一个 IP 地址，端口使用默认的 21。在 SSL 中选择"无"，不使用 SSL。

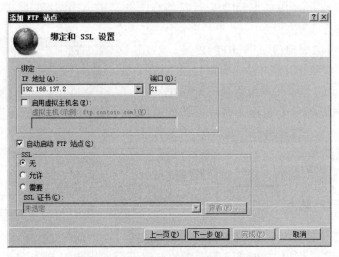

图 9-19　"绑定和 SSL 设置"对话框

单击"下一步"按钮，在"身份验证和授权信息"对话框中设置身份验证及授权方式。单击"完成"按钮，FTP 站点创建完成。

使用不同端口号创建 FTP 站点时，只需在如图 9-19 所示的"绑定和 SSL 设置"对话框中的"端口"文本框中设置一个端口号即可，比如 25，其他操作和创建 FTP 站点相同。

9.4　创建与管理虚拟目录

如果要扩展虚拟网站，为不同上传或下载服务的用户提供不同的目录，就可以利用虚拟目录来实现。虚拟目录是 FTP 站点的下一级目录，和 Web 服务器的虚拟目录一样，也指定为某一个文件夹，并且可以位于其他磁盘或网络中的其他服务器。使用虚拟目录可以创建多个具有不同访问权限的目录。

9.4.1　虚拟目录的特点与适用

FTP 虚拟目录是 FTP 网站的下一级目录，和 Web 服务器的虚拟目录一样，也是指定的一个文件夹，并且可以位于其他磁盘或网络中的某个服务器上。

虚拟目录具有以下特点：

- 便于扩展：当 FTP 网站升级或扩充时，需要扩展磁盘空间，此时只需创建新的虚拟目录并指定为新的磁盘即可，并且不会影响用户的访问。
- 增删灵活：可以根据需要随时向 FTP 站点中添加或者删除虚拟目录，而且在添加或移除虚拟目录时不会影响 FTP 网站的运行。
- 易于配置：虚拟目录与虚拟网站使用相同的 IP 地址和端口号，不会产生冲突。同时，新建的虚拟目录会自动继承 FTP 站点的配置，管理更方便。

虚拟目录不是独立的 FTP 站点，依赖于某个 FTP 站点之下，没有独立的 DNS 域名、IP 地址或端口号，用户必须访问虚拟站点才能访问虚拟目录。

9.4.2　虚拟目录的创建与管理

虚拟目录没有独立的 IP 地址和端口，只能指定别名和物理路径，客户端用户访问时要根据别名来访问。操作步骤如下：

（1）选择欲添加虚拟目录的 FTP 站点，右击 FTP 站点并选择快捷菜单中的"添加虚拟目录"选项，显示如图 9-20 所示的"添加虚拟目录"对话框。在"别名"文本框中设置一个名称，客户端访问就是根据别名来访问；在"物理路径"文本框中键入主目录所在的文件夹路径。

（2）单击"确定"按钮，虚拟目录设置完成。

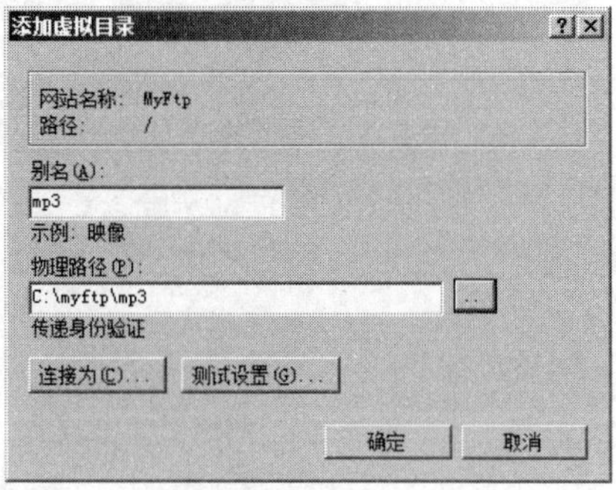

9.4.3　访问 FTP 站点

FTP 服务器搭建成功后，就可以为用户提供文

图 9-20　"添加虚拟目录"对话框

件上传和下载服务了。根据 FTP 站点所设置的权限不同，用户对 FTP 目录中的文件访问权限也不一样。访问 FTP 站点一般可使用两种方式：一种是利用 Windows 资源管理器，一种是使用专用的 FTP 客户端软件。

1．利用 Windows 资源管理器访问

打开 Windows 资源管理器，在"地址"栏中输入 FTP 站点的访问地址，格式为"ftp://服务器 IP 地址"，例如 ftp://192.168.137.2，如果该 FTP 站点启用了匿名登录，那么就可以连接

到 FTP 服务器并显示其中的文件和文件夹。

如果 FTP 网站禁用了匿名访问，那么连接到 FTP 服务器时就会显示如图 9-21 所示的"登录身份"对话框，在"用户名"和"密码"文本框中键入 FTP 服务器或域中的用户账号和密码，单击"登录"按钮即可登录到服务器。

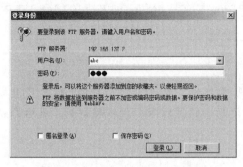

图 9-21　"登录身份"对话框

也可以在 Windows 资源管理器的"地址"栏中直接输入"ftp://用户名:密码@FTP 服务器地址"登录到 FTP 服务器，例如 ftp://abc:123@192.168.137.2，这样将不再显示登录界面而直接登录到服务器。

2．使用 FTP 软件访问

现在有很多专门的访问 FTP 服务器的软件，如 CuteFTP、FlashXP、LeapFTP、8UFTP 等，用户可从 Internet 上下载。我们将以 CuteFTP 为例进行介绍。

运行 CuteFTP 程序，打开如图 9-22 所示的界面。在 Host 文本框中输入 FTP 服务器的地址，在 Username 文本框中输入用户名，在 Password 文本框中输入密码，Port 默认为 21，如果 FTP 服务器使用了别的端口，则填入端口号，单击 Connect 按钮，即可登录到 FTP 服务器，并显示 FTP 服务器的文件及文件夹。

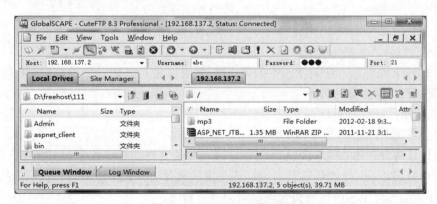

图 9-22　CuteFTP 工作界面

如果欲从 FTP 服务器上下载文件，可先在 Local Drivers 列表框中打开欲保存文件的文件夹，然后在 FTP 站点列表中选择欲下载的文件，右击并选择快捷菜单中的 Download 选项，即可将文件下载到本地。

如果要向 FTP 服务器上传文件，可先在 FTP 服务器站点列表中打开欲保存上传文件的文件夹，然后在 Local Drivers 列表框中选择欲上传的文件，右击并选择快捷菜单中的 Upload 选项，即可将文件上传到 FTP 服务器。

无论是上传文件还是下载文件，在 Queue Window 窗口中都会显示任务的进度。

3．访问虚拟目录

如果要访问 FTP 站点中的虚拟目录，只需在欲访问的 FTP 地址中加上虚拟目录名即可，格式为"ftp://服务器地址/虚拟目录名"或者"ftp://用户名:密码@FTP 服务器地址/虚拟目录名"，例如 ftp://192.168.137.2/mp3 或者 ftp://abc:123@192.168.137.2/mp3。

 **本章小结**

本章主要讲述了 FTP 服务器的安装与配置，详细介绍了 FTP 服务器的使用和相关设置，主要有 FTP 主目录、FTP 消息、访问权限、授权规则等，最后介绍了如何在客户端访问 FTP 服务器。

 习题九

1．FTP 协议的作用是什么？

2．练习启动、暂停 FTP 服务。如何测试 FTP 服务工作是否正常？

3．如何设置 FTP 站点的访问权限？

4．FTP 站点的默认端口是多少？访问 FTP 站点的格式是什么？

 **实训九**

题目 1：搭建 FTP 服务器

内容与要求：

1．安装 FTP 服务，安装完毕后创建一个 FTP 服务器。

2．设置 FTP 服务器的 IP 地址和端口号，设置限制连接数，将 FTP 主目录改为 D 盘，设置 FTP 欢迎消息为"欢迎访问我的 FTP 服务器"。

3．设置 FTP 服务器，使局域网中的某一个 IP 地址对 FTP 服务器没有访问权限。

题目 2：FTP 服务器的访问

内容与要求：

1．向创建的 FTP 服务器上传文件。

2．通过资源管理器访问 FTP 服务器，下载上传的文件。

3．下载安装 CuteFTP 安装软件，安装后使用该软件访问 FTP 服务器，包括上传文件和下载文件，在访问速度上和通过资源管理器访问进行对比。

第10章 DHCP 服务器配置与管理

动态主机配置协议 DHCP 是一个简化主机 IP 地址分配管理的 TCP/IP 标准协议，实现动态分配网络设备 IP 地址。本章介绍基于 Windows Server 2008 构建 DHCP 服务器的方法及其配置管理方法，包括以下内容：

- DHCP 服务的基本概念、工作原理
- 安装与配置 DHCP 服务器
- 维护 DHCP

在使用 TCP/IP 协议的网络上，每一台计算机都拥有唯一的计算机名和 IP 地址。IP 地址（及其子网掩码）用于标识与鉴别它所连接的主机和子网，当用户将计算机从一个子网移动到另一个子网时，一定要改变该计算机的 IP 地址。当网络中的计算机数量较少时，可以手动配置每台计算机的 IP 地址，但是如果网络中的计算机数量较大，手动配置 IP 地址将是一个比较繁重的工作，而且容易出现配置出错的情况。Windows Server 提供的 DHCP 服务自动为网络中的计算机分配 IP 地址，实现 IP 地址的自动配置和回收。

10.1 DHCP 服务概述

DHCP 即动态主机分配协议（Dynamic Host Configuration Protocol）是一个简化主机 IP 地址分配管理的 TCP/IP 标准协议。用户可以利用 DHCP 服务器管理动态的 IP 地址分配及其他相关的环境配置工作（如 DNS、WINS、Gateway 的设置）。

使用 DHCP 可以让用户将 DHCP 服务器中的 IP 地址池中的 IP 地址动态地分配给局域网中的客户机，从而减轻了网络管理员的负担。在使用 DHCP 时，整个网络至少有一台服务器上安装了 DHCP 服务，其他要使用 DHCP 功能的工作站也必须设置为利用 DHCP 获得 IP 地址。如图 10-1 所示是一个支持 DHCP 的网络实例。

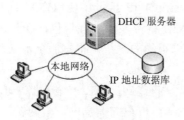

图 10-1　DHCP 网络实例

10.1.1 DHCP 服务的优缺点

DHCP 服务作为 IP 地址管理工具，具有以下优点：

- 提高效率：客户端计算机自动从 DHCP 服务器获得 IP 地址，不需要手动设置，提高了效率并减少了出错的可能性。
- 便于管理：当网络使用的 IP 地址段发生改变时，只需修改 DHCP 服务器的 IP 地址池。
- 节约 IP 地址资源：使用 DHCP 服务时，只有当客户端请求时才提供 IP 地址，当客户端租期到期后，服务器会自动释放 IP 地址，分配给其他客户端使用。

当然，DHCP 也存在一些缺点。如果 DHCP 服务器设置失误或者出现故障，将会影响整个网络的网络通信。因此，通常可以在一个网络中配置两台以上的 DHCP 服务器，当其中一台出现问题后，由另一台 DHCP 服务器提供服务。

10.1.2 DHCP 服务的工作原理

1. DHCP 租借过程

当 DHCP 客户端计算机第一次启动时，将会连接 DHCP 服务器，并获得其 TCP/IP 配置信息及租期。租期是指 DHCP 客户端获得完整的 TCP/IP 配置后，对该 TCP/IP 配置的使用时间。DHCP 客户端计算机从 DHCP 服务器获得 IP 地址信息的整个过程经历 IP 租用请求、IP 租用提供、IP 租用选择和 IP 租用确认 4 个阶段。

（1）客户机请求 IP（DHCP DISCOVER）。

当 DHCP 客户端第一次登录网络的时候，也就是客户发现本机上没有任何 IP 数据设定，它会向网络发出一个 DHCP DISCOVER 的数据包。因为客户端还不知道自己属于哪一个网络，所以数据包的来源地址为 0.0.0.0，而目的地址则为 255.255.255.255，然后再附上 DHCP DISCOVER 的信息，向网络进行广播。

在 Windows 的预设情形下，DHCP DISCOVER 的等待时间预设为 1 秒，也就是当客户端将第一个 DHCP DISCOVER 数据包送出去之后，在 1 秒之内没有得到响应的话，就会进行第二次 DHCP DISCOVER 广播。若一直得不到响应的情况下，客户端会进行四次 DHCP DISCOVER 广播（包括第一次在内），第一次会等待 1 秒，其余三次的等待时间分别是 9、13、16 秒。如果都没有得到 DHCP 服务器的响应，客户端则会显示错误信息，宣告 DHCP DISCOVER 的失败。之后，基于使用者的选择，系统会继续在 5 分钟之后再重复一次 DHCP DISCOVER 的过程。

（2）服务器响应（DHCP OFFER）。

当 DHCP 服务器监听到客户端发出的 DHCP DISCOVER 广播后，它会从那些还没有租出的地址范围内选择最前面的空置 IP，连同其他 TCP/IP 设定响应给客户端一个 DHCP OFFER 报文。

由于客户端在开始的时候还没有 IP 地址，所以在其 DHCP DISCOVER 封包内会带有其 MAC 地址信息，并且有一个 XID 编号来辨别该封包，DHCP 服务器响应的 DHCP OFFER 封包则会根据这些资料传递给要求租约的客户。根据服务器端的设定，DHCP OFFER 封包会包含一个租约期限的信息。

要注意的是，如果同一网段内有多台 DHCP 服务器，那么客户机是看谁先响应，谁先响应就选择谁；在 DHCP 主机发给客户端的信息中，会附带一个"租约期限"信息，用来告诉客户机这个 IP 能用多久。

（3）客户机选择 IP（DHCP REQUEST）。

如果客户端收到网络上多台 DHCP 服务器的回应，只会挑选其中一个 DHCP OFFER（通常是最先抵达的那个），并且会向网络发送一个 DHCP REQUEST 广播封包，告诉所有 DHCP

服务器它将接受哪一台服务器提供的 IP 地址。客户端还会向网络发送一个 ARP 报文,查询网络上面有没有其他机器使用该 IP 地址;如果发现该 IP 已经被占用,客户端则会送出一个 DHCP DECLINE 封包给 DHCP 服务器,拒绝接受其 DHCP OFFER,并重新发送 DHCP DISCOVER 信息。

（4）服务器确认 IP 租约。

DHCP 服务器收到客户机选择 IP 的广播后,会以 DHCPACK 消息的形式向客户机广播,以确认 IP 租约生效。DHCPACK 消息包含 IP、掩码、网关、DNS 等信息。当客户机收到 DHCP 服务器的 DHCPACK 消息后,客户机便使用了 DHCP 服务器所给的网络参数。

2. IP 租约的更新与释放

DHCP 服务器向 DHCP 客户机出租的 IP 地址一般都有一个租借期限,期满后 DHCP 服务器便会收回出租的 IP 地址。如果 DHCP 客户机要延长其 IP 租约,则必须更新其 IP 租约。DHCP 客户机启动时和 IP 租约期限过一半时,DHCP 客户机都会自动向 DHCP 服务器发送更新其 IP 租约的信息。DHCP 客户机除了在开机的时候发出 DHCP REQUEST 请求之外,在租约期限一半的时候也会发出 DHCP REQUEST,若服务器接收到请求,便回送一个 DHCP 应答信息,以续订并重新开始一个租用周期;如果此时得不到 DHCP 服务器的确认的话,工作站还可以继续使用该 IP;然后在剩下的租约期限的一半的时候（即租约的 75%）,还得不到确认的话,那么工作站就不能拥有这个 IP 了。要是想退租,可以随时送出 DHCPLEREASE 命令解约。

10.2　创建与配置 DHCP 服务器

DHCP 服务是 Windows Server 2008 系统集成的网络服务,需要管理员手动安装,并且可以在安装过程中配置作用域、授权等。由于作用域包含了向客户端提供的 IP 地址,因此事先应该规划好欲向网络中分配的 IP 地址类型和 IP 地址范围。

10.2.1　DHCP 服务器 IP 地址规划

在 DHCP 服务器上需要规划将要向客户端分配的 IP 地址。由于公网 IP 地址日益紧张,因此在局域网中通常使用私有 IP 地址,也称内部 IP 地址。私有 IP 地址有 3 类,不同类型的地址适用于不同的网络,在使用前应规划好要使用的 IP 地址范围。

常用的内部 IP 地址段有以下 3 类:

● 192.168.0.0~192.168.255.255,子网掩码:255.255.255.0（适用于小型网络）
● 172.16.0.0~172.31.255.255,子网掩码:255.255.0.0（适用于中型网络）
● 10.0.0.0~10.255.255.255,子网掩码:255.0.0.0（适用于大型网络）

在小型网络中,使用 192.168.x.x 段的 IP 地址即可;在计算机数量较多的大型网络中,可以选用 10.0.0.1~10.255.255.254 或者 172.16.0.1~172.32.255.254 网段,建议子网掩码使用 255.255.255.0,这样可以获得更多的 IP 网段,并使每个子网中所容纳的计算机数量都较少。

10.2.2　安装 DHCP 服务器

（1）打开“服务器管理器”控制台,在“角色”窗口中单击“添加角色”链接,运行“添加角色向导”。当弹出“选择服务器角色”对话框时,选中“DHCP 服务器”复选框,如图 10-2 所示。

图 10-2 "选择服务器角色"对话框

（2）单击"下一步"按钮，弹出如图 10-3 所示的"DHCP 服务器"对话框，显示了 DHCP 服务器简介信息及相关注意事项。

（3）单击"下一步"按钮，弹出"选择网络连接绑定"对话框，选择向客户端提供服务的网络连接，如图 10-4 所示。

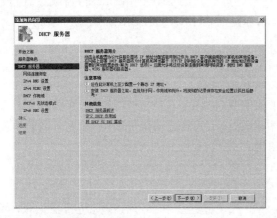

图 10-3 "DHCP 服务器"对话框

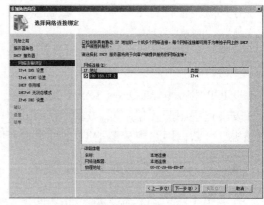

图 10-4 "选择网络连接绑定"对话框

（4）单击"下一步"按钮，弹出"指定 IPv4 DNS 服务器设置"对话框，如图 10-5 所示。在"父域"文本框中键入当前域的域名，如果服务器没有处于域环境，则域名可以随便填写一个。在"首选 DNS 服务器 IPv4 地址"和"备用 DNS 服务器 IPv4 地址"文本框中键入本地网络中所使用的 DNS 服务器的 IPv4 地址。

（5）单击"下一步"按钮，弹出"指定 IPv4 WINS 服务器设置"对话框，选择是否使用 WINS 服务，如图 10-6 所示。此处我们不使用 WINS 服务。

（6）单击"下一步"按钮，弹出如图 10-7 所示的"添加或编辑 DHCP 作用域"对话框，可以添加 DHCP 作用域，设置向客户端分配的 IP 地址范围，如果暂时不想添加作用域，可以直接单击"下一步"按钮进行下步操作，安装成功后再编辑作用域。

（7）单击"添加"按钮，弹出如图 10-8 所示的"添加作用域"对话框，在此设置作用域的名称、作用域的起始 IP 地址、结束 IP 地址、子网掩码、默认网关及子网类型。默认情况下选中"激活此作用域"复选框，这样作用域在创建完成后就会自动激活，否则需要手动激活。

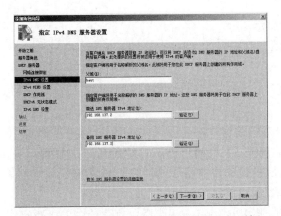

图 10-5　"指定 IPv4 DNS 服务器设置"对话框

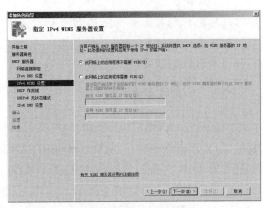

图 10-6　"指定 IPv4 WINS 服务器设置"对话框

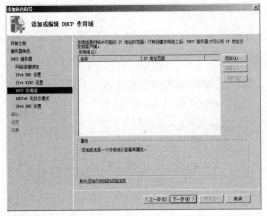

图 10-7　"添加或编辑 DHCP 作用域"对话框

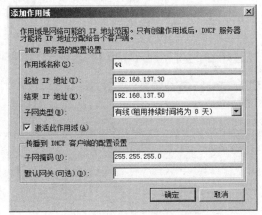

图 10-8　设置 DHCP 作用域

（8）单击"确定"按钮，一个作用域添加成功，单击"下一步"按钮，弹出如图 10-9 所示的对话框，询问是否配置 IPv6，因为现在客户端很少采用 IPv6，所以我们暂时不要配置 IPv6，因此选择"对此服务器禁用 DHCPv6 无状态模式"。

（9）单击"下一步"按钮，到达确认对话框，显示先前的配置信息，确认配置无误后单击"安装"按钮，开始安装 DHCP 服务器。如果安装成功，会显示如图 10-10 所示的窗口。

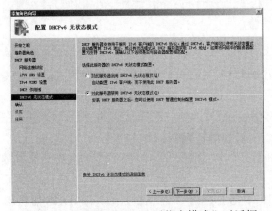

图 10-9　"配置 DHCPv6 无状态模式"对话框

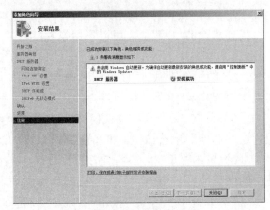

图 10-10　安装完成

提示： 如果安装过程中出现错误，在该窗口中会出现错误提示信息，可以根据错误提示判断错误原因，然后卸载 DHCP 服务器之后重新安装。

DHCP 安装完成后，通过"开始"→"管理工具"→DHCP 打开 DHCP 服务器控制台，在该窗口中可以配置和管理 DHCP 服务器。

10.2.3　新建作用域

作用域就是一个定义好的 IP 地址段，当网络中的客户端计算机向 DHCP 服务器请求 IP 地址时，DHCP 服务器就会从作用域的 IP 地址段中选择一个尚未租出的 IP 地址分配给客户端。一般在安装 DHCP 服务器时已经创建一个作用域，但如果网络中的计算机数量较多，分为多个子网，要向多个子网提供不同的 IP 地址，就需要创建多个作用域。

（1）打开 DHCP 控制台，展开服务器名，选择 IPv4，右击并选择快捷菜单中的"新建作用域"选项，弹出"新建作用域向导"对话框，单击"下一步"按钮，显示如图 10-11 所示的对话框。在"名称"文本框中键入新作用域的名称，用于和其他域进行区分。

（2）单击"下一步"按钮，显示如图 10-12 所示的对话框，要求输入 IP 地址范围，分别在"起始 IP 地址"和"结束 IP 地址"文本框中输入欲设置的 IP 地址范围。

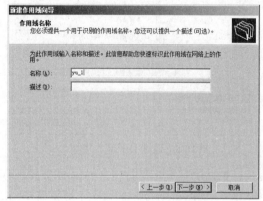
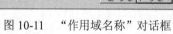
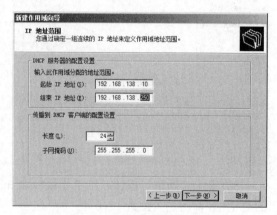

图 10-11　"作用域名称"对话框　　　　图 10-12　"IP 地址范围"对话框

（3）单击"下一步"按钮，弹出"添加排除和延迟"对话框，用来设置不分配的 IP 地址或 IP 地址段。在"起始 IP 地址"和"结束 IP 地址"文本框中输入欲排除的 IP 地址或者 IP 地址段，单击"添加"按钮添加到"排除的地址范围"列表中，如图 10-13 所示。当然，如果没有需要排除的 IP 地址，可以不用设置此步。

（4）单击"下一步"按钮，弹出如图 10-14 所示的对话框，用来设置客户端租用作用域中 IP 地址的租期期限。租期期限是指客户端使用某个 IP 地址的时间，客户端的开关机不会丧失这个 IP 地址，直到租期到期。

（5）单击"下一步"按钮，弹出如图 10-15 所示的对话框。选择默认的"是，我想现在配置这些选项"单选按钮，准备配置路由器、DNS 服务器、WINS 服务器等。

（6）单击"下一步"按钮，弹出如图 10-16 所示的对话框，在 IP 地址栏处输入该作用域使用的网关地址，单击"添加"按钮添加到列表框中。

（7）单击"下一步"按钮，弹出"域名称和 DNS 服务器"对话框，要求对 DNS 服务器进行配置，在"父域"文本框中输入用来进行 DNS 解析的父域，如果没有可以不输入；在"IP 地址"文本框中输入 DNS 服务器的 IP 地址，单击"添加"按钮添加到列表框中，一般 DNS

服务器的地址会自动添加，如图 10-17 所示。

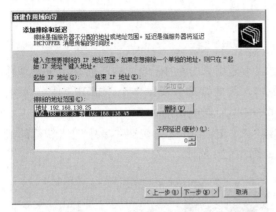

图 10-13　"添加排除和延迟"对话框

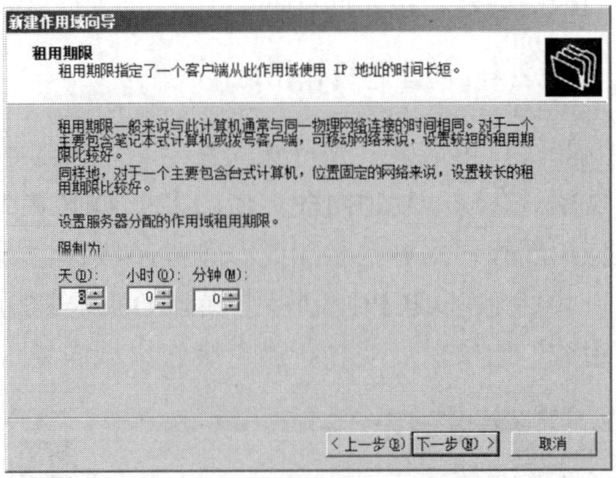

图 10-14　"租用期限"对话框

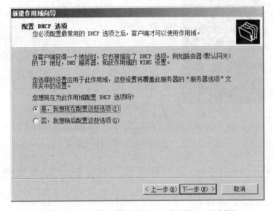

图 10-15　"配置 DHCP 选项"对话框

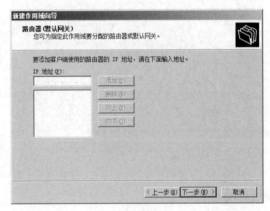

图 10-16　"路由器（默认网关）"对话框

　　（8）单击"下一步"按钮，弹出如图 10-18 所示的对话框，用来设置 WINS 服务器，如果网络中没有配置 WINS 服务器，则不必设置。

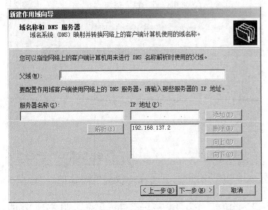

图 10-17　"域名称和 DNS 服务器"对话框

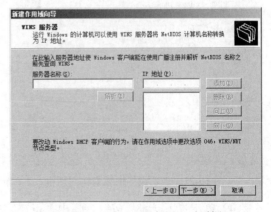

图 10-18　"WINS 服务器"对话框

　　（9）单击"下一步"按钮，弹出如图 10-19 所示的对话框，提示是否激活作用域，使用默认设置即可。

（10）单击"下一步"按钮，显示"正在完成新建作用域向导"，单击"完成"按钮完成作用域的创建。按照同样的步骤，可以创建多个作用域。

10.2.4　创建超级作用域

超级作用域是一种特殊的作用域，超级作用域不是用来分配 IP 地址的，而是用来管理作用域的。在同一物理网段上使用多个 DHCP 服务器，需要管理分离的多个逻辑 IP 网段，就可以使用超级作用域。添加或者删除超级作用域时，并不会影响原有的作用域。

（1）在 DHCP 控制台中展开 DHCP 服务器，右击 IPv4 并选择快捷菜单中的"新建超级作用域"选项，启动"新建超级作用域向导"，如图 10-20 所示。

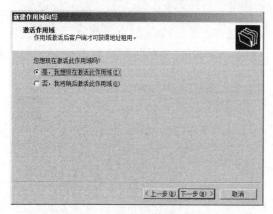

图 10-19　"激活作用域"对话框

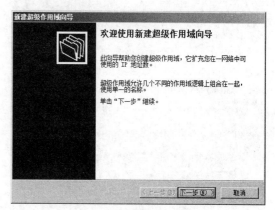

图 10-20　新建超级作用域向导

（2）单击"下一步"按钮，弹出如图 10-21 所示的"超级作用域名"对话框，输入超级作用域的名字。

（3）单击"下一步"按钮，弹出如图 10-22 所示的"选择作用域"对话框。在"可用作用域"列表中会显示现有的作用域，选择欲添加到超级作用域的作用域。

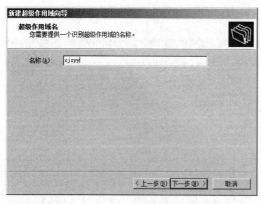

图 10-21　"超级作用域名"对话框

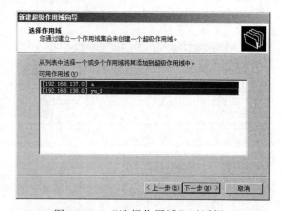

图 10-22　"选择作用域"对话框

（4）单击"下一步"按钮，弹出"正在完成新建超级作用域向导"对话框。单击"完成"按钮，超级作用域创建成功。原有作用域就会包含在超级作用域中，便于管理。

如果后来又建了作用域，也可以添加到现有的超级作用域中，右击新建的作用域并选择快捷菜单中的"添加到超级作用域"选项，在弹出的对话框中选择要添加到的超级作用域的名称，单击"确定"按钮。

如果想把某个作用域从超级作用域中脱离出来，可以右击该作用域，选择快捷菜单中的"从超级作用域中删除"选项，弹出如图 10-23 所示的对话框，单击"是"按钮。

图 10-23　脱离超级作用域

10.2.5　设置保留地址

在实际应用中，可能存在这样一种需求，就是有些特殊的计算机需要每次获得相同的 IP 地址，这就需要利用 DHCP 服务器的"保留"功能，将指定的 IP 地址与客户端计算机进行绑定，使该 DHCP 客户端每次向 DHCP 服务器请求时都会获得同一个 IP 地址。

在 DHCP 控制台窗口中，展开要添加保留 IP 地址的作用域，选择"保留"选项。右击"保留"并选择快捷菜单中的"新建保留"选项，弹出如图 10-24 所示的"新建保留"对话框，需要设置如下几项：

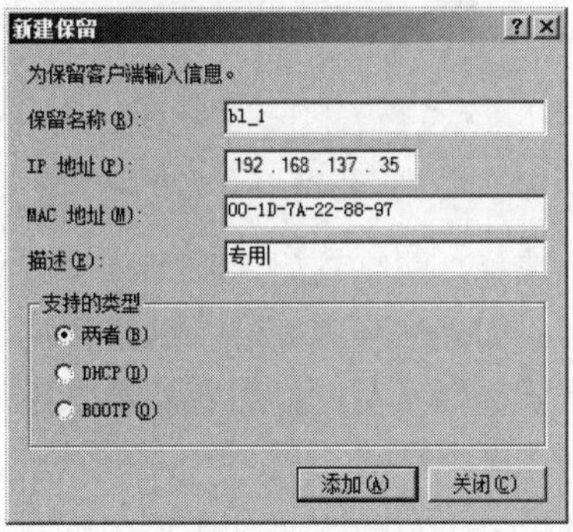

- 保留名称：输入保留名称，随便输入即可，仅用于和其他保留项区分。

图 10-24　新建保留

- IP 地址：输入欲为特定客户端保留的 IP 地址。
- MAC 地址：输入特定客户端计算机的 MAC 地址。可以在 DOS 下使用 getmac 命令或者 ipconfig -all 命令得到。
- 支持的类型：用于设置该客户端所支持的 DHCP 服务类型，选择"两者"选项。

单击"添加"按钮，一个保留地址添加成功。用同样的方法可以添加多个保留地址。

10.3　管理 DHCP 服务器

DHCP 服务器安装完成后，还可以根据网络应用的需要进行调整，例如配置 DNS 服务器和网关、创建作用域、设置保留 IP 地址等。还可以创建超级作用域来对多个作用域进行管理。

10.3.1　管理作用域

在一个 DHCP 服务器中，可以包含多个作用域，每个作用域都包含不同的 IP 地址信息。作用域创建完成后，可以根据网络需求更改 IP 地址范围、租用期限等，也可以配置作用域的各种选项，如路由器、DNS 服务器、WINS 服务等。

1. 设置作用域属性

在 DHCP 控制台窗口中，选择需要管理的作用域，右击并选择快捷菜单中的"属性"选项，弹出如图 10-25 所示的"作用域属性"对话框，默认显示"常规"选项卡。在该选项卡中，可以更改作用域的名称、IP 地址范围和客户端租用期限。DHCP 客户端的租用期限默认为 8 个小时。

选择 DNS 选项卡，如图 10-26 所示，可以设置客户端的 DNS 动态更新方式。

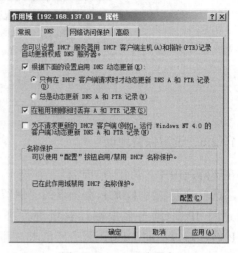

图 10-25 作用域属性   图 10-26 DNS 选项卡

选择"网络访问保护"选项卡，可以设置当前作用域是否启动网络访问保护，如图 10-27 所示。如果网络中安装了网络策略访问服务，并且需要利用 DHCP 服务器对网络进行保护，则需要选择"对此作用域启用"单选按钮，启用网络访问保护功能。

选择"高级"选项卡，可以设置向客户端分配 IP 地址的方式。在"延迟配置"选项区域中，可以指定 DHCP 服务器分布地址的延迟，如图 10-28 所示。

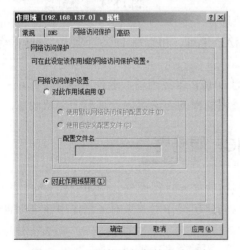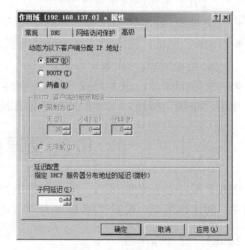

图 10-27 "网络访问保护"选项卡   图 10-28 "高级"选项卡

设置完成后，单击"确定"按钮保存。

2. 设置作用域选项

DHCP 作用域除了用来提供 IP 地址范围以外，还包含有网关、DNS 服务器等信息。而这些信息在作用域属性中无法设置，因此必须在"作用域选项"中配置。

在 DHCP 控制台中选择"作用域选项"，列出当前作用域中配置的选项，如图 10-29 所示。

右击"作用域选项"并选择快捷菜单中的"配置选项"命令，弹出如图 10-30 所示的"作用域选项"对话框。在"可用选项"列表中，要启用哪个选项就选中相应的选项并进行设置。未选中的选项不能设置。

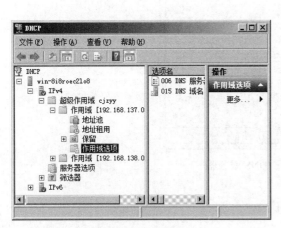

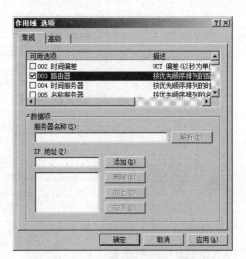

图 10-29　作用域选项　　　　　　　　图 10-30　　"作用域选项"对话框

设置完成后单击"确定"按钮保存。所有设置对当前作用域生效。

3. 设置服务器选项

在 DHCP 服务器中，有些选项是所有作用域都需要配置的"公共"信息，例如 DNS 服务器地址、WINS 服务器地址等。如果在每个作用域中分别设置，将比较麻烦，而在"服务器选项"设置后就会自动应用于所有的作用域。同时在作用域选项中和服务器选项配置的参数，则作用域的选项优先于服务器选项。

打开 DHCP 管理控制台，选择"服务器选项"，列出了应用于所有作用域的选项，如图 10-31 所示。

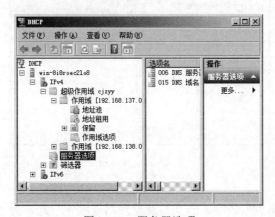

图 10-31　服务器选项

右击"服务器选项"并选择快捷菜单中的"配置服务器选项"命令，弹出如图 10-32 所示的"服务器选项"对话框。选择"006 DNS 服务器"复选框，在"IP 地址"选项区域中即可设置 DNS 服务器的 IP 地址。如果网络中有多个 DNS 服务器，可以在此处添加多个 DNS 地址。

图 10-32　设置 DNS 服务器

设置完成后单击"确定"按钮保存。

10.3.2　DHCP 筛选器

DHCP 筛选器是 Windows Server 2008 R2 中的新增功能，可以设置允许和拒绝规则，从而实现只为网络中的特定计算机分配 IP 地址或者拒绝分配 IP 地址。筛选器功能类似于防火墙功能，可以避免未经授权的客户端获取 IP 地址而连接到内部网络。筛选器功能可在 DHCP 控制台的"筛选器"窗口中设置，如图 10-33 所示。其中，"允许"用来为添加到列表中的计算机提供 IP 地址，"拒绝"则拒绝为添加到列表中的计算机提供 IP 地址。

图 10-33　筛选器

1．设置允许规则

如果网络中的客户端数量较少，但又与其他网络连接在一起，为了使 DHCP 服务器为本网络提供 IP 地址服务，而禁止其他网络的计算机获取 IP 地址，就可以设置为只有规则中允许的计算机才能获取 IP 地址。筛选器规则是利用 MAC 地址来识别客户端计算机的，因此需要在筛选器规则中添加 MAC 地址。

（1）在 DHCP 控制台中展开"筛选器"，选择"允许"，右击并选择快捷菜单中的"启用"选项，启用筛选器的"允许"功能。

（2）右击"允许"并选择快捷菜单中的"新建筛选器"选项，弹出如图 10-34 所示的对话框。在"MAC 地址"文本框中输入允许接收 DHCP 服务器的客户端计算机网卡的 MAC 地址，在"描述"文本框中可以输入描述信息，便于区别。

图 10-34　"新建筛选器"对话框

（3）单击"添加"按钮，一个筛选器添加成功。同样的方法可以继续添加其他计算机。完成后单击"关闭"按钮完成添加。

经过这样的设置，只有 MAC 地址添加到"允许"列表中的计算机才能从 DHCP 服务器上获取 IP 地址，没有添加到列表中的计算机将不能获得 IP 地址。

2．设置拒绝筛选器

"拒绝"筛选器的功能与"允许"正好相反，添加到"拒绝"列表中的计算机将不能从 DHCP 服务器获取 IP 地址，没有添加到列表中的计算机则可以从 DHCP 服务器获得 IP 地址。当网络中的个别计算机出现故障时，例如感染了病毒或者木马程序，为了防止其向网络中传播，就可以拒绝其获得 IP 地址，使它无法连接网络。

创建"拒绝"筛选器的步骤与创建"允许"筛选器的步骤相同。右击"拒绝"并选择快捷菜单中的"新建筛选器"选项，弹出"新建筛选器"对话框。输入客户端计算机网卡的 MAC 地址及描述信息即可。

10.3.3　迁移 DHCP 服务器

在网络中，原有的 DHCP 服务器不足以支持网络的需求或者因故障需要更换 DHCP 服务器时，就需要使用 DHCP 服务器的备份还原功能实现 DHCP 服务器的迁移。

在迁移 DHCP 服务器之前，需要先在原来的 DHCP 服务器备份 DHCP 数据。操作步骤如下：

（1）在 DHCP 控制台中选择 DHCP 服务器名称，右击并选择快捷菜单中的"所有任务"→"停止"选项或者运行 net stop dhcpserver 命令停止 DHCP 服务器。

（2）右击 DHCP 服务器名称并选择快捷菜单中的"备份"选项，弹出如图 10-35 所示的"浏览文件夹"对话框，选择保存备份数据的文件夹。

（3）单击"确定"按钮，即将 DHCP 服务器数据备份到了目标文件夹。

在新的 DHCP 服务器上，利用"添加角色向导"安装 DHCP 服务器，不需要配置作用域。

然后打开 DHCP 控制台，右击 DHCP 服务器名称并选择快捷菜单中的"还原"选项，弹出如图 10-36 所示的"浏览文件夹"对话框，选择备份 DHCP 服务器数据的文件夹。单击"确定"按钮，显示需要重新启动服务的提示。

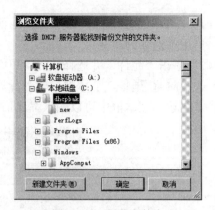

图 10-35　浏览文件夹　　　　　　　　　　　图 10-36　浏览文件夹

单击"是"按钮，即可还原数据并重启 DHCP 服务器。

此时，展开控制台树，可看到原来的 DHCP 服务器上设置的作用域。DHCP 服务器迁移成功。

10.3.4　配置 DHCP 客户端

网络中配置了 DHCP 服务器以后，客户端计算机只要接入网络并设置"自动获取 IP 地址"，即可自动从 DHCP 服务器获取 IP 地址信息，包括 IP 地址、网关、DNS 等，而不需要手动配置。下面以 Windows XP 为例，具体说明客户端的配置步骤。

（1）登录系统后，右击桌面上的"网上邻居"图标，选择快捷菜单中的"属性"选项，打开"网络连接"窗口。

（2）右击"本地连接"图标，选择"属性"选项，在打开的窗口中选择"Internet 协议（TCP/IP）"选项，单击"属性"按钮，弹出如图 10-37 所示的"Internet 协议（TCP/IP）属性"对话框。选择"自动获得 IP 地址"和"自动获得 DNS 服务器地址"单选按钮。

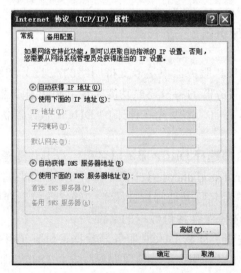

图 10-37　"Internet 协议（TCP/IP）属性"对话框

（3）依次单击"确定"按钮关闭并保存。这样，系统即可自动搜索网络中的 DHCP 服务器并获得 IP 地址。

经过上述配置，客户端就可以从 DHCP 服务器获取 IP 地址。我们可以用以下步骤来查看是否从 DHCP 服务器获取了 IP 地址。

依次单击"开始"→"所有程序"→"附件"→"命令提示符"，打开"命令提示符"窗口。也可以通过在"运行"窗口中输入 cmd 来打开命令提示符窗口。在命令提示符中输入 ipconfig /all 命令，即可看到是否从 DHCP 服务器获取了 IP 地址，如图 10-38 所示。

```
C:\WINDOWS\system32\cmd.exe                                    _ □ ✕

Ethernet adapter 本地连接:

        Connection-specific DNS Suffix  . :
        Description . . . . . . . . . . . : VMware Accelerated AMD PCNet Ad

        Physical Address. . . . . . . . . : 00-0C-29-C3-4B-2F
        Dhcp Enabled. . . . . . . . . . . : Yes
        Autoconfiguration Enabled . . . . : Yes
        IP Address. . . . . . . . . . . . : 192.168.137.30
        Subnet Mask . . . . . . . . . . . : 255.255.255.0
        Default Gateway . . . . . . . . . :
        DHCP Server . . . . . . . . . . . : 192.168.137.2
        Lease Obtained. . . . . . . . . . : 2012年2月1日星期三 21:14:56
        Lease Expires . . . . . . . . . . : 2012年2月9日星期四 21:14:56

C:\Documents and Settings\Administrator>
```

图 10-38　获取的 IP 地址

如果未能从 DHCP 服务器获取有效的 IP 地址，则可以运行 ipconfig/release 命令先释放现有 IP 地址，再运行 ipconfig /renew 命令重新获得 IP 地址。然后再次运行 ipconfig /all 命令查看。

提示：如果客户端是 Windows Vista 或 Windows 7，设置的步骤和界面与 XP 系统稍有不同，如有不明可以查阅相关内容。

本章小结

使用动态 IP 地址分配，可以提高 IP 地址的利用率，方便管理员的维护，方便用户的网络配置。本章介绍了 DHCP 服务的工作原理，介绍了 Windows Server 2008 中安装 DHCP 服务器的方法，以及配置、维护 DHCP 服务器的具体步骤。

习题十

1．什么是 DHCP？引入 DHCP 的好处有哪些？

2．练习安装 DHCP 服务器。如何测试 DHCP 服务器安装是否正确？

3．设将 192.168.33.10～192.168.33.128/255.255.255.0 地址段设定为 DHCP 服务器 IP 作用域，但想将其中的 192.168.33.80～192.168.33.100/255.255.255.0 作为保留 IP 地址，如何设置？

4．如何进行 DHCP 服务器数据备份？

5．如何配置 DHCP 选项，使其可以自动设置客户机环境，如 DNS、网关、WINS 等属性？

6．什么是超级作用域，超级作用域有什么作用？

实训十

题目：配置 Windows Server 2008 DHCP 服务器

内容与要求：

1．在 Windows Server 2008 操作系统中安装 DHCP 服务器。

2．配置与管理 DHCP 服务器：

（1）授权 DHCP 服务器。

（2）添加 IP 作用域。

（3）保留特定 IP 地址。

（4）设置作用域选项。

思考：

1．使用 DHCP 服务器进行动态 IP 地址分配后，还会出现 IP 地址盗用或冲突的问题吗？

2．属于 DHCP 服务器 IP 地址作用域中的 IP 地址，客户机还可以手工配置为本机静态 IP 地址吗？设置好后可以有效地使用吗？

第 11 章　构建 Windows Server 2008 邮件服务器

邮件服务是 Internet 上最广泛的应用之一，在 Windows Server 2008 操作系统中没有内置的邮件服务角色，使用 Microsoft Exchange Server 可以构建企业内部邮件服务器。本章介绍了邮件服务器的安装与配置方法，包括以下内容：

- Exchange Server 2007 的安装
- Exchange 服务器的设置
- 用户邮箱的管理

11.1　Exchange Server 2007 简介

Windows Server 2008 操作系统中没有内置的邮件服务角色，使用 Microsoft Exchange Server 可以构建企业内部邮件服务器。Exchange Server 是个消息与协作系统。简单而言，Exchange Server 可以被用来构架应用于企业、学校的邮件系统，甚至于像 sohu 或 sina 那样的免费邮件系统。

Microsoft Exchange Server 2007 是集电子邮件、日历和统一信息服务于一体的软件。它提供可靠的邮件系统，该系统具备反垃圾邮件和防病毒的内置保护。使用 Exchange Server 2007，整个组织中的用户可以从各种设备在任何位置访问电子邮件、语音邮件、日历和联系人。

为支持改进的管理体验，Exchange Server 2007 引入了 5 种不同的服务器角色，其中每种角色均提供特定的功能。这 5 种服务器角色分别是：客户端访问、边缘传输、中心传输、邮箱和统一消息。这些服务器角色可以全部安装在一台物理服务器上，也可以分布在多台服务器上。

（1）客户端访问服务器角色。

客户端访问服务器角色支持各种不同客户端与 Exchange Server 2007 服务器连接，支持 Microsoft Outlook Web Access 和 Microsoft Exchange ActiveSync 客户端应用程序以及 POP3 和 IMAP4 协议。客户端访问服务器角色还支持一些服务，例如 Autodiscover（自动发现）服务和 Web 服务。每个 Exchange Server 2007 组织都需要客户端访问服务器角色。

（2）边缘传输服务器角色。

在 Exchange Server 2007 中，边缘传输服务器角色在组织的外围网络中作为独立的服务器或基于外围的 Active Directory 域的成员服务器进行部署。边缘传输服务器旨在最小化攻击面，并可处理所有面向 Internet 的邮件流，这样可以为 Exchange 组织提供简单邮件传输协议（SMTP）中继和智能主机服务。运行在边缘传输服务器上的系列代理提供其他的邮件保护和安全层，当邮件传输组件处理邮件时，这一系列代理将作用于这些邮件。这些代理支持的功能可提供病毒和垃圾邮件防范措施，以及应用传输规则来控制邮件流。

（3）中心传输服务器角色。

中心传输服务器角色用于处理组织内的所有邮件流、应用传输规则、应用日记策略以及向收件人的邮箱传递邮件。发送到 Internet 的邮件由中心传输服务器中继到部署在外围网络中的边缘传输服务器角色。从 Internet 接收的邮件在中继到中心传输服务器之前，由边缘传输服务器进行处理。

如果不具有边缘传输服务器，则可以将中心传输服务器配置为直接中继 Internet 邮件。还可以在中心传输服务器上安装和配置边缘传输服务器代理，以便在组织内部提供反垃圾邮件和防病毒保护。

（4）邮箱服务器角色。

邮箱服务器角色托管邮箱数据库，其中包含用户邮箱。如果计划托管用户邮箱、公用文件夹或托管两者，则需要邮箱服务器角色。邮箱服务器角色还通过提供更丰富的日历功能、资源管理以及脱机通讯簿下载来改善信息工作人员的体验。

（5）统一消息服务器角色。

Exchange Server 2007 统一消息服务器将语音邮件、传真和电子邮件组合到一个收件箱中，用户可以通过电话和计算机来访问该收件箱。统一消息使组织中的 Exchange Server 2007 与电话网络集成在一起，并将在统一消息中找到的功能引入 Exchange Server 产品线的核心。

11.2 安装并设置 Exchange 服务器

11.2.1 安装 Exchange Server 2007

计算机提升为域成员服务器之后，安装如下组件后才可以安装 Exchange Server 2007 SP1，这些组件均可在 Windows Server 2008 的"服务器管理器"窗口中安装：

- .NET 框架 2.0 或 3.0
- PowerShell
- 管理控制台 MMC 3.0
- IIS 7.0（根据选择安装的角色不同会需要 IIS 7.0 中的不同组件）

Exchange Server 2007 典型安装的步骤如下：

（1）将 Exchange Server 2007 DVD 插入 DVD 驱动器。如果 Setup.exe 没有自动启动，导航到 DVD 驱动器并双击 Setup.exe（若没有 DVD 光盘，可以去微软的官方网站下载 Exchange Server 2007 的安装程序）。

（2）在"开始"页上完成步骤 1 至步骤 3。依次安装 Microsoft .NET Framework 2.0、Microsoft 管理控制台 3.0 和 Microsoft Windows PowerShell，其中 PowerShell 的安装方法是在命令行模式下输入 servermanagercmd -i powershell。

如果在运行 Exchange 安装程序之前，这些组件已经被安装，则此时步骤 1～3 变为灰色（不可用状态），如图 11-1 所示。

（3）在"开始"页上单击"步骤 4：安装 Microsoft Exchange Server 2007 SP1"，安装程序在本地将安装文件复制到要安装 Exchange Server 2007 的计算机上。

（4）出现 Exchange Server 2007 安装向导中的"简介"对话框，单击"下一步"按钮。

（5）在"许可协议"对话框中，选择"我接受许可协议中的条款"，单击"下一步"按钮。

图 11-1　Exchange 安装界面

（6）在"客户反馈"对话框中，选择相应的选项，然后单击"下一步"按钮。

（7）在"安装类型"对话框中，可以选择"Exchange Server 典型安装"，也可以选择"Exchange Server 自定义安装"。如果要更改 Exchange Server 2007 安装的路径，单击"浏览"按钮，找到文件夹树中的相应文件夹，然后单击"确定"按钮，再单击"下一步"按钮，如图 11-2 所示。

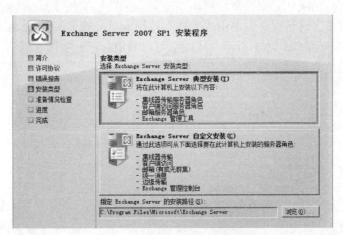

图 11-2　Exchange 安装类型

（8）如果这是组织中的第一台 Exchange Server 2007 服务器，则在"Exchange 组织"对话框中键入 Exchange 组织的名称，如本例中的组织名称为 Henan University of Technology，如图 11-3 所示。

图 11-3　Exchange 组织

（9）在"客户端设置"对话框中单击描述组织中运行 Microsoft Outlook 的客户端计算机的选项。

若组织中存在运行 Outlook 2003 或更早版本的客户端计算机并选择"是"单选按钮，Exchange Server 2007 将在邮箱服务器上创建一个公用文件夹数据库。若选择"否"单选按钮，则 Exchange Server 2007 将不在邮箱服务器上创建公用文件夹数据库，可以稍后再添加公用文件夹数据库，如图 11-4 所示。

图 11-4 "客户端设置"对话框

（10）在"准备情况检查"对话框中，查看状态以确定是否成功完成了组织和服务器角色先决条件检查。若已成功完成检查，单击"安装"按钮以安装 Exchange Server 2007。

（11）在"完成"对话框中，单击"完成"按钮即可完成 Exchange Server 2007 的安装。

安装完成后的界面如图 11-5 所示，从图中可以看出：已经安装了管理工具、集线器传输角色、客户端访问角色和邮箱角色。

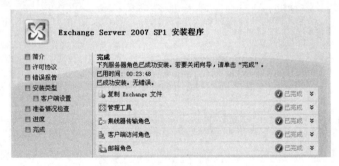

图 11-5 完成安装

11.2.2 配置 Exchange 服务器

Exchange 服务器安装成功后，还需要进行相关的设置才能正常使用。Exchange Server 2007 默认成功安装之后只有接收连接器，没有发送连接器。所以创建的邮箱用户还不能发送邮件，需要管理员在该服务器上创建一个发送连接器，因为只有存在发送连接器之后才可以发送邮件。

创建发送连接器的具体步骤如下：

（1）选择"开始"→"程序"→"Exchange 管理控制台"，打开"Exchange 管理控制台"窗口，点开"组织配置"找到"集线器传输"，然后在右边的操作窗口中单击"新建发送连接器"，弹出"新建 SMTP 发送连接器"对话框，如图 11-6 所示。为发送器指定一个名称，然后单击"下一步"按钮。

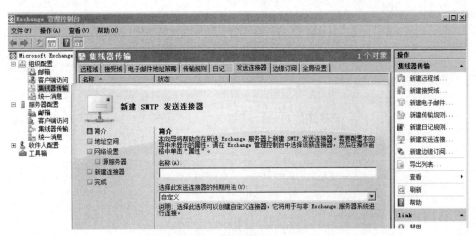

图 11-6　新建发送连接器

（2）弹出如图 11-7 所示的"地址空间"对话框，单击"添加"按钮，在出现的"SMTP 地址空间"对话框中输入类型、地址及开销的值，如图 11-8 所示。通配符共有问号和星号两种。"？"表示一个任意字符，"*"表示任意个任意字符。在此添加"*"，单击"下一步"按钮。

图 11-7　"地址空间"对话框

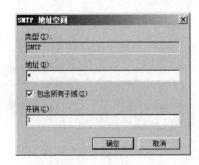

图 11-8　添加地址空间

（3）弹出"网络设置"对话框，在其中选择此连接器发送邮件的方式，保持默认设置即可，单击"下一步"按钮。

（4）弹出如图 11-9 所示的"选择源服务器"对话框，单击"添加"按钮，选择希望添加的源服务器，单击"下一步"按钮。

（5）弹出"新建连接器"对话框，显示了新建的发送连接器的配置摘要，若需要修改，则单击"上一步"按钮返回修改；若不需要修改，单击"新建"按钮。

（6）弹出"完成"对话框，单击"完成"按钮完成发送连接器的创建。

发送连接器创建成功之后，邮箱用户即可收发邮件。

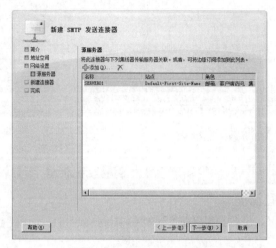

图 11-9　"源服务器"对话框

11.3　用户邮箱管理

在 Exchange Server 2007 中，收件人由邮箱用户、已启用邮件的用户、邮件联系人、通讯组、安全组、动态通讯组和已启用邮件的公用文件夹组成。在 Exchange Server 2007 中，可以在 Exchange 管理控制台和 Exchange 命令行管理程序中执行这些管理任务。

11.3.1　创建用户邮箱

用户邮箱是 Exchange 组织中最常用的收件人类型。用户可以使用邮箱发送和接收邮件，也可以存储邮件、约会、任务、便笺和文档。邮箱是 Exchange 组织中用户的主要邮件传递和协作工具。

创建邮箱主要包括为新用户创建邮箱和为现有用户创建邮箱两类。下面以为新用户创建邮箱为例讲述创建邮箱的方法。

（1）选择"开始"→"程序"→Microsoft Exchange Server 2007→"Exchange 管理控制台"，启动 Exchange 管理控制台，在其中单击"收件人配置"，在操作窗格中单击"新建邮箱"，出现新建邮箱向导，如图 11-10 所示。选择"用户邮箱"，单击"下一步"按钮。

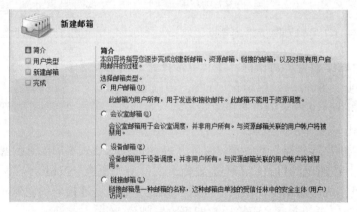

图 11-10　使用 Exchange 系统管理器为用户创建邮箱

（2）弹出如图 11-11 所示的"用户类型"对话框，可以选择"新建用户"，也可以选择要为其新建邮箱的现有用户。由于用户 haut 是一个新用户，并不是活动目录中已经存在的用户，所以选择"新建用户"，再单击"下一步"按钮。

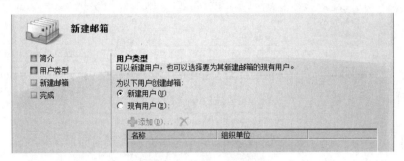

图 11-11　选择用户类型

（3）弹出如图 11-12 所示的"用户信息"对话框，在"用户信息"界面中输入用户的姓、名、登录名称、密码等信息（注意，用户的密码必须符合域策略中对密码的要求），单击"下一步"按钮。

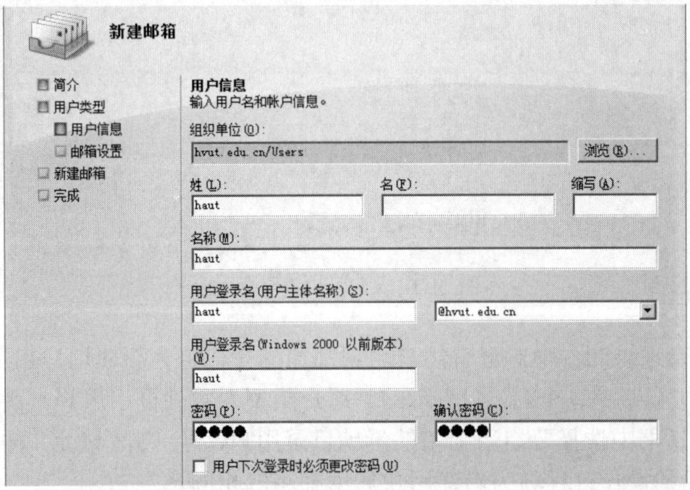

图 11-12　输入用户信息

（4）弹出如图 11-13 所示的"邮箱设置"对话框，输入邮箱用户的别名，然后进行邮箱数据库和策略设置。单击邮箱数据库右侧的"浏览"按钮，弹出"选择邮箱数据库"对话框，显示可用的邮箱数据库列表。如果网络中部署了多个 Exchange 存储组，它们将在此处全部显示。选择目标邮箱数据库，单击"确定"按钮，关闭"选择邮箱数据库"对话框，返回到"邮箱设置"对话框，单击"下一步"按钮。

（5）弹出如图 11-14 所示的"新建邮箱"对话框，复查"配置摘要"中关于收件人的信息，确认无误后单击"新建"按钮。

（6）单击"新建"按钮后，系统将会在活动目录中创建一个名叫 haut 的新用户，并为该用户启用了邮箱，该用户的邮箱地址为 haut@hvut.edu.cn，如图 11-14 所示。

在"完成"对话框中，将生成用于在 Exchange 命令行管理程序中执行的代码，可以复制这些代码，然后在 Exchange 命令行管理程序中执行，也能够实现相同的目的。

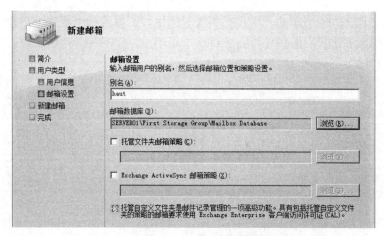

图 11-13　为用户的邮箱选择数据库

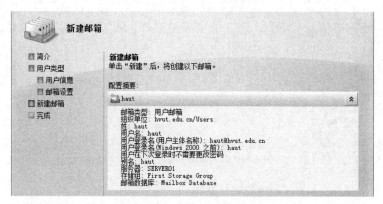

图 11-14　为用户建立邮箱

在 Exchange 管理控制台中对已有用户启用邮箱的操作与为新建用户启用邮箱的操作基本相同，但也有一些区别，在图 11-11 所示的"用户类型"对话框中选择"现有用户"，在弹出的"选择用户"对话框中选择要启用邮箱的活动目录用户，再单击"确定"按钮，然后单击"下一步"按钮，此后的操作过程与为新建用户启用邮箱的相同。

11.3.2　禁用或删除用户邮箱

（1）禁用用户邮箱。

选择"开始"→"程序"→Microsoft Exchange Server 2007→"Exchange 管理控制台"命令，启动 Exchange 管理控制台，在控制台树中展开"收件人配置"，然后单击"邮箱"。在"结果"窗格中，选中要禁用的邮箱用户并右击，在弹出的快捷菜单中选择"禁用"选项即可禁用用户邮箱，如图 11-15 所示。

（2）删除用户邮箱。

删除用户邮箱将会把该用户账户从活动目录中一起删除。使用 Exchange 管理控制台删除邮箱的具体方法如下：选择"开始"→"程序"→Microsoft Exchange Server 2007→"Exchange 管理控制台"命令，启动 Exchange 管理控制台，在控制台树中展开"收件人配置"，然后单击"邮箱"。在"结果"窗格中，选中要删除的邮箱用户并右击，在弹出的快捷菜单中选择"删除"选项，如图 11-16 所示。然后弹出"确认"对话框，如果确实要删除用户邮箱和用户，单击"是"按钮，否则单击"否"按钮。

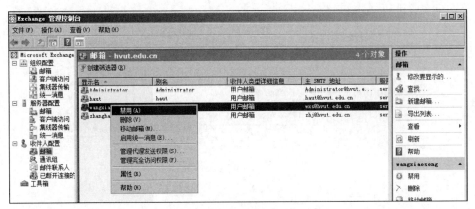

图 11-15　禁用用户邮箱

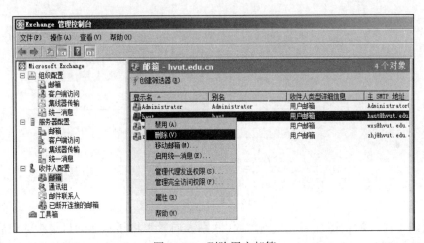

图 11-16　删除用户邮箱

11.3.3　管理邮件联系人

邮件联系人是已启用邮件的活动目录中的目录服务对象，这些对象包含存在于 Exchange 组织外部的人员或组织的相关信息。邮件联系人是表示 Exchange 组织外部、不需要访问任何内部资源的人员的理想方式。

邮件用户与邮件联系人类似，二者都有外部电子邮件地址，都包含有关 Exchange 组织外部的人员信息，并且都可以显示在 GAL（全局地址列表）及其他地址列表中。但是，与邮件联系人不同，邮件用户具有活动目录登录凭据，而且可以访问已授予其权限的资源。如果组织外部的人员需要访问网络中的资源，应为其创建一个邮件用户而不是邮件联系人。

1．新建邮件联系人

使用 Exchange 管理控制台新建邮件联系人的步骤如下：

（1）启动 Exchange 管理控制台。在控制台树中，展开"收件人配置"，然后单击"邮件联系人"。在操作窗格中单击"新建联系人"，此时将出现"新建邮件联系人"向导，如图 11-17 所示，选中"新建联系人"，单击"下一步"按钮。

（2）弹出如图 11-18 所示的"联系人信息"对话框，在"联系人信息"界面中输入邮件联系人所需的账户的信息。

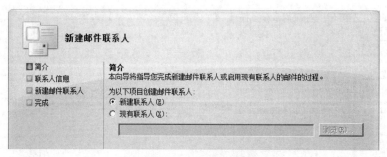

图 11-17 新建邮件联系人

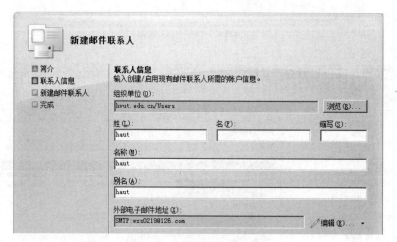

图 11-18 输入联系人信息

- 组织单位：默认情况下，"新建邮件联系人向导"将显示活动目录中的目录服务域中用户容器的路径。若要修改此字段，请单击"浏览"按钮，再选择相应的组织单位（OU）。
- 名：键入联系人的名称。此字段是可选的。
- 缩写：键入联系人的缩写。此字段是可选的。
- 姓：键入联系人的姓氏。此字段是可选的。
- 别名：默认情况下，别名是联系人的名、缩写和姓，使用下划线分隔。可以修改此字段。
- 外部电子邮件地址：若要指定外部电子邮件地址，请执行以下任务之一：
  - ➢ 若要指定简单邮件传输协议（SMTP）电子邮件地址，请单击"编辑"按钮，然后在"电子邮件地址"中键入 SMTP 电子邮件地址。
  - ➢ 若要指定自定义电子邮件地址，请单击"编辑"旁边的箭头，再单击"自定义地址"，然后在"电子邮件地址"中键入电子邮件地址和电子邮件类型。

例如，在"名称"文本框中输入 haut，在"别名"文本框中输入 haut 等信息。然后单击"外部电子邮件地址"右边的"编辑"按钮，在弹出的对话框中输入用户 wxs0219 的电子邮件地址 wxs0219@126.com。输入了联系人的电子邮件地址后，单击"确定"按钮返回到如图 11-18 所示的对话框中，然后单击"下一步"按钮。

（3）在如图 11-19 所示的对话框中列出了邮件联系人的配置摘要。根据配置摘要复查联系人信息，如果没有错误单击"新建"按钮新建联系人，在"完成"对话框中单击"完成"按钮即可完成联系人的创建。

图 11-19　复查联系人信息

若要查看已经创建的邮件联系人，可以打开 Exchange 管理控制台，展开"收件人配置"，然后单击"邮件联系人"，在右侧的操作窗格中列出了已经创建的邮件联系人，如图 11-20 所示。

图 11-20　邮件联系人列表

2. 禁用邮件联系人的电子邮件

使用 Exchange 管理控制台禁用联系人的电子邮件的方法如下：启动 Exchange 管理控制台，在控制台树中展开"收件人配置"，然后单击"邮件联系人"。在结果窗格中，选择要禁用的邮件联系人并右击，在弹出的快捷菜单中选择"禁用"选项，如图 11-21 所示。在询问是否确定要禁用该邮件联系人的电子邮件时请单击"是"按钮。

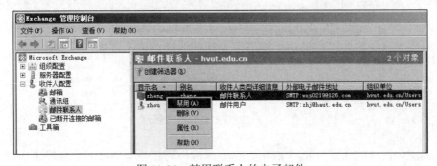

图 11-21　禁用联系人的电子邮件

3. 删除邮件联系人

使用 Exchange 管理控制台删除联系人的方法如下：启动 Exchange 管理控制台，在控制台树中展开"收件人配置"，然后单击"邮件联系人"。在结果窗格中，右击要删除的邮件联系人，在弹出的快捷菜单中选择"删除"选项，如图 11-22 所示。在询问是否确定要删除该邮件联系人的警告中单击"是"按钮。需要注意的是，删除联系人会把该联系人从活动目录中删除。

图 11-22　删除联系人

11.3.4　设置默认用户邮箱大小

在 Exchange 邮件服务器中，管理员可以设置"默认"用户邮箱大小，也可以单独设置用户的邮箱大小。具体操作步骤如下：

（1）打开"Exchange 管理控制台"窗口，选择"服务器配置"→"邮箱"，在"数据库管理"选项卡中选择 First Storage Group（第一个存储组）选项。右击 Mailbox Database（邮箱数据库）选项，在弹出的快捷菜单中选择"属性"选项，如图 11-23 所示。

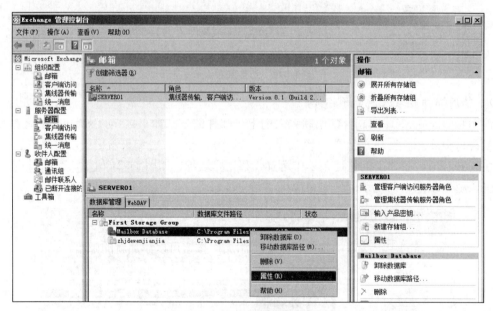

图 11-23　展开邮箱数据库属性

（2）弹出如图 11-24 所示的"邮箱数据库属性"对话框，单击"限制"选项卡，在其中设置"存储限制"和"删除限制"。

"存储限制"可选择如下 3 个选项：

● 达到该限度时发出警告：当用户的邮箱空间达到后面文本框中设置的大小时，就会收到管理员发来的警告邮件，但此时用户依然可以收发邮件。

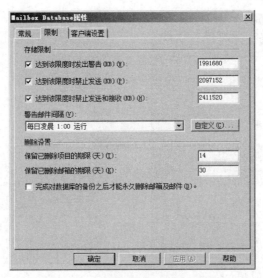

图 11-24 "邮箱数据库属性"对话框

- 达到该限度时禁止发送：当用户的邮箱空间达到后面文本框中设置的大小时，将禁止发送邮件，但此时可以接收邮件。
- 达到该限度时禁止发送和接收：当用户的邮箱空间达到后面文本框中设置的大小时，不能收发邮件，只能删除无用邮件，降低使用的空间后才能继续使用邮箱。

通常情况下，这 3 个值是递增的。在"警告邮件间隔"列表中选择对超过警告空间的用户发送邮件的时间，通常选择网络使用率低的时候发送，例如每天凌晨 1:00。

11.3.5 配置邮件参数

用户的邮件参数可以在多个位置配置，优先级最高的是域用户邮件属性中的配置信息，如果其他位置的电子邮件参数和邮件属性冲突，则以邮件属性为准。

配置单个邮件参数的具体步骤如下：

（1）打开"Exchange 管理控制台"窗口，选择"收件人配置"→"邮箱"选项，右击已经创建的用户邮箱，在弹出的快捷菜单中选择"属性"命令。

（2）弹出如图 11-25 所示的用户 haut 的属性对话框，"常规"选项卡中显示了用户名、别名等常规信息，"成员属于"选项卡中显示了选择的用户隶属的通讯组，"电子邮件地址"选项卡中显示了选择的用户关联的邮箱，单击"添加"按钮可以添加新的邮箱。

（3）单击"邮箱设置"选项卡，选择"存储配额"选项，如图 11-26 所示。单击"属性"按钮，弹出如图 11-27 所示的"存储配额"对话框。管理员可以根据需要设置用户邮箱的限制条件。"存储配额"的限制和 11.3.4 节中谈到的"存储限制"一样，区别是前者是对单个邮箱的限制，而后者是对所有邮箱的限制。当用户删除邮件后，默认在 14 天后才真正删除已经标识为删除状态的邮件。单击"确定"按钮，关闭"存储配额"对话框。

（4）单击"邮件流设置"选项卡，如图 11-28 所示。选择"邮件大小限制"选项，单击"属性"按钮，在此对话框中设置用户发送和接收邮件的大小，如图 11-29 所示；选择"邮件传递限制"选项，单击"属性"按钮，在此对话框中设置用户接收和拒绝的邮箱列表，如图 11-30 所示。

图 11-25　用户属性对话框

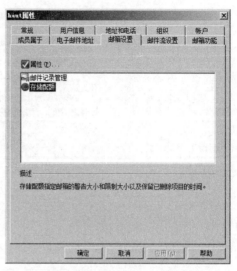

图 11-26　"邮箱设置"选项卡

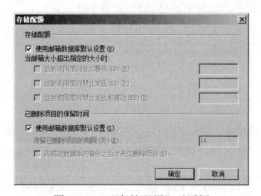

图 11-27　"存储配额"对话框

图 11-28　"邮件流设置"选项卡

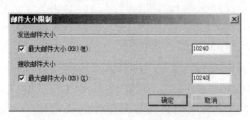

图 11-29　"邮件大小限制"对话框

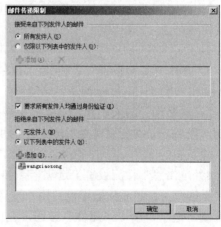

图 11-30　"邮件传递限制"对话框

（5）单击"确定"按钮，完成用户邮箱的设置。

11.4　客户端测试

Exchange Server 2007 中的 Office Outlook Web Access 使用户可以从大多数 Internet 浏览器读取和管理 Exchange Server 2007、Exchange Server 2003 和 Exchange Server 2000 邮箱的内容。可以使用 IIS 管理器管理默认的 URL，使用户更加轻松安全地连接到 Outlook Web Access。

Exchange Server 2007 服务器上邮箱默认 OWA URL 为 https://<servername>/owa。若在服务器上关闭了 SSL 功能，则 URL 为 http://<servername>/owa。

从客户端计算机上启动 IE，在"地址"栏中输入 http://172.18.67.217/owa 并回车，出现 OWA 登录界面，输入用户名和密码，如图 11-31 所示。然后单击"登录"按钮，即可登录到邮箱，如图 11-32 所示。

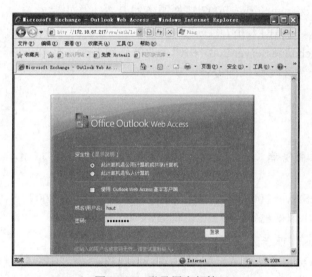

图 11-31　登录用户邮箱

图 11-32　成功登录后的 OWA 界面

本章介绍了使用 Microsoft Exchange Server 2007 在 Windows Server 2008 中配置邮件服务器的方法与过程，主要包括 Microsoft Exchange Server 2007 的安装与配置、用户邮箱和邮件联系人的管理、用户邮箱的属性设置、客户端的登录等。

1．使用 Exchange Server 2007 如何构建邮件服务器？该服务器如何实现用户管理？

2．如何创建用户邮箱？

3．如何对用户邮箱的属性进行设置？

4．如何测试 Exchange Server 2007 邮件服务器是否工作正常？

5．如何设置默认邮箱的大小？

6．如果采用 Exchange Server 2007 构建企业邮件服务器，并且可以与 Internet 上的其他邮件服务器交换邮件，需要哪些基础设置？

题目：安装邮件服务器

内容与要求：

1．为 Windows Server 2008 安装 Microsoft Exchange Server 2007。

2．创建两个客户邮件邮箱。

3．为邮箱创建邮件联系人。

4．采用 Office Outlook Web Access 作为客户端软件，测试邮件服务器工作是否正常。

思考：如果想使用域名访问邮件服务器，需要配置什么环境？

第 12 章 远程管理与终端服务

Windows Server 2008 提供了终端服务，通过终端服务可以远程访问 Windows 桌面。Windows Server 2008 终端服务又分为管理远程桌面和远程应用程序两种模式，前者用于实现计算机的远程管理，后者可以在网络上架设应用服务器，实现应用系统的统一部署。本章将介绍终端服务器安装、终端服务配置和客户端访问终端服务的应用程序的安装与配置等内容，包括以下内容：

- 终端服务的基本概念
- 管理远程桌面
- 终端服务配置
- 发布应用程序和生成 RDP 文件

12.1 终端服务概述

终端服务是指通过特定软件授权远程访问 Windows 桌面，该软件允许客户端计算机作为终端模拟器远程访问终端服务器。终端服务把远程服务器的用户界面传送到客户端，客户端返回键盘和鼠标动作，由服务器处理。终端服务客户端软件支持异构终端硬件设备，包括个人计算机和基于 Windows 的终端，以及其他如 Macintosh 计算机或基于 UNIX 工作站等设备，也可以使用其他第三方的软件连接到运行终端服务的服务器上。

终端服务器提供一种分发 Windows 程序的有效方法，使用终端服务器，允许多个用户同时访问运行 Windows Server 2008 的服务器桌面，用户可以在终端服务器上运行应用程序、保存文件和使用网络资源，就像使用本地计算机一样。像 UNIX 常用的终端系统一样，用户以终端模式（无论是标准计算机还是 Windows 终端）执行终端服务器上的应用系统，在终端服务器上存储、操作文件。在终端服务器中部署一个应用程序之后，允许网络上的多个客户连接终端服务器，运行管理服务器上的应用程序和数据。终端服务器模式要求客户许可协议，每台客户计算机必须有终端服务客户访问许可协议（Terminal Server Client Access License）以及 Windows 客户访问许可协议。

管理远程桌面是提供访问远程运行 Windows Server 2008 计算机桌面的另一种方法，使用此功能，方便系统管理员远程管理服务器。管理远程桌面以远程桌面协议（RDP）为基础，允许管理员从网络上的另一台计算机上管理服务器的文件、打印共享和编辑注册表，如同在本地执行操作。终端服务最多允许两个并发的远程管理连接，连接不要求额外的许可协议，也不需要许可协议服务器（License Server）模式。在安装 Windows Server 2008 时，默认安装了管理远程桌面模式，即启用该模式无须安装其他组件。

终端服务具有以下优点：

（1）对服务器或设备的远程管理和操作。

（2）允许非基于 Windows 的设备使用 32 位的基于 Windows 的应用程序，例如使用 Windows 早期的版本、基于 Windows 的终端（Windows CE 设备）、UNIX 终端、Macintosh 等。

（3）终端服务客户只需最小磁盘空间、内存和配置。

（4）简化对远程计算机和分公司办公室环境的支持。

（5）提供集中的安全和管理。使用运行在 Windows Server 2008 上的终端服务，所有程序的执行、数据的处理以及数据的存储都在服务器上运行。集中配置应用程序，确保终端服务客户机访问一致版本的应用程序。软件只在服务器上安装一次，不需要给每个客户安装，这样可以减少单独配置软件的成本。

（6）终端服务扩展了分布式计算机模型，允许计算机同时作为瘦客户机和具有完整功能的个人计算机使用。

（7）共享剪贴板。在 Windows Server 2008 操作系统上，终端服务提供了流畅的剪贴板共享功能。剪贴板内容对用户计算机上的本地应用程序是可用的，对终端服务会话中的程序也是可用的。例如，可以从会话中的文档复制文本，并粘贴到本地计算机上的文档中。但需要注意，不能复制和粘贴文件或文件夹。共享的剪贴板中只能为文本或图形数据。

Windows Server 2008 终端服务器继承以前版本操作系统中终端服务的优点，同时提供虚拟化功能，因此 Windows Server 2008 的终端服务器被称为"界面虚拟化"服务器。界面虚拟化的最大特点是在服务器端运行应用软件，客户端计算机只是在屏幕上显示更新内容，并允许通过键盘和鼠标交互。

Windows Server 2008 包括两种类型的虚拟技术：

- 虚拟服务器桌面，也就是传统的终端服务，客户端直接访问服务器桌面，访问模式包括 C/S 方式和 Web 方式。
- 通过终端服务定制的虚拟应用程序，客户端计算机上通过 RDP 链接文件或者 Web 访问方式访问终端服务器授权访问的应用程序。

12.2　管理远程桌面

当某台计算机开启了远程桌面连接功能后，用户就可以在网络的另一端控制这台计算机，并且可以实时地操作这台计算机，在上面安装软件、运行程序，所有的一切都好像是直接在该计算机上操作一样。网络管理员通过远程桌面功能可以在家中安全地控制单位的服务器，而且由于该功能是系统内置的，所以与其他第三方远程控制工具相比，使用起来更方便、更灵活。

12.2.1　服务器配置管理远程桌面终端服务

管理远程桌面终端服务为 Windows Server 2008 系统的默认安装。配置此服务，运行"控制面板"→"系统"，选择"远程"选项卡，选择"远程桌面"选项中的"允许运行任意版本远程桌面的计算机连接"复选框，如图 12-1 所示。

单击"确定"按钮后，出现如图 12-2 所示的"远程桌面防火墙例外将被启用"的提示，单击"确定"按钮，允许用户远程管理该服务器。

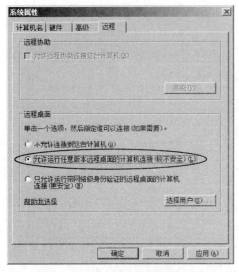

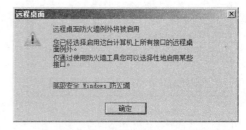

图 12-1　用于管理的远程桌面　　　　　　图 12-2　远程桌面防火墙提示

12.2.2　客户远程管理服务器

选择"开始"→"程序"→"附件"→"远程桌面连接"命令启动"远程桌面连接"应用程序,出现如图 12-3 所示的对话框,单击"选项"按钮,展开"远程桌面连接"详细设置对话框,如图 12-4 所示。选择"常规"选项卡,填写远程终端服务器的计算机名称或 IP 地址,输入远程连接的用户名,单击"连接"按钮。

图 12-3　"远程桌面连接"对话框

对"远程桌面连接"属性的进一步设置如图 12-5 所示,选择"显示"选项卡,可以设置远程桌面的分辨率和颜色,若连接后希望远程桌面在自己的计算机上全屏显示,不必设置此处的分辨率,若用户希望在实施远程桌面管理的同时操作本机的桌面,建议远程桌面分辨率设置小于本地计算机桌面,这样远程桌面可以浮在本地桌面之上。为了避免远程桌面在"远程桌面连接"窗口中滚动,提供终端服务的服务器分辨率最好与图 12-5 所示的"远程桌面大小"属性设置相同。如本机桌面分辨率设为 1440×900,本机远程桌面连接窗口分辨率设为 1024×768,终端服务器分辨率也应设为 1024×768。

在"高级"选项卡上,可以设置连接速度(如选择 LAN 连接)、位图缓存等性能参数。单击"连接"按钮之后出现要求输入密码的界面,输入对应的密码后回车。通过用户验证后,客户端正常连接远程终端服务器,如图 12-6 所示。

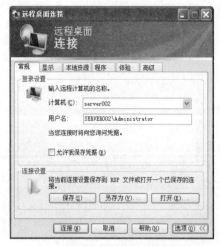

图 12-4 远程桌面连接常规设置

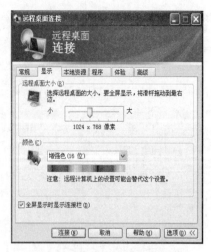

图 12-5 远程桌面连接显示设置

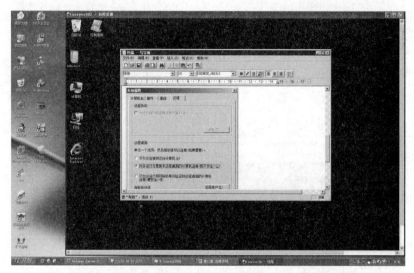

图 12-6 远程桌面管理

通过远程桌面连接程序可以访问终端服务器的应用程序，对终端服务器实施管理（当然用户需要相应的权限），对于以 administrator 身份或超级管理员组用户身份登录的用户，对远程服务器（终端服务器）具有完全的管理权限。对于普通用户，必须设置允许远程连接才能实现远程桌面连接，具体设置参见 12.4 节。

12.3 终端服务器的安装与配置

12.3.1 安装终端服务

终端服务器可授权客户端计算机访问服务器上运行的、基于 Windows 的应用程序，并支持服务器上的多个客户端会话。

当终端服务器作为应用程序服务器时，原来在服务器上已经安装的程序可能无法运行。因此，建议初始安装操作系统之后添加终端服务，之后再安装应用程序。管理员应根据实际需要把终端服务器和客户机添加到同一个权限组中，使其具备执行界面虚拟化提供的应用程序的权限。

　　Windows Server 2008 安装完成后，默认没有安装终端服务。在安装终端服务的过程中，如果没有安装 IIS 服务，系统将自动安装 IIS 服务，同时需要设置具备访问终端服务的组。具体步骤如下：

　　（1）选择"开始"→"管理工具"→"服务器管理"选项，在出现的"服务器管理"窗口中选择"角色"选项，在出现的"角色"窗口中单击"添加角色"超链接，启动添加角色向导，弹出"开始之前"对话框，单击"下一步"按钮，出现如图 12-7 所示的"选择服务器角色"对话框，在其中选择"终端服务"选项，单击"下一步"按钮。

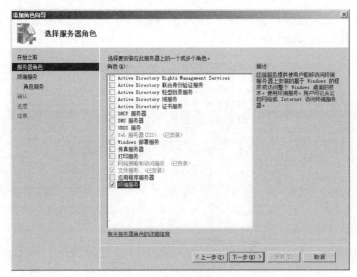

图 12-7　"选择服务器角色"对话框

　　（2）在"终端服务"对话框中说明了终端服务的简介及注意事项，浏览之后即可单击"下一步"按钮。

　　（3）弹出"选择角色服务"对话框，选择为终端服务安装的角色服务，这里需要选择的有"终端服务器"、"TS 网关"、"TS Web 访问"服务，如图 12-8 所示，单击"下一步"按钮。

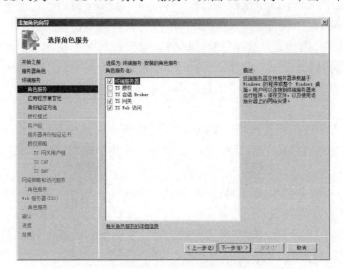

图 12-8　"选择角色服务"对话框

（4）弹出"应用程序兼容性"对话框，其中给出了如下提示：如果在已经安装了应用程序的计算机上安装终端服务器，某些现有的应用程序可能无法在多用户环境下正常运行。建议在安装任何用户可用的应用程序之前安装终端服务器。单击"下一步"按钮。

（5）弹出如图 12-9 所示的"指定终端服务器的身份验证方法"对话框，在其中需要指定是否要求使用网络级身份验证。网络级的身份验证是一种新的身份验证方法，当客户端连接到终端服务器时，它通过在连接进程中早期提供身份验证的方法来增强安全性。网络级的身份验证在远程桌面与终端服务器之间建立完全的连接之前，就进行了用户身份验证。可以根据具体的安全需要选择是否需要网络级身份验证。单击"下一步"按钮。

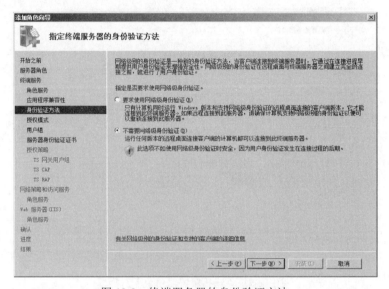

图 12-9　终端服务器的身份验证方法

（6）在"指定授权模式"对话框中，可以根据具体的需要选择该终端服务器使用的终端服务授权模式为每设备、每用户或以后配置。单击"下一步"按钮。

（7）弹出"选择允许访问此终端服务器的用户组"对话框，在其中添加可以连接到此终端服务器的用户或用户组，默认情况下已添加 Administrators 组。单击"下一步"按钮。

（8）弹出如图 12-10 所示的"选择 SSL 加密的服务器身份验证证书"对话框，在其中选择一个适用于 SSL 加密的服务器身份验证证书。如果网络中存在证书颁发机构的话，可以选择"为 SSL 加密选择现有证书"选项；"为 SSL 加密创建自签名证书"适用于小规模部署或测试方案；如果计划向证书颁发机构申请证书并稍后导入该证书，则选择"稍后为 SSL 加密选择证书"选项。单击"下一步"按钮。

（9）终端服务的连接授权策略（TS CAP）允许指定可连接到此 TS 网关服务器的用户。在"为 TS 网关创建授权策略"对话框中可以选择"现在"或"以后"选项。单击"下一步"按钮。

（10）安装终端服务需要安装 Web 服务器（IIS），在"角色服务"列表中默认选择需要的功能。单击"下一步"按钮。

（11）弹出如图 12-11 所示的"确认安装选择"对话框，在其中显示了要安装的终端服务的角色或功能，若需要修改，则单击"上一步"按钮返回进行修改。若不需要修改，则单击"安装"按钮，开始安装选择的服务。

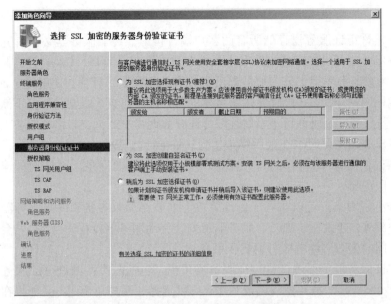

图 12-10　为 SSL 加密选择证书

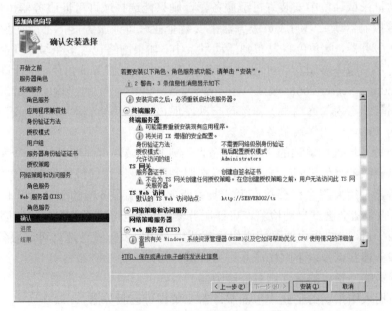

图 12-11　"确认安装选择"对话框

安装完成后需要重新启动服务器，重启后系统自动启动配置向导，继续执行安装过程，安装完成后显示"安装结果"对话框，单击"确定"按钮。

终端服务器安装完成后，管理员可以在"服务器管理器"中查看安装的结果，通过分析在安装过程中产生的事件来确认服务的运行状态，以及是否处于运行状态。

12.3.2　终端服务器授权

客户端登录终端服务器，必须具有有效的许可证，通过安装终端服务器授权能够注册和跟踪终端服务器客户端的许可证。安装终端服务器授权的服务器成为终端服务器许可证服务器角色。

终端服务器许可证服务器存储所有的客户端许可证。终端服务器必须首先连接到已激活的许可证服务器，才可以向客户端颁发永久性客户端访问许可证（CAL）。当激活许可证服务器时，微软会为该服务器提供证实服务器所有权和标识的数字证书。使用这个证书，许可证服务器可以与微软网站连接，并接收终端服务器的客户端许可证。如果安装但不激活许可证服务器，则该服务器只颁发临时许可证，临时许可证有效期为 120 天，即终端服务器将在未经授权的客户端自首次登录之日起 120 天后停止接受它们的连接请求。

当然，如果使用管理远程桌面，允许两个远程连接同时登录。对于这种连接，无需终端服务器许可证服务器。

对于部署小型网络，可以在同一台计算机上安装终端服务器和终端服务器授权。但是，对于较大型的部署，建议在单独一台服务器上安装终端服务器授权。当然，一台终端服务器许可证服务器可同时为多台终端服务器提供服务。

安装许可证服务器需要确认许可证服务器角色，包括两类：域许可证服务器和企业许可证服务器。在安装终端服务器授权的过程中，可以选择这两种角色之一。如果在活动目录域环境中安装许可证服务器，则可以选择企业许可证服务器角色或域许可证服务器角色。如果在工作组或非活动目录域环境中安装许可证服务器，则只能选择域许可证服务器角色。

只能在域控制器或域中的成员服务器上安装企业许可证服务器，不能在独立服务器上安装企业许可证服务器，此角色将发布到活动目录中。如果网络包含多个域，且希望许可证服务器可向跨域的终端服务器颁发许可证，则应选择企业许可证服务器角色。企业许可证服务器可以服务于 Windows Server 2008 域或 Windows Server 2003 域上的终端服务器。与企业许可证服务器位于同一站点内的终端服务器都可自动发现该许可证服务器。默认情况下，企业许可证服务器只为同一站点内的终端服务器服务。

如果要为每个域维护单独的许可证服务器，则选择域许可证服务器比较适合。仅当终端服务器与许可证服务器处于同一域中时，终端服务器才可以访问域许可证服务器。

终端服务器使用发现进程查找许可证服务器。当终端服务器的服务启动时，发现进程开始工作。终端服务器会尝试自动检测许可证服务器，当然也可以显式指定终端服务器要连接的首选许可证服务器，显式指定通过定义组策略或修改注册表配置首选许可证服务器。在发现进程中，终端服务器尝试按以下顺序联系许可证服务器：

- 在组策略中指定的首选许可证服务器
- 在注册表中指定的企业许可证服务器或域许可证服务器
- 在活动目录中指定的企业许可证服务器
- 域许可证服务器

在 Windows Server 2008 中，可以在注册表中指定多个许可证服务器，相关信息位于注册表 HKEY_LOCAL_MACHINE\SYSTEM\CurrentControlSet\Services\TermService\Parameters 下，表项为 LicenseServers。

如果安装企业许可证服务器，与企业许可证服务器位于同一站点内的任何终端服务器都可自动发现该许可证服务器，不必指定首选许可证服务器。默认情况下，企业许可证服务器只为同一站点内的终端服务器服务。

如果要安装域许可证服务器，则该许可证服务器应安装在域控制器内才能被终端服务器自动发现。如果安装在成员服务器上，则终端服务器上必须指定首选许可证服务器。如果域许可证服务器在工作组内，则它只能被位于同一子网内的终端服务器自动发现。

12.3.3　终端服务器配置

在 Windows Server 2008 操作系统中，为远程桌面协议（RDP）配置了连接。该连接为客户端提供了登录到服务器的能力，并访问管理远程桌面或终端服务器。

运行"管理工具"组中的"终端服务配置"应用程序，或直接运行 Tscc.msc，打开如图 12-12 所示的终端服务配置管理控制台。在控制台上，可以对终端服务器进行配置，如更改本地计算机上的连接属性或添加新连接等。

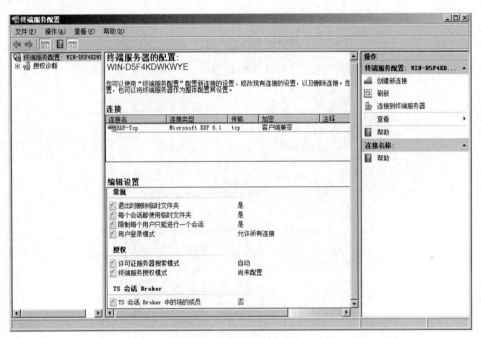

图 12-12　终端服务配置

1. 终端服务器属性配置

在"终端服务配置"管理控制台上，可以更改所有连接到终端服务器的设定，选择控制台中的"编辑设置"选项，包括 7 项内容，如图 12-12 所示。

（1）退出时删除临时文件夹：当配置属性为"是"时，用户离开时自动删除在终端服务器上建立的所有临时文件夹，预设为"是"。

（2）每个会话都使用临时文件夹：当启用该设置项时，每个连接都能得到自己的临时文件夹，否则将共用公共的临时文件夹，预设为"是"。

（3）授权：可以选择"每设备"或"每用户"。当选择"每设备"时，要求为连接到终端服务器的每个客户端计算机（设备）颁发一个许可证；当选择"每用户"时，要求为连接到终端服务器的每个用户颁发一个许可证，默认为"每设备"。

（4）Active Desktop：当启用该设置项时，用户连接将被允许使用活动桌面 Active Desktop。一般来说应该禁止此选项，以减小终端服务连接时所需的带宽和资源。

（5）权限兼容性：在前面安装终端服务的时候，如图 12-10 所示，出现过这一配置选项，一些应用程序需要有特殊的权限，比如对注册表的访问和对系统目录的访问，这里可以在"完整安全模式"和"宽松安全模式"间切换。

（6）限制每个用户使用一个会话：为了节省终端服务器的资源，并且简化中断会话的重新连接，可以限制每个用户只能使用一个会话。

（7）会话目录：如果安装并配置了群集服务，需要启用这一选项，以便为用户提供更好的性能，默认是"禁用"。

2. 连接属性配置

在"终端服务配置"控制台上可以更改连接属性。连接协议的多数属性是客户端控制的，但是也可以设定服务器忽略客户端设置。设定 RDP 连接属性，在如图 12-12 所示的窗口中选择窗口中间的"连接"选项，双击 RDP-Tcp 选项，弹出如图 12-13 所示的对话框。

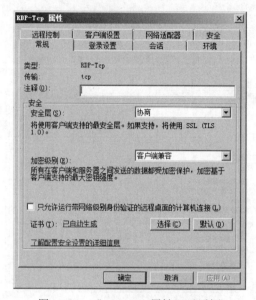

图 12-13　"RDP-Tcp 属性"对话框

（1）"常规"属性。

设置加密级别和是否使用 Windows 验证，加密级别代表设置安全性的高低。

- 低：从客户端发送到服务器的所有数据采用 56 位密钥长度的加密保护。
- 客户端兼容：根据客户端的支持确定加密使用的最长密钥长度。
- 高：根据服务器端的支持确定加密使用的最长密钥长度，不支持这个加密级别的客户端无法连接。
- 符合 FISP 标准：所有客户端和服务器端发送的数据都受联邦信息处理标准 140-1 加密方法的保护。
- 使用标准 Windows 验证：启用该选项则使用 Windows 的验证替换上述加密功能。

（2）"登录设置"属性。

- 使用客户端提供的登录信息：选择该项则由客户端决定登录用户的信息。
- 总是使用下列登录信息：选择该项，所有客户端的登录信息都使用同一个连接信息。
- 总是提示密码：未选择此项，则客户端可使用缓存记忆中的密码。

（3）"会话"属性。设置终端服务项超时时间和是否重新连接。

（4）"环境"属性。设置是否替换用户配置文件和远程桌面连接或终端服务客户端的设置，并且指定客户端登录时启动的程序和开始位置。

（5）"远程控制"属性。

● 使用包含默认用户设置的远程控制：远程控制的设定根据用户账号设定。

● 不允许远程控制：所有到服务器上的远程控制会话都被停用。

● 使用具有下列设置的远程控制：自定义是否需要用户权限和定义控制权限。

（6）"客户端设置"属性。如图 12-14 所示，具体配置选项如下：

● 定义色彩深度最大值：选较低色深可减小网络带宽占用，从而可以加速终端桌面的响应。

● 禁止的项目包括：磁盘驱动映射、Windows 打印机映射等。

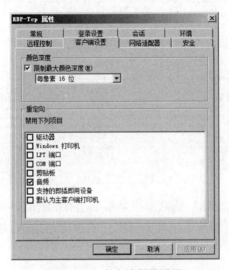

图 12-14　客户端属性设置

（7）"网络适配器"属性。设置最多的连接数，并且可以选择要使用的网络适配器（即网卡）。

（8）"安全"属性。设置各种用户组在使用终端服务时的权限。

12.3.4　终端服务管理器

Windows Server 2008 "管理工具"中有"终端服务管理器"管理控制台，用于管理和监视网络中运行终端服务的任何服务器上的用户、会话及进程。主要有如下功能：

● 显示有关服务器的用户、会话和进程的信息。

● 连接和断开会话。

● 监视和复位会话。

● 向用户发送消息。

● 注销用户。

● 终止进程。

选择"开始"→"管理工具"→"终端服务管理器"运行终端服务管理控制台程序，打开如图 12-15 所示的窗口。

在"终端服务管理器"左侧窗格中，选择一个连接到终端服务器的连接，在右侧选择"进程"选项卡，可以查看此连接正在运行的进程，如图 12-16 所示。

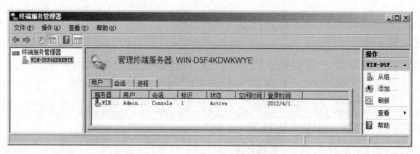

图 12-15　终端服务管理器窗口

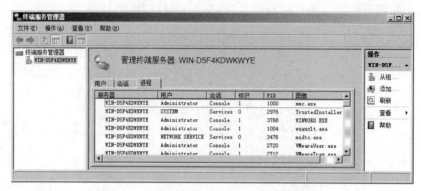

图 12-16　终端服务管理器的"进程"选项卡

在如图 12-17 所示的"会话"选项卡中显示了已有的会话连接，右击窗口中的一个连接，选择"断开"选项，可以从终端服务器端断开用户的远程连接。在快捷菜单中选择"发送消息"，可以向连接用户发送消息。

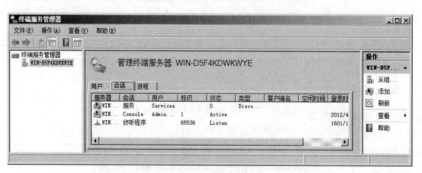

图 12-17　终端服务管理器的"会话"选项卡

12.4　发布应用程序和创建 RDP 文件

在客户端/服务器网络体系中，如果客户端需要使用相同的应用程序，比如都要使用相同版本的邮件客户端、办公软件等，而客户端部署的操作系统又不尽相同，如 Windows 2000、Windows XP、Windows Vista 等，这时如果网络规模很大，分别向这些客户端部署相同版本的应用软件是件让管理员非常头痛的事情，需要大量重复的工作而且需要考虑软件版本的兼容性问题。这时候如果采用终端服务可以很好地解决这个问题，客户端需要使用的应用软件只需在终端服务器上部署一次，无论客户端安装什么版本的操作系统，都可以连接到终端服务器使用特定版本的应用软件。

12.4.1 发布应用程序

发布应用程序的意义在于，授权用户访问安装在终端服务器上的应用程序，客户端执行发布的应用程序时，应用程序在终端服务器上运行，客户端计算机仅显示更新内容，以及通过键盘和鼠标与终端服务器的交互信息。

使用"TS RemoteApp 管理器"发布应用程序之前，需要将应用程序安装到终端服务器，"TS RemoteApp 管理器"提供"TS RemoteApp 向导"，协助管理员完成应用程序的发布，向导自动识别已经安装的应用程序，管理员直接选择需要发布的应用程序即可。具体步骤如下：

（1）选择"开始"→"程序"→"管理工具"→"TS RemoteApp 管理器"选项，显示如图 12-18 所示的"TS RemoteApp 管理器"窗口。在右侧的操作命令中选择"添加 RemoteApp 程序"命令。

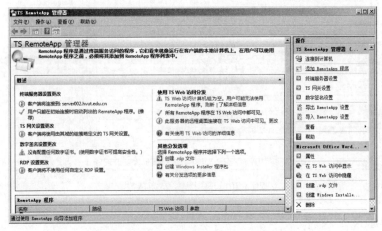

图 12-18 添加 RemoteApp 程序

（2）弹出"欢迎使用 RemoteApp 向导"对话框，单击"下一步"按钮。

（3）弹出如图 12-19 所示的"选择要添加到 RemoteApp 程序列表的程序"对话框，在"名称"列表中选择需要发布的目标应用程序（注意，要发布的程序必须已经安装在服务器中），例如要发布 Microsoft Office Word 2003 程序，选择 Microsoft Office Word 2003 左侧的复选框。单击"下一步"按钮。

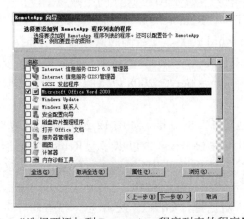

图 12-19 "选择要添加到 RemoteApp 程序列表的程序"对话框

（4）弹出"复查设置"对话框，显示需要发布的应用程序的相关内容。若需要修改，则单击"上一步"按钮返回修改；若不需要修改，则单击"完成"按钮，完成应用程序发布的设置。

应用程序发布成功之后可以在"TS RemoteApp 管理器"窗口中部的"RemoteApp 程序"区域的名称列表中显示，如图 12-20 所示，已经发布的应用程序有 Adobe Photoshop 7.0、Microsoft Office Word 2003、画图。

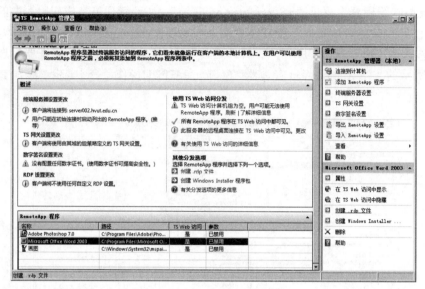

图 12-20　应用程序发布成功

12.4.2　创建 RDP 文件

在 RemoteApp 服务器上发布了 Microsoft Office Word 2003 应用程序之后，接下来要考虑的是如何让客户端用户能够访问到这些应用程序。可以为发布的程序生成 RDP 文件，然后利用 RDP 文件在客户机上完成部署工作。

在 RemoteApp 服务器上为应用程序创建了相应的 RDP 文件后，可以通过电子邮件或共享文件夹发布到用户的客户机上。用户只要双击 RDP 文件，输入自己的身份凭证，就可以连接到远程服务器上执行应用程序了。创建 RDP 文件的步骤如下：

（1）打开终端服务器上的"RemoteApp 管理器"，如图 12-20 所示，在 RemoteApp 程序列表中选中 Microsoft Office Word 2003，在右侧的操作命令中选择"创建.rdp 文件"。

（2）出现"欢迎使用 RemoteApp"向导对话框，向导提示需要以管理员身份登录，而且服务器的操作系统需要是 Windows Server 2008 以上版本。确保实验环境满足上述条件后单击"下一步"按钮。

（3）弹出"指定程序包位置"对话框，如图 12-21 所示，可以对生成的 RDP 文件进行参数设置。可以设置 RDP 文件的保存路径，也可以修改 RemoteApp 服务器的服务端口，如果认为默认的 3389 端口不够安全，还可以对 RD 网关进行配置，指定文件签名所使用的证书。本例中保持默认参数不变，单击"下一步"按钮。

（4）弹出"复查设置"对话框，如图 12-22 所示，检查向导中的摘要信息正确无误后单击"完成"按钮，就可以在指定目录下生成 RDP 文件了。

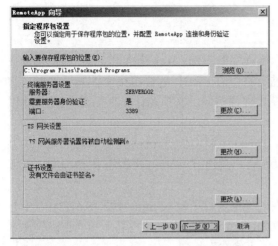
图 12-21　"指定程序包位置"对话框

图 12-22　"复查设置"对话框

RDP 文件生成之后，打开 C:\Program Files\Packaged Programs 窗口，可以看到已经生成的 RDP 文件。

12.5　远程终端客户访问应用程序

12.5.1　远程终端用户访问权限设置

远程连接终端服务的用户必须拥有远程连接权限，通过活动目录的用户管理或服务器本地计算机管理可以将终端服务客户添加到 Remote Desktop Users 组内，使其具有访问远程终端服务的权限。

运行用户管理或计算机管理，选择用户，打开"属性"对话框，选择"隶属于"选项卡，如图 12-23 所示。依次单击"添加"→"高级"→"立刻查找"按钮，在如图 12-24 所示的对话框中添加 Remote Desktop Users 组，单击"确定"按钮，此时用户隶属于 Remote Desktop Users 组，具有远程桌面连接权限。

图 12-23　设定用户属性

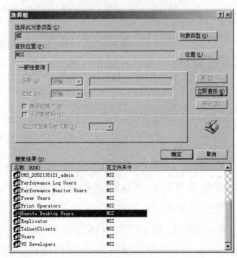
图 12-24　添加组

12.5.2 访问 RDP 文件

Windows Server 2008 提供了两种访问发布应用程序的方法：Web 方式和 RDP 远程连接文件方式。Web 方式访问终端服务时，默认是通过网站访问。RDP 远程连接文件需要管理员将 RDP 部署到客户端计算机的桌面，以应用程序模式进行访问。客户端计算机需要 RDP 6.0 以上的版本，可以去微软的官方网站下载安装。

1．Web 方式访问应用程序

只有在终端服务器上发布了应用程序才可以在客户端通过 Web 方式访问 RDP 文件，具体步骤如下：

（1）在客户端计算机上打开 IE 浏览器，在"地址"栏中键入 http://172.18.67.210/TS 并回车，显示如图 12-25 所示的"连接到 172.18.67.210"对话框，在"用户名"和"密码"文本框中输入可以访问终端服务器的用户和密码，单击"确定"按钮。

图 12-25   "连接到 172.18.67.210"对话框

（2）出现如图 12-26 所示的"TS Web 访问"窗口，连接到终端服务发布的网站，显示已经发布的应用程序列表。双击要访问的程序，如 Microsoft Office Word 2003。

图 12-26   "TS Web 访问"窗口

（3）弹出如图 12-27 所示的 RemoteApp 对话框，设置终端服务器可以访问的本地计算机资源，根据需要勾选"运行远程计算机访问我的计算机上的以下资源"选项区域中的复选框，单击"连接"按钮。

（4）弹出如图 12-28 所示的"Windows 安全"对话框，输入有权限访问终端服务器的用户名和密码。如果需要使用其他用户连接，单击"使用其他用户"按钮。若希望下次不再出现该对话框，则勾选"记住我的凭据"复选框。输入完毕后单击"确定"按钮。

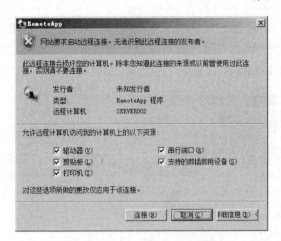

图 12-27　RemoteApp 对话框

（5）弹出如图 12-29 所示的"正在连接到 SERVER002"对话框，正在连接到终端服务器。

图 12-28　"Windows 安全"对话框

图 12-29　"正在连接到 SERVE002R"对话框

连接成功后，显示 Microsoft Office Word 2003 窗口，如图 12-30 所示。最小化 Microsoft Office Word 2003 窗口，在任务栏中显示 Microsoft Office Word 2003（远程），表示 Word 程序在终端服务器上运行，并非在本地运行，但是给用户的感觉好像在本地运行一样。同时，Microsoft Office Word 2003 可在客户端计算机上访问本地资源和服务器中的资源。

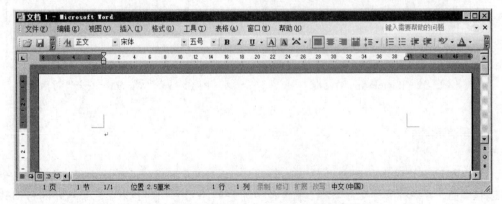

图 12-30　Microsoft Office Word 2003 窗口

2. RDP 远程连接文件方式访问应用程序

通过 RDP 远程连接文件方式在客户机上直接运行 RDP 文件，然后完成用户身份验证即可运行 RemoteApp 服务器上的应用程序。具体方法如下：

（1）需要把已经创建的 RDP 文件分发到客户端计算机上，分发方式可以使用电子邮件、组策略、文件共享、远程桌面以及移动设备复制等多种方式，如图 12-31 所示。本例中使用复制方法，将 RDP 文件复制到移动设备中，然后复制到客户端计算机中。

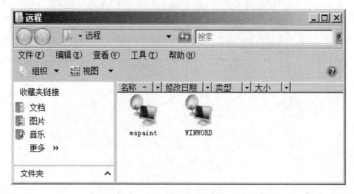

图 12-31　客户机上的 RDP 文件图

（2）直接双击运行"画图"程序的 RDP 文件 mspaint.rdp，弹出如图 12-32 所示的 RemoteApp 对话框，远程桌面客户端提示无法识别应用程序的发行者，询问是否仍要连接，单击"连接"按钮向 RemoteApp 服务器发起连接。

（3）弹出如图 12-33 所示的"Windows 安全"对话框，输入有权限访问终端服务器的用户名和密码。如果需要使用其他用户连接，单击"使用其他用户"按钮。若希望下次不再出现该对话框，则勾选"记住我的凭据"复选框。输入完毕后单击"确定"按钮。

连接成功后，显示"画图"窗口，即可使用终端服务器上的"画图"程序。

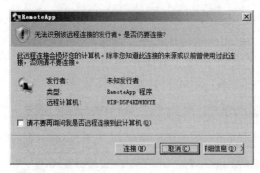

图 12-32　RemoteApp 对话框

图 12-33　"Windows 安全"对话框

 本章小结

本章介绍了终端服务的概念以及 Windows Server 2008 提供的两种终端服务模式：一种是管理远程桌面，另一种是终端服务器，前者最多允许两个用户同时连接，无需额外的访问许可，后者运行超过两个的多个用户同时连接终端服务器，但需要网络中配置终端服务器许可证服务器，提供终端服务授权。前者适合服务器远程管理，后者适合构架应用程序模式终端服务，获得集中的应用程序和存储服务。本章介绍终端服务的安装与配置、终端服务器授权概念和管理、发布应用程序、创建 RDP 文件以及客户端的远程桌面连接程序的安装与配置。

习题十二

1. 终端服务的优点是什么？
2. 简述终端服务的两种应用模式，以及两种模式有何异同。
3. 如何安装终端服务？
4. 如何配置终端服务的连接属性？
5. 在网络上管理员能够在任何一台计算机上远程管理服务器，应如何配置？
6. 如何安装、配置终端服务客户端程序？
7. 如何发布应用程序？
8. 如何创建 RDP 文件？
9. 客户端如何访问 RDP 文件？

实训十二

题目 1：远程管理服务器

内容与要求：

1. 给定一台服务器，实现管理员可以在网络的任何一点远程管理该服务器。
2. 设置被管理服务器。
3. 设置远程管理服务器的客户计算机。

题目 2：构建应用程序终端服务

内容与要求：

1. 选择一台安装 Windows Server 2008 系统的服务器，安装终端服务。
2. 在终端服务器上安装一个实用应用程序。
3. 生成并发布 RDP 文件。
4. 安装配置终端服务客户计算机。
5. 新建一个用户，使其具有访问终端服务权限，并以该用户身份登录终端服务器。
6. 管理员监控远程用户访问终端服务器。
7. 客户计算机访问 RDP 文件。

第 13 章　证书服务配置与管理

学习目标

公钥基础设施 PKI 是目前实施信息安全应用的主要技术，其核心技术为使用公钥数字证书实现主体身份和公钥的绑定，支撑各种安全机制的应用。Windows Server 2008 提供了公钥证书管理工具，使用该工具可以方便地产生、颁发和注销数字证书，架构企业自己的认证中心。本章介绍证书服务器的配置与管理，包括以下内容：

- 证书服务的基本概念
- 安装与配置证书服务器
- 客户端证书安装与使用

13.1　证书服务的基本概念

公钥数字证书（又称为公钥证书、数字证书、Certificates）简称证书，是用来标识和证明网络通信双方身份的数字信息文件。数字证书以文件的形式存在，证书将公钥与保存对应私钥的实体绑定在一起。证书一般由可信的权威第三方 CA 中心（权威授权机构）颁发，CA 对其颁发的证书进行数字签名，以保证所颁发证书的完整性和可鉴别性。CA 可以为用户、计算机或服务等各类实体颁发证书。

公钥证书以公钥密码算法为基础。公钥密码算法基于复杂数学问题构建公钥和私钥的映射关系，使用公钥加密数据（数据加密），只能使用对应的私钥解密（数据解密）；使用私钥加密数据（称数字签名），只能使用对应的公钥解密（签名验证）。

目前，广泛应用的证书格式是基于国际电信联盟电信标准部门（ITU-T）建议的 X.509v3 标准。X.509 证书包括公钥和有关证书授予的人员或实体的信息、证书有效期、用途等信息，以及颁发证书的 CA 的信息。实体的主题（或主体，Subject）标识证书的持有者，证书的颁发者（Issuer）和签名者是 CA。证书包含的信息和结构如图 13-1 所示。

数字签名是邮件、文件或其他数字编码信息的创作者用来将他们的身份绑定到信息上的方法。数字签名者使用自己的私钥对信息（通常是信息的摘要）进行签名，信息接收者使用发送者的公钥对签名进行验证，接收者往往就是从公开发布的证书库中获得签名者的证书及包含在证书中的公钥信息，数字签名提供了具有不可否认性和完整性的服务。

证书只在证书颁发者对该证书指定的时间段内有效。每个证书包含"有效期从"和"有效期至"日期，这两个日期设置了证书有效期的界限。一旦超过证书的有效期，证书持有者必须重新请求证书。

如果因为某种原因，如证书主体私钥泄密、证书主体身份变更等，必须撤消证书的使用，颁发者可以吊销证书。每个颁发者（CA）维护一个证书吊销列表（CRL），该列表列出已吊销的证书，程序在检查任何给定证书的有效性时可以使用该列表。

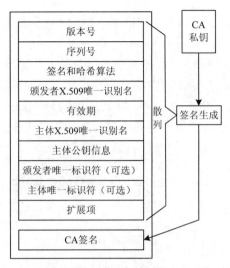

图 13-1 证书数据结构

在 Windows 系统中使用证书存储区存储各类证书、证书吊销列表（CRL）和证书信任列表。用户可以查看本地计算机安装的证书。打开 IE 浏览器，选择"工具"→"Internet 选项"命令，在弹出的对话框中选择"内容"选项卡，单击"证书"按钮，弹出如图 13-2 所示的"证书"对话框，其中包括"个人"、"其他人"、"中级证书颁发机构"、"受信任的根证书颁发机构"等选项卡，代表用户计算机的不同证书存储区域。

操作系统安装结束，Windows 会自动在"中级证书颁发机构"、"受信任的根证书颁发机构"区域安装微软默认信任的 CA 机构的证书。选择一个区域中的一个证书，单击"查看"按钮可以查看证书的详细信息，如图 13-3 所示。

图 13-2 "证书"对话框

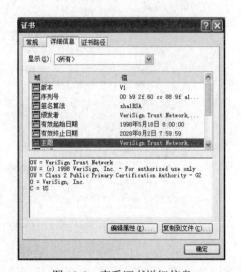

图 13-3 查看证书详细信息

如图 13-3 所示，通过证书查看对话框可以查看证书版本、序列号、CA 使用的签名算法、有效期、主题等信息，主题信息显示了国家 C、组织 O、组织单元 OU 等内容，示例给出的是著名安全公司 VeriSign 的一个 CA 证书。

用户可以从合法的证书颁发机构或企业自己的证书颁发机构申请自己的用户证书，安装到"个人"证书区域，并将该证书颁发者的证书安装到"受信任的根证书颁发机构"区域，之后用户就可以使用该证书了，例如用户可以使用证书对邮件签名。同理，通过获取相同信任域的其他人的证书（如同事的证书），并将其安装到"其他人"区域，可以与该证书持有者进行保密通信，使用该证书包含的公钥加密发给对方的邮件（一般以数字信封形式封装邮件）。

数字证书是实现公钥基础设施 PKI（Public Key Infrastructure）的基础，CA 是 PKI 中的核心构成，负责证书的颁发、撤消、更新、备份等一系列管理工作。Windows Server 2008 提供的证书服务器组件可以用于构建企业自己的 CA 中心。

13.2　安装与配置证书服务

13.2.1　安装证书服务

Windows Server 2008 操作系统内置了证书服务角色，安装该角色可以构建自己的 CA 中心，适合中小企业构建自己的安全基础设施 PKI 应用。

（1）安装证书服务，单击"开始"→"程序"→"管理工具"→"服务器管理"命令，打开"服务器管理"窗口，选择"角色"选项，单击"添加角色"按钮，打开"添加角色向导"。在如图 13-4 所示的对话框中选择"Active Directory 证书服务"复选框，单击"下一步"按钮。

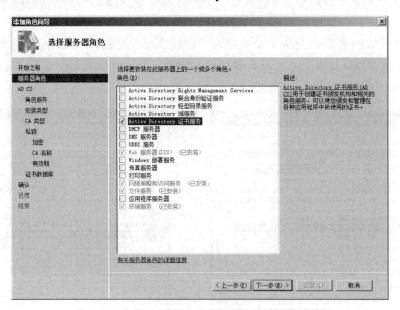

图 13-4　安装 Windows Server 2008 证书服务角色

（2）在"Active Directory 证书服务简介"对话框中给出了 Windows Server 2008 证书服务的基本介绍。单击"下一步"按钮，打开"选择角色服务"对话框，如图 13-5 所示。选择为 Active Directory 证书服务安装的角色服务，默认勾选"证书颁发机构"复选框；如果要启用证书 Web 注册功能，可在列表中勾选"证书颁发机构 Web 注册"复选框。"证书服务 Web 注册"选项允许用户以浏览器模式访问 Windows Server 2008 证书服务器，申请并下载证书。由于证书 Web 注册需要启用 Web 功能，因此会显示如图 13-6 所示的对话框，提示需要添加 Web 服务器功能。单击"下一步"按钮。

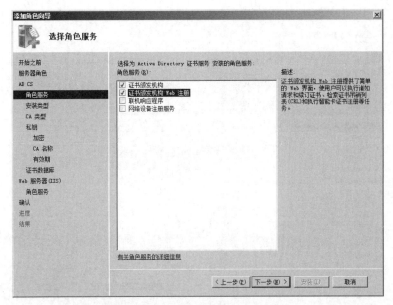

图 13-5　"选择角色服务"对话框

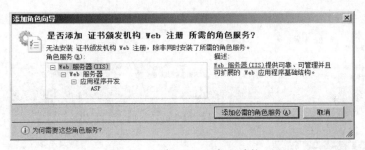

图 13-6　添加 Web 服务器功能

（3）弹出"安装类型"对话框，为证书服务选择安装类型，可以选择"企业 CA"或者"独立 CA"。若服务器不是域控制器，并且未加入域，则企业单选按钮为不可用状态。单击"下一步"按钮。

（4）在"CA 类型"对话框中，由于当前是第一次安装，并且是唯一的证书颁发机构，因此选择"根 CA"选项，单击"下一步"按钮。

（5）若要生成证书并颁发给客户端，CA 必须有一个私钥。在"设置私钥"对话框中可以指定要新建私钥还是使用现有私钥。若是第一次安装 CA，且当前没有私钥，可以选择"新建私钥"选项；若不是第一次安装 CA，为确保与先前颁发的证书的连续性，可以选择"使用现有私钥"选项，如图 13-7 所示。单击"下一步"按钮。

（6）在如图 13-8 所示的"配置加密"对话框中进行加密服务提供程序的设置，选择散列算法（建议选用 SHA-1）和密匙长度的设置。根据安全应用的需要可以选择 512、1024 或 2048 位密钥长度，密钥长度越高，CA 证书的安全性越强，但是会增加完成签名操作所需要的时间。单击"下一步"按钮。

（7）在如图 13-9 所示的"配置 CA 名称"对话框中输入该 CA 的公用名称，本例中设置为 Henan University of Technology，即 CA 的公用名称 CN（Common Name）为 Henan University of Technology。用户可以任意设置本企业的标识名称，单击"下一步"按钮。

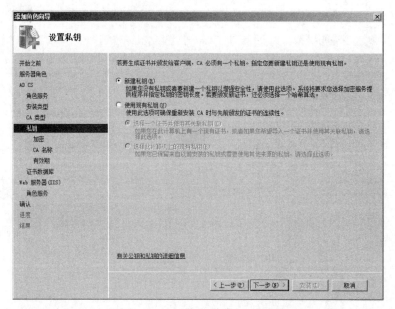

图 13-7 "设置私钥"对话框

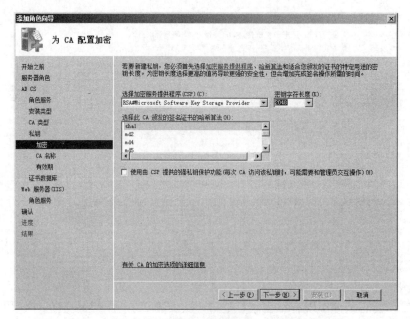

图 13-8 "为 CA 配置加密"对话框

（8）在"设置有效期"对话框中设置此 CA 生成的证书的有效期，默认证书的有效期限为 5 年，CA 仅在有效期内才能颁发有效的证书。单击"下一步"按钮。

（9）在如图 13-10 所示的对话框中设置证书数据库以及证书日志的存储路径，使用默认值即可。单击"下一步"按钮。

（10）由于要同时安装"证书颁发机构 Web 注册"功能，因此单击"下一步"按钮时显示"Web 服务器（IIS）"对话框，显示 IIS 的简介信息，单击"下一步"按钮，出现 Web 服务的"选择角色服务"对话框，在其中选择为 Web 服务器（IIS）安装的角色服务，此处保持默认设置即可，单击"下一步"按钮。

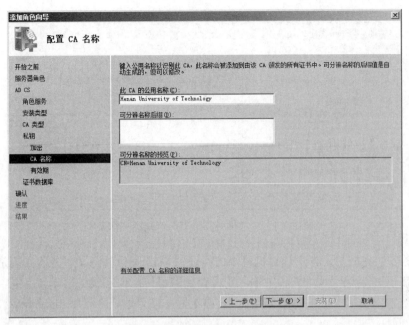

图 13-9　"配置 CA 名称"对话框

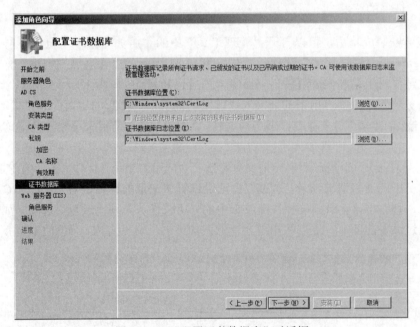

图 13-10　"配置证书数据库"对话框

（11）弹出"确认安装选择"对话框，其中列出了将要安装的角色。若有需要修改的选项，单击"上一步"按钮进行修改。单击"安装"按钮继续，开始安装证书服务及相关组件。注意，安装证书服务以后，将无法更改计算机的名称和域设置。安装完成后，在"安装结果"对话框中显示安装成功，单击"关闭"按钮完成证书服务的安装。

完成安装后，系统重新启动 IIS 服务。在"管理工具"→"服务器管理"窗口中，展开"角色"→"Active Directory 证书服务"选项，展开"证书颁发机构（本例中为 Henan University of Technology）"管理控制台，管理员使用它可以进行证书服务的管理与设置，如图 13-11 所示。

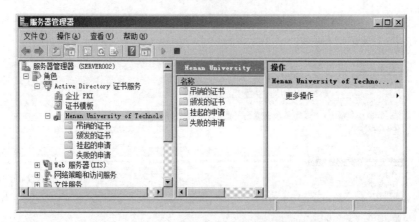

图 13-11　证书服务器证书入口共享文件夹

证书服务安装完成后，客户计算机可以访问证书 Web 服务以测试服务器安装是否正确。客户计算机在 IE 浏览器的"地址"栏中输入正确路径即可访问证书服务器，如本例中证书服务器的 IP 地址为 172.18.67.217，在客户端运行 IE 浏览器，在"地址"栏中输入http://172.18.67.217/certsrv即可访问证书服务器。

13.2.2　证书的颁发

证书服务安装成功后，可以打开"管理工具"中的"服务器管理"窗口，展开"角色"→ "Active Directory 证书服务"选项，展开如图 13-11 所示的"证书颁发机构"管理控制台窗口，显示此计算机上已经安装好的证书服务，而且已经自动启动运行。

证书服务器管理分为"吊销的证书"、"颁发的证书"、"挂起的申请"和"失败的申请" 4 个目录，"挂起的申请"用来存放证书申请文件，"颁发的证书"用来存放已经审核通过并颁发的证书。

当用户申请证书后，用户证书申请文件存放在"挂起的申请"文件夹内，如图 13-12 所示。选择右侧窗格中的证书请求记录，通过双击记录查看该记录的详细内容，若符合 CA 证书颁发策略及要求，则右击该记录，选择快捷菜单中的"所有任务"→"颁发"选项，如图 13-13 所示。审核通过颁发此证书，证书将出现在"颁发的证书"文件夹内，如图 13-14 所示。

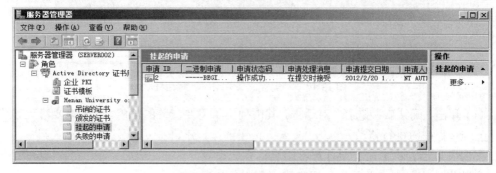

图 13-12　挂起的证书申请

在图 13-14 中选择已颁发的用户证书，双击记录可查看证书的详细内容，同时可以将证书保存到证书文件中，以便发布到 CA 的 FTP 站点或目录服务中，供网络用户下载。

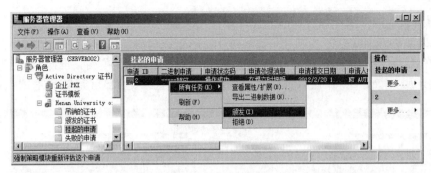

图 13-13　颁发证书

图 13-14　处理颁发的证书

13.2.3　证书的备份

为了防止证书服务器因意外故障或证书被误删而导致证书丢失，对用户的使用造成损失，网络管理员和用户都应定期备份证书服务器中的证书，以便在证书丢失或损坏时能够及时还原，而不必再重新申请。

证书的备份步骤如下：

（1）以管理员用户身份登录到证书服务器，打开"服务器管理"窗口，选择"角色"→"Active Directory 证书服务"选项。右击证书服务器的名称（本例中为 Henan University of Technology），选择快捷菜单中的"所有任务"→"备份 CA"命令，运行证书颁发机构备份向导，如图 13-15 所示。该向导将帮助用户备份重要信息，如私钥和证书颁发机构（CA）证书、配置信息、颁发的证书日志和待定证书申请队列等，单击"下一步"按钮。

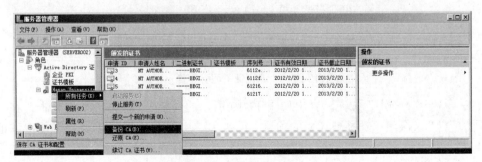

图 13-15　证书备份操作

（2）弹出如图 13-16 所示的"要备份的项目"对话框，在"选择要备份的项目"选项组中选择要备份的项目，包括"私钥和 CA 证书"、"证书数据库和证书数据库日志"。在"备份到这个位置"文本框中输入备份证书的保存路径，或者单击"浏览"按钮进行选择，如本例中为 C:\Windows\zhengshu。

（3）单击"下一步"按钮，弹出如图 13-17 所示的"选择密码"对话框，为安全起见，需要键入备份与还原数字证书操作使用的密码，该密码在访问证书文件或还原数字证书时需要用到。

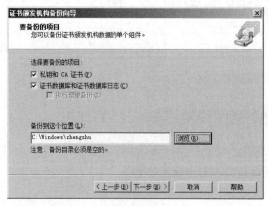
图 13-16　"要备份的项目"对话框

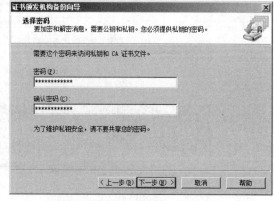
图 13-17　"选择密码"对话框

（4）单击"下一步"按钮，弹出"正在完成证书颁发机构备份向导"对话框，若没有需要修改的地方，单击"完成"按钮即可完成证书的备份操作。

13.2.4　证书的还原

重新安装服务器或因特殊原因导致数字证书丢失后，可以借助还原证书的方式快速恢复数字证书服务。由于还原证书时需要停止证书服务，因此不要在工作时段或服务访问较为频繁的时段执行数字证书的还原操作。

还原证书的操作步骤如下：

（1）打开"服务器管理"窗口，选择"角色"，展开"Active Directory 证书服务"，右击证书服务器的名称，选择快捷菜单中的"所有任务"→"还原 CA"命令，弹出如图 13-18 所示的提示框，提示还原证书过程中不能运行 Active Directory 证书服务，需要立即停止证书服务。单击"确定"按钮，停止 Active Directory 证书服务，并启动证书颁发机构还原向导。

图 13-18　"停止证书服务"提示框

（2）单击"下一步"按钮，弹出如图 13-19 所示的"要还原的项目"对话框，在"选择要还原的项目"选项组中选择要还原的项目，包括"私钥和 CA 证书"、"证书数据库和证书数据库日志"。在"从这个位置还原"文本框中输入还原证书所在的路径，或者单击"浏览"按钮进行选择，如本例中为 C:\Windows\zhengshu。

（3）单击"下一步"按钮，弹出如图 13-20 所示的"提供密码"对话框，在"密码"文本框中键入备份 CA 时设置的密码。

（4）单击"下一步"按钮，弹出"正在完成证书颁发机构还原向导"对话框，在"您已选择下列设置"列表框中列出了所作的设置，若需要修改，则单击"上一步"按钮返回重新设置；若不需要修改，则单击"完成"按钮，证书还原成功，弹出如图 13-21 所示的提示框，提示是否要启动证书服务。单击"是"按钮，启动 Active Directory 证书服务。

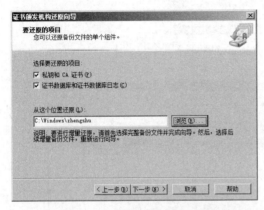

图 13-19　"要还原的项目"对话框　　　　图 13-20　"提供密码"对话框

图 13-21　"启动证书服务"提示框

13.2.5　证书的吊销与解除

1. 吊销证书

在企业中，人员变动很常见，当员工离开公司或调到其他部门后，该员工原来申请的证书将不再使用，此时网络管理员应及时吊销其证书。另外，用户也可以吊销自己尚未到期的证书。吊销证书的具体操作为：打开"服务器管理"窗口，选择"角色"，展开"Active Directory证书服务"，在"颁发的证书"列表中右击欲吊销的证书，选择快捷菜单中的"所有任务"→"吊销证书"命令，如图 13-22 所示。弹出如图 13-23 所示的"证书吊销"对话框，在"理由码"下拉列表框中选择吊销的原因，如果选择的证书吊销原因是"证书待定"，则该吊销的证书可以还原。单击"是"按钮，即可吊销该证书。当证书被吊销后，将显示在"吊销的证书"列表中，如图 13-24 所示。

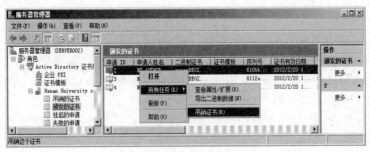

图 13-22　吊销证书操作

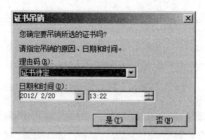

图 13-23　"证书吊销"对话框

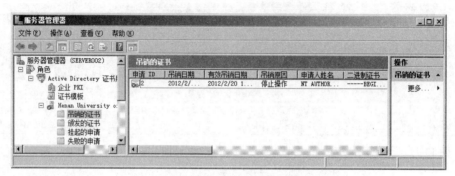

图 13-24　吊销的证书

2. 解除吊销的证书

如果有些已经吊销的证书需要继续使用，也可以将这些证书解除吊销。但需要注意的是，只有吊销原因为"证书待定"的证书才能解除吊销，因其他原因吊销的证书将不能解除吊销。

证书的解除吊销操作如下：打开"服务器管理"窗口，选择"角色"，展开"Active Directory证书服务"，在"吊销的证书"列表中右击欲解除吊销的证书，选择快捷菜单中的"所有任务"→"解除吊销证书"命令。

如果证书无法被解除吊销，将出现"取消吊销命令失败"提示框，提示解除吊销失败。

13.3　客户端申请和安装证书

客户端证书应用包括下载并安装 CA 根证书、申请和安装用户证书、证书的应用配置。

13.3.1　安装 CA 证书

为了使用证书，需要先在用户计算机上安装受信任的 CA 根证书，这隐含你信任该 CA 中心及其颁发的证书。下载安装 CA 证书的过程如下：

（1）运行 IE 浏览器，连接上节中安装好的证书服务器，如本例为http://172.18.67.217/certsrv，出现如图 13-25 所示的页面。在页面中选择"下载一个 CA 证书、证书链或 CRL"链接，进入如图 13-26 所示的页面。

（2）在如图 13-26 所示的页面中选择"下载 CA 证书"链接，可以将 CA 证书文件（扩展名为.crt）下载并保存到本地磁盘上，也可以选择"安装此 CA 证书链"链接，系统自动将 CA 证书安装到本地操作系统。本例采用第一种方式。

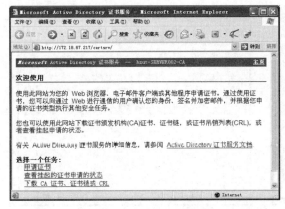

图 13-25　访问证书服务器

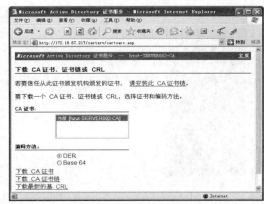

图 13-26　下载 CA 证书页面

（3）证书下载到本地磁盘后，可以安装到操作系统中。在 IE 浏览器中选择"工具"→"Internet 选项"→"内容"→"证书"命令，弹出"证书浏览"对话框，选择"受信任的根证书颁发机构"选项卡，单击"导入"按钮进入证书导入向导，单击"下一步"按钮。

（4）在如图 13-27 所示的对话框中，指定要导入的 CA 证书的存放位置，如本例中为"D:\迅雷下载"。单击"下一步"按钮。

（5）在如图 13-28 所示的对话框中选择导入证书的存放区域，因为是受信任的根 CA 证书，所以将其导入到"受信任的根证书颁发机构"区域中。单击"下一步"按钮。

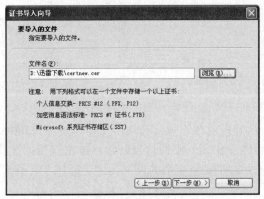

图 13-27　证书导入文件选择

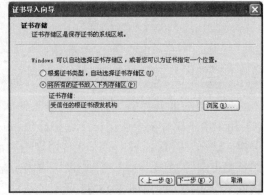

图 13-28　选择证书导入区域

（6）弹出如图 13-29 所示的"完成证书导入向导"对话框，详细列出了已经指定的相关设置，如本例中用户选定的证书存储是"受信任的证书颁发机构"，内容为"证书"，文件名为"D:\迅雷下载"，若不需要修改，则单击"完成"按钮，弹出"安全警告"对话框，提示客户需要确认信任证书颁发机构及安装的证书，单击"是"按钮完成 CA 证书导入。

此时，在"受信任的根证书颁发机构"区域内将增加刚下载的 CA 证书，如图 13-30 所示，双击该 CA 证书可以查看证书的详细内容。

13.3.2　申请并安装客户证书

企业内部安装好证书服务器后，相当于企业拥有了一个 CA 中心。用户可以从 CA 中心申请并安装一个个人证书。

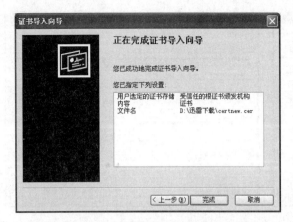 

图 13-29　"完成证书导入向导"对话框　　　　图 13-30　"证书浏览"对话框

打开 IE 浏览器，在"地址"栏中输入证书服务器连接地址，本例中证书服务器地址为 http://172.18.67.217/certsrv，打开如图 13-25 所示的页面，选择"申请一个证书"链接，进入如图 13-31 所示的页面。

图 13-31　申请用户证书页面

选择申请的证书类型，其中"电子邮件保护证书"实现电子邮件的加密和签名功能，因此，若用于电子邮件安全应用时应选择此项，在证书申请和生成时将用户电子邮件地址绑定到证书中。选择"高级证书申请"允许用户更灵活地设置证书申请选项，包括加密服务的选择、密钥长度设定等操作。这里，我们以申请用于电子邮件安全应用的证书为例，选择"电子邮件保护证书"链接，弹出如图 13-32 所示的页面。

图 13-32　申请电子邮件保护证书

在如图 13-32 所示的页面中输入证书主题信息，包括姓名、公司、部门等信息，重要的是输入正确的邮箱地址，否则证书无法应用于指定邮箱。信息输入完成后单击"提交"按钮，服务器接受提交信息，返回如图 13-33 所示的页面，提示接受用户申请的 ID 号，并提示用此浏览器在 10 天内检查证书申请，即上述申请过程申请的证书状态只能通过该计算机查询，在其他计算机上无法查询。需要查询申请的证书状态仍然使用 IE 浏览器链接证书服务器 Web 页面，选择"查看挂起的证书申请的状态"链接，若申请未被处理，则显示如图 13-34 所示的页面。

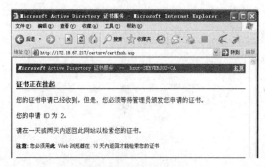
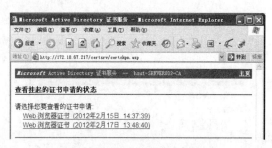

图 13-33　证书申请页面　　　　　　　　　图 13-34　查询证书申请的状态

若证书颁发服务器已经审核并接受了用户证书申请，并颁发了该证书，则返回如图 13-35 所示的页面。此时，用户选择"安装此证书"链接即可安装证书了。用户证书将被安装到操作系统的"个人证书"区域中，可以按照 13.1 节介绍的方法查看个人证书。

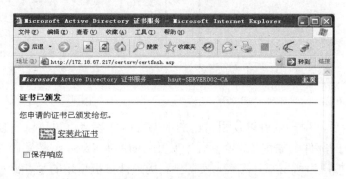

图 13-35　查询证书申请

13.3.3　证书应用

按上一节的方法申请了电子邮件保护证书后，用户就可以在客户端将该证书绑定到电子邮件服务中。我们以电子邮件客户端程序 Outlook Express 为例，介绍如何将证书用于邮件安全服务。

运行 Outlook Express，选择"工具"→"账户"命令，弹出如图 13-36 所示的"Internet 账户"对话框。选择"邮件"选项卡，选择邮箱账户，单击"属性"按钮。

在如图 13-37 所示的邮件属性对话框中，选择"安全"选项卡，单击"选择"按钮，添加签名证书，弹出如图 13-38 所示的对话框。其中列出了包含有该邮件账户的证书列表，这就是为什么在证书申请时要保证邮件账户输入正确。选择对应的证书，单击"确定"按钮，返回如图 13-37 所示的对话框。可以为数字签名和加密设置证书，设置完成后，"证书"栏中出现相应的证书主题名称 CN。

图 13-36　邮件账户设置

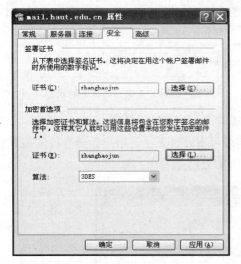

图 13-37　为邮件安全服务添加证书

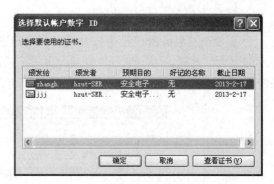

图 13-38　选择证书

　　完成上述设置后，用户就可以使用自己的证书为邮件签名，也可以安装其他人的证书，用于加密发给对方的邮件。如图 13-39 所示，使用 Outlook Express 撰写邮件时，可以单击工具栏中的"签名"按钮为所发邮件签名，实际上，用户计算机使用的是存储在操作系统中的用户证书对应的私钥对邮件签名。

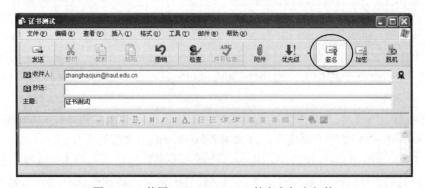

图 13-39　使用 Outlook Express 签名和加密邮件

　　当用户拥有收件人邮件账户的证书时（已经安装在本地计算机上），可以加密发送的邮件，单击工具栏中的"加密"按钮即可。实际上邮件客户端系统验证所使用的邮件接收者用户证书有效之后，使用用户证书中的公钥加密邮件内容。

当用户签名一个邮件后，该用户的证书将随邮件一起发送到收件方，因此收件人无须另外获取该用户的证书以验证其邮件的签名，收件人在接收邮件的同时获得了用户的证书，可以用于以后加密给该用户的邮件。

需要注意的是，收发双方必须同时信任相同的根 CA，即对方应该信任上述的 CA，并在本地计算机上已安装该 CA 的证书。

本章介绍了 Windows Server 2008 证书服务的安装与配置，给出了完整的用户申请和颁发数字证书的过程，并以安全电子邮件为例介绍了使用 Outlook Express 电子邮件程序实现邮件的签名与加密的安全服务。使用 Windows Server 2008 证书服务可以架构企业内部自己的 CA 中心，依靠数字证书应用拓展网络安全服务与应用。

1. 什么是数字证书？数字证书能提供哪些安全服务？

2. 如何安装 Windows Server 2008 证书服务？

3. 如何备份证书？

4. 如何吊销证书？

5. 客户端如何申请证书？

6. 为什么要安装 CA 证书，如何安装 CA 证书？

7. 如何查看一个证书的内容？

8. 练习将 Windows 操作系统证书区域中的证书导出到证书文件中。练习将证书文件导入到操作系统的证书存储区域中。

9. 如何设置安全电子邮件服务？

题目：构建 Windows Server 2008 证书服务器

内容与要求：

1. 选择一台 Windows Server 2008 服务器，安装证书服务。

2. 用户在客户端下载并安装证书服务器 CA 的证书。

3. 客户端申请电子邮件安全证书。

4. 用证书服务器管理证书的颁发与撤消。

5. 多个人使用 Outlook Express 相互发送能够签名和加密的邮件。

第 14 章　使用 Windows Server 2008 构建流媒体服务器

 学习目标

Windows Media Services（Windows 媒体服务，WMS）能够提供基于网络的视频流服务，实现流媒体视频以及音频的点播播放等功能。WMS 并不是 Windows Server 2008 中一个全新的组件，也存在于微软以往的服务器操作系统中。本章介绍流媒体服务器的安装与配置方法，包括以下内容：

- WMS 的基本概念
- 安装与配置 WMS 服务器
- 访问与管理流媒体发布点

14.1　流媒体技术概述

所谓流媒体是指采用流式传输的方式在 Internet 上播放的媒体格式，与需要将整个视频文件全部下载之后才能观看的传统方式相比，流媒体技术是通过将视频文件经过特殊的压缩方式分成一个个的小数据包，由视频服务器向用户计算机连续、实时传送，用户不需要将整个视频文件完全下载之后才能观看，只需经过短暂的缓冲就可以观看已经下载的视频文件，文件的剩余部分将继续下载。常见的流媒体文件格式有.mov、.asf、.viv、.swf、.rt、.rp、.ra、.rm 等。

1. Windows Media Services 简介

Windows Media Services（Windows 媒体服务，WMS）是微软用于在企业 Intranet 和 Internet 上发布数字媒体内容的平台，通过 WMS，用户可以便捷地构架媒体服务器，实现流媒体视频以及音频的点播播放等功能。WMS 并不是 Windows Server 2008 中一个全新的组件，也存在于微软以往的服务器操作系统中。

WMS 作为一个系统组件，并不集成于 Windows Server 系统中，如在 Windows 2000 和 Windows 2003 系统中，WMS 需要通过操作系统中的"添加删除组件"进行安装，安装时需要系统光盘。而在 Windows Server 2008 中，WMS 不再作为一个系统组件存在，而是作为一个免费系统插件，需要用户下载后进行安装。

Windows Server 2008 下的 WMS 支持 HTTP、RTSP 等多种协议，支持 Fast Streaming 和多播技术等特性。

2. Windows Media Services 2008

WMS 2008 可以在 32 位和 64 位的 Web 版、标准版、企业版和数据中心版的 Windows Server 2008 中安装。WMS 2008 的应用环境非常广泛，在企业内部应用环境中，可以实现点播方式视频培训、课程发布、广播等；在商业应用中，可以用来发布电影预告片、新闻娱乐、动态插入广告、音频视频服务等。

WMS 2008 具备以下核心功能：

（1）Fast Streaming：Fast Streaming 功能包含快速开始、快速缓存、快速连接和快速恢复等功能，从用户体验上来看，当用户播放一个流媒体视频时，漫长的等待时间和断断续续的播放质量必然使用户观看视频的兴趣大减，而 Fast Streaming 功能可以使用户流畅地观看流媒体视频，并且减少缓冲等待的时间。

（2）多编码率音视频：WMS 2008 支持多编码率视频或者音频，可以动态地检测用户带宽，并且智能地为用户选择不同编码率的视频音频文件，从而保证流媒体文件播放的速度，增强用户体验。

（3）更多的并发连接支持：WMS 2008 通过带宽检测、智能选择编码率以及 Fast Streaming 等功能大大提升了性能，从而相对以前的 WMS 版本可以支持更多的并发连接数。在相同的硬件条件下，WMS 2008 每服务器并发连接用户数量可以达到以前的 2 倍。

（4）Server Core 安装模式：从 Windows Server 2008 开始，管理员可以选择安装具有特定功能但不包含任何不必要功能的 Server Core 最小安装模式，它为一些特定服务的正常运行提供了一个最小的环境，从而将风险和资源占用减到最低。

（5）集成的 cache/proxy 功能：WMS 2008 集成缓存/代理功能，是为了提高流媒体播放速度和质量而设计。比如在企业应用中，可以通过 WMS 2008 来构架一台流媒体服务器，用来发布企业内部的培训视频、音频讲座等。如果同时访问服务器的用户非常多，会给服务器造成很大压力，影响视频的播放速度。这时候可以利用 WMS 2008 的 cache/proxy 功能在本地构架一台缓存服务器，将播放的内容进行缓存，从而提高流媒体的播放速度。

（6）集成丰富的管理工具：WMS 2008 安装成功后，在 Windows Server 2008 的管理工具中生成一个控制台，并且用户也可以通过 Server Manager 工具来进行管理，同时 WMS 2008 和 IIS 紧密结合，支持远程管理功能。

14.2　架设 Windows Media 服务器

部署流媒体应用环境包括一台域控制器、一台 Windows Media 服务器和部分客户端计算机。Windows Media 服务器加入到 Active Directory 中，是域成员服务器。客户端计算机全部加入到域中。域控制器和 Windows Media 服务器运行 Windows Server 2008 操作系统。

14.2.1　安装"桌面体验"

Windows Server 2008 默认安装完成后，没有安装 Windows Media Player 组件，该组件包含在"桌面体验"功能包中。如果在服务器上安装 Windows Media encoder 编码器组件或者测试流媒体数据，则需要安装"桌面体验"功能。具体步骤如下：

（1）打开"服务器管理器"窗口，选择"服务器管理器"→"功能"选项，单击"添加功能"超链接启动添加功能向导，显示如图 14-1 所示的"选择功能"对话框，在"功能"列表中选择"桌面体验"选项，单击"下一步"按钮。

（2）在弹出的"确认安装选择"对话框中单击"安装"按钮，开始安装选择的功能。安装过程中需要重新启动计算机。安装完成后打开"服务器管理器"窗口，选择"服务器管理器"→"功能"选项，在"功能摘要"中显示已安装的功能有"桌面体验"功能。

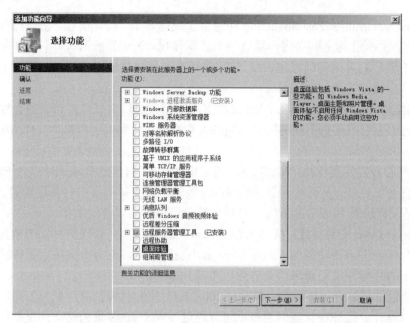

图 14-1　"选择功能"对话框

14.2.2　下载并安装更新包

WMS 2008 并未集成于 Windows Server 2008 系统中，而是作为单独的插件存在，可以通过微软官方网站免费下载。登录 http://www.microsoft.com/downloads/zh-cn/details.aspx? familyid= 9ccf6312-723b-4577-be58-7caab2e1c5b7 网站即可免费下载 Microsoft Update Standalone Package，该插件包被用来安装 WMS 2008，并且为 Windows Server 2008 添加流媒体服务器角色。

需要注意的是，下载页面提供了 32 位和 64 位系统的插件包，可根据操作系统选择对应架构的语言包，若是 32 位操作系统可以下载 X86 架构的语言包，若是 64 位操作系统可以下载 X64 架构的语言包。

- 如果用户是全新安装的 Windows Server 2008，需要下载 server.msu，server.msu 是指 Windows Media 服务和流式媒体服务角色部分。
- 如果用户安装的是 Server Core 模式的 Windows Server 2008 系统，则需要下载的是 core.msu，即流式媒体服务器核心角色，用于 Windows Server 2008 Standard Edition 和 Enterprise Edition 的"服务器核心"安装。
- Admin.msu 是 WMS 2008 的远程服务器管理工具，可酌情下载。

下载成功后，运行下载的更新包，弹出"Windows 更新独立安装程序"对话框，单击"确定"按钮，弹出"阅读这些许可条款"对话框，单击"我接受"按钮开始安装该更新程序。安装完成后，弹出"安装完成"对话框，提示安装完成，单击"关闭"按钮。

安装成功后，将在"服务器管理器"的"添加角色"列表中出现"流媒体服务"角色，如图 14-2 所示。

14.2.3　安装流媒体服务

安装流媒体服务角色的操作步骤如下：

（1）打开"服务器管理器"窗口，选择"服务器管理器"→"角色"选项，单击"添加角色"超链接启动添加角色向导，显示如图 14-2 所示的"选择角色"对话框，在"角色"列表中选择"流媒体服务"选项，单击"下一步"按钮。

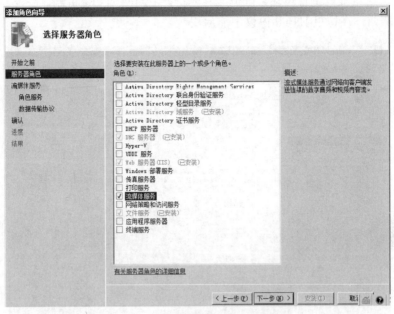

图 14-2　"选择服务器角色"对话框

（2）弹出"流媒体服务"对话框，其中概要介绍了流媒体服务的功能。单击"下一步"按钮，弹出如图 14-3 所示的"选择角色服务"对话框，选择流媒体服务所需要的组件，除了 Windows Media Server 必须安装之外，可以选择安装基于 Web 方式的管理工具和日志代理功能。如果选择安装 Web 方式管理工具，则需要安装 IIS 组件。单击"下一步"按钮。

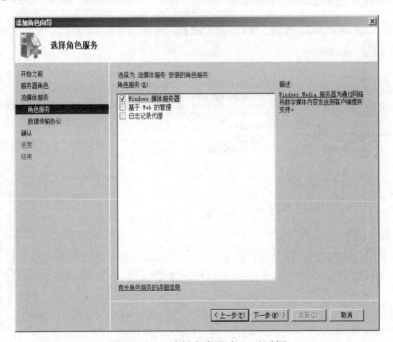

图 14-3　"选择角色服务"对话框

（3）进入流媒体传输协议选择页面，如图 14-4 所示，选择流媒体数据使用的传输协议。可以选择 RTSP 或者 HTTP 协议。HTTP 与 RTSP 相比，HTTP 传送 HTML，而 RTSP 传送的是多媒体数据，可以双向进行传输，可扩展易解析，使用网页安全机制，适合专业应用。由于没有配置 IIS 端口，在这里 HTTP 协议不能启用。

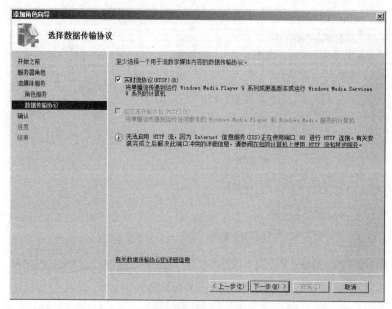

图 14-4　"选择数据传输协议"对话框

（4）单击"下一步"按钮，弹出"确认安装选择"对话框，显示了安装"流媒体服务"的基本信息，如图 14-5 所示。若需要修改，则单击"上一步"按钮返回；若不需要修改，则单击"安装"按钮开始安装流媒体服务。

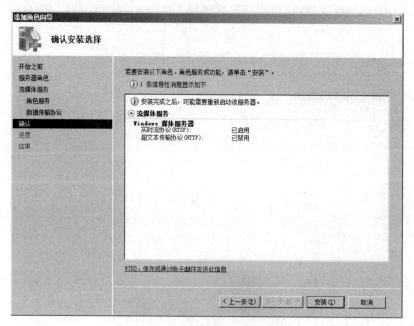

图 14-5　"确认安装选择"对话框

（5）安装完成后，弹出"安装结果"对话框，单击"关闭"按钮完成流媒体服务的安装。

安装完成后，选择"开始"→"程序"→"管理工具"→"Windows Media 服务"选项，显示如图 14-6 所示的"Windows Media 服务"控制台。

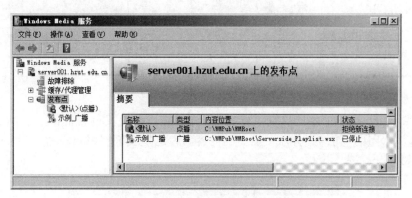

图 14-6　"Windows Media 服务"控制台

14.3　发布媒体流

由于带宽限制、访问授权、缓存启用等有关访问安全和服务性能等设置只能对不同的点播发布点分别设置，因此有时需要创建多个发布点，以适应不同用户的访问和不同流媒体文件发布的需要。通常，在局域网中可以创建点播发布点，而如果要发布到 Internet，为了避免带宽的大量占用，可创建广播发布点。

14.3.1　查看发布点

默认情况下，Windows Media 服务已经创建了一个默认点播发布点，从服务器管理器中即可查看发布的点播点。

选择"开始"→"程序"→"管理工具"→"Windows Media 服务"选项，打开"Windows Media 服务"窗口。在该窗口中选择"Windows Media 服务"→"服务器名称"→"发布点"选项，即可看到已创建的点播和广播发布点，如图 14-6 所示。

默认情况下，流媒体服务安装完成后，创建一个名为"默认"的发布点，该目录位于 C 盘根目录下的\VMPub\VMRoot 文件夹，是访问点播和广播资料的默认节点，该目录中包含了演示文件、播放列表和影像文件。

14.3.2　设置点播发布点

1．设置点播发布点

成功添加流媒体服务器角色后，打开媒体服务控制台，需要进行相应的设置，如添加视频文件、添加播放列表、设置视频信息或者插播广告等内容。首先要设置发布点（Publishing Points），添加需要发布的媒体文件和创建播放列表。

设置点播发布点的具体步骤如下：

（1）右击媒体服务器控制台中的发布点，在弹出的快捷菜单中选择"添加发布点（向导）"选项，如图 14-7 所示，弹出"添加发布点（向导）"对话框，单击"下一步"按钮。

图 14-7　添加发布点操作

（2）弹出如图 14-8 所示的"发布点名称"对话框，要为发布点命名，一个简洁的名称可以便于记忆，利于用户访问媒体服务器上的内容。在这里我们将发布点命名为 movie1。单击"下一步"按钮。

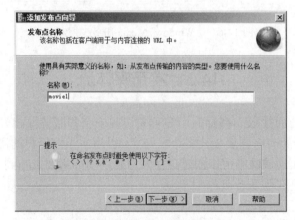

图 14-8　命名发布点

（3）为发布点命名之后进入选择内容类型向导，如图 14-9 所示。

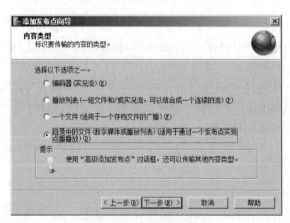

图 14-9　选择内容类型

有 4 种类型可以选择：

- 编码器（Encoder）：可以称为"在线流媒体"，选择此项是将媒体服务器直接连接到一台编码计算机，并且发布该计算机编码的文件。
- 播放列表（Playlist）：表示可以发布连贯的内容，可以按照播放列表进行播放。

- 一个文件（One file）：表示 WMS 发布媒体服务器上的单个文件，文件类型包括 wma、asf、wsx 和 mp3。
- 目录中的文件（Files）：表示用户可以访问指定文件夹中的所有文件，可以通过 URL 访问文件夹中的单个文件，也可以顺序进行播放，适合单发布点的点播播放模式。

这里我们选择"目录中的文件"选项。单击"下一步"按钮。

（4）弹出"选择发布类型"对话框，其中有两种类型可以选择，如图 14-10 所示。广播发布模式类似于电视的播放模式，用户具有相同的体验，节目顺序播放；点播发布模式即每个用户可控制播放过程，可以暂停、快进或者切换等。这里我们选择"点播发布点"选项，单击"下一步"按钮。

（5）弹出如图 14-11 所示的"目录位置"对话框，单击"浏览"按钮，弹出如图 14-12 所示的"Windows 浏览"对话框，选择流文件所在的文件夹，单击"选择目录"按钮，返回到"目录位置"对话框，单击"下一步"按钮。

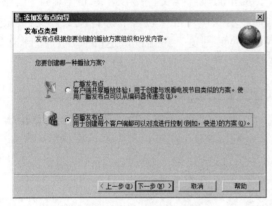

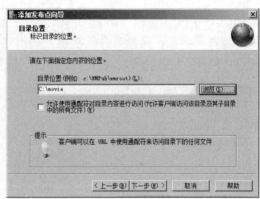

图 14-10　发布类型选择　　　　　　　图 14-11　"目录位置"对话框

（6）弹出"内容播放"对话框，在其中可以选择目录或播放列表中内容的播放顺序。可选的播放模式为循环播放和随机播放，单击"下一步"按钮。

（7）弹出"单播日志记录"对话框，在其中选择是否需要启用该发布点的日志记录。日志功能可以记录用户访问媒体服务器的情况。如果已启用了服务器的日志记录功能，则不必启用发布点的日志记录功能。单击"下一步"按钮。

（8）弹出"发布点摘要"对话框，其中描述了完成该向导后将创建的发布点的情况，浏览后单击"下一步"按钮。

（9）弹出"正在完成'添加发布点向导'"对话框，如图 14-13 所示。单击"完成"按钮，系统收集完全配置信息之后会开始创建发布点（Publishing Points）。

2．创建公告文件

在 Windows Server 2008 流媒体服务器中创建发布点以后，为了能让用户知道已经发布的流媒体内容，应该添加发布点单播公告来告诉用户。

在流媒体服务器中创建公告文件的步骤如下：

（1）在"正在完成'添加发布点向导'"对话框中，可以选择"创建公告文件（.asx）或网页（.htm）"单选按钮创建一个点播公告文件，如图 14-13 所示。单击"完成"按钮，启动"单播公告向导"。

图 14-12　"Windows 浏览"对话框

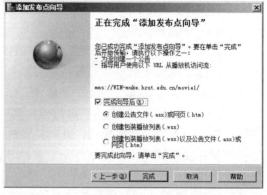

图 14-13　"正在完成'添加发布点向导'"对话框

（2）出现欢迎使用"单播公告向导"对话框，单击"下一步"按钮，出现"点播目录"对话框，在"目录中的一个文件"文本框中键入要发布的流媒体文件路径。单击"浏览"按钮，弹出如图 14-14 所示的"Windows 浏览"对话框，显示默认目录中包含的影音流媒体文件。选择目标文件，单击"选择文件"按钮，关闭"Windows 浏览"对话框，返回到"点播目录"对话框，如图 14-15 所示。单击"下一步"按钮。

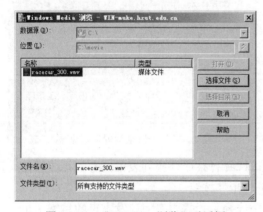

图 14-14　"Windows 浏览"对话框

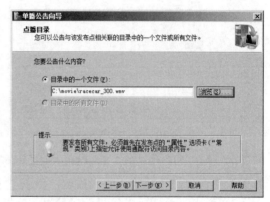

图 14-15　"点播目录"对话框

（3）弹出"访问该内容"对话框，在其中指定流文件的位置，如图 14-16 所示。Windows Media Player 将从指定的位置检索音频和视频文件。默认以"mms://计算机名/目录名/文件名"的格式发布点播文件。如果要以 IP 地址或域名文件发布 URL 地址，则单击"修改"按钮，在"修改服务器名称"对话框中键入该视频服务器的 IP 地址或域名，如图 14-17 所示。单击"下一步"按钮。

（4）弹出"保存公告选项"对话框，选择"创建一个带有嵌入的播放机和指向该内容的链接的网页"复选框，并指定保存该公告和网页文件的名称和位置，使用默认值即可，如图 14-18 所示。单击"下一步"按钮。

（5）弹出"编辑公告元数据"对话框，设置公告文件的标题、作者、版权等信息，如图 14-19 所示。单击"下一步"按钮。

（6）弹出"正在完成'单播公告向导'"对话框，选择"完成此向导后测试文件"复选框，单击"完成"按钮，弹出"测试单播公告"对话框，如图 14-20 所示。单击"测试"按钮，可以分别测试公告和网页是否正确，是否能够正常播放流文件。

图 14-16　"访问该内容"对话框

图 14-17　"修改服务器名称"对话框

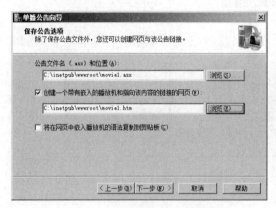

图 14-18　"保存公告选项"对话框

图 14-19　"编辑公告元数据"对话框

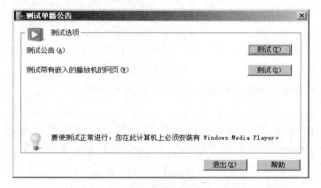

图 14-20　"测试单播公告"对话框

14.3.3　发布站点

点播发布点创建成功后，需要将发布点地址（如 mms://172.18.67.210/movie1）放置在 Web 站点上向网络用户公开，以便用户能够通过发布点地址连接到流媒体服务器。

在流媒体服务器中安装 IIS 服务，使用 IIS 发布一个站点，可以在"Internet 信息服务（IIS）管理器"中新建一个 Web 站点，也可以使用已有的站点。

以使用"Internet 信息服务（IIS）管理器"中已有的默认站点为例，介绍发布站点的具体步骤。

选择"开始"→"程序"→"管理工具"→"Internet 信息服务（IIS）管理器"选项，打开"Internet 信息服务（IIS）管理器"窗口。选择"网站"下面的 Default Web Site，在中部该主页的列表框中选择"默认文档"选项。如图 14-21 所示，在"默认文档"页面的"操作"列表中单击"添加"按钮，然后在"添加默认文档"对话框中输入网页的名称和扩展名，单击"确定"按钮就完成了流媒体站点的发布工作。

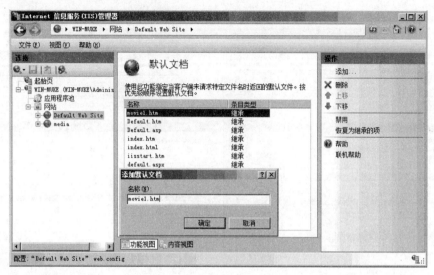

图 14-21 输入网页名称

14.4 客户端访问

客户端计算机用户可以通过制作的.asx 通知文件访问流文件，也可以通过包含通知文件或流文件超链接的 HTML 文件访问点播发布点中的所有流文件。另外，用户还可以在自己的 Windows Media Player 中键入对应的 URL 地址来访问相应的流文件。

1. 使用 MMS 协议访问

客户端使用 MMS 协议访问微软流媒体服务器需要安装流媒体播放器，例如 Windows Media Player 9.0。访问流媒体服务器，客户在浏览器中需要输入流媒体服务器的 IP 地址，协议前缀为 mms，并指定流媒体文件名，例如mms://172.18.67.210/movie1，这里 movie1 是创建的点播发布点的名称。

2. 使用 Web 服务器传送流文件

除了用 Windows Media 服务传送流文件外，也可以使用 Web 服务器来传送。只要将流文件放置到目录中，并在 Web 页中为它们创建一个超链接，然后客户端单击相应的超链接时即可使用 HTTP 协议将内容以流的格式传送给用户。在这种情况下，流传送由服务器管理，因此可以不必安装 Windows Media 服务。但是，使用这种方式传输流文件占用的带宽较大，且不具有纠正错误的能力。同时，以 HTTP 方式发布的流文件也更容易被用户下载，尤其是使用迅雷等工具下载时将占用更大的带宽，也会将流文件泄露到网络中。

打开 IE 浏览器，在"地址"栏中键入 http://172.18.67.210 地址并回车，即可通过网页模式播放发布的流媒体，如图 14-22 所示。

图 14-22　网页模式播放流媒体

本章介绍了在 Windows Server 2008 中配置流媒体服务器的方法与过程，使用 Windows Media Services 可以构建企业内部自己的流媒体服务。

1．Windows Server 2008 流媒体服务支持哪些应用？
2．如何安装 Windows Server 2008 流媒体服务？
3．网络流媒体服务标准协议有哪些？
4．客户端有哪些访问流媒体服务器的方法？
5．如何创建广播发布点？
6．如何创建点播发布点？

题目：安装 Windows Server 2008 流媒体服务器
内容与要求：
1．安装"桌面体验"功能。
2．下载 Windows Media Services 服务的更新包。
3．为 Windows Server 2008 添加 Windows Media Services 服务。
4．应用 Windows Media Services 管理控制台测试服务器。
5．新建发布点，复制视频文件到服务器上。
6．客户端测试流媒体服务器是否正常工作。

第 15 章　VPN 服务器配置与管理

学习目标

VPN（Virtual Private Network，虚拟专用网）是实现远程安全访问的重要技术，简单地说就是利用公共互联网链路架设私有网络。Windows Server 2008 的路由和远程访问组件提供了架构 VPN 服务器的功能，可以提供多种 VPN 的连接方式，实现远程客户计算机通过公网安全访问 VPN 服务器连接的内部网络等功能。本章介绍 Windows Server 2008 的 VPN 服务器的配置与管理，包括以下内容：

- VPN 服务的基本概念
- VPN 的连接模式
- 安装与配置拨入 VPN 服务器
- 客户端 VPN 连接的配置

15.1　VPN 概述

VPN 技术的问世，为通过公众网络传输数据的安全性找到了答案，数据通过 VPN 在公众网络传输时会以加密的方式处理以保证传输资料的安全性。VPN 的速度和效果取决于运营商所提供的线路质量。

15.1.1　VPN 的部署环境

通常情况下，网络远程访问都是基于 Internet 实现的，而 Internet 是一个高度开放、危机四伏的公共环境，必须借助安全措施来确保连接的安全性。如何异地安全地访问本地网络是网络应用中经常遇到的问题，如出差在外的工作人员或派驻外地的办事机构，他们可能需要异地连接公司的内部网络，又如政府机构的垂直系统管理，乡级向县级上报文件，县级向市级上报文件，市级向省级上报文件，最后到国家一级。上述应用有共同的特点，一是要求安全访问内部网络（上级网络或公司内部网络）；二是要求异地访问能够像本地访问一样，运行数据库客户端软件，甚至浏览共享文件夹。

对于上述应用，传统方法是采用拨号实现远程访问，如图 15-1 所示，这种方式需要电话链路（或租用 DDN、ISDN、FR 等），这种方式访问内部网络的安全性是以没有通过公用网络为基础的，但需要支付昂贵的线路租用费用。

实际上，可以通过安全技术实现公用网络安全传输。用户远程访问网络的安全性主要包括两个方面：一是禁止非授权用户访问内部网络；二是保证授权用户安全连接并访问内部网络，即远程用户连接内部网络，访问内部网络资源的信道是安全的。一般通过身份认证实现上述安全需求，身份认证机制有用户身份识别 ID 和用户密码验证，或采用 RADIUS 等安全鉴别协议

等。建立虚拟专用网络 VPN 是一种有效的办法。VPN 的速度和效果取决于运营商所提供的线路质量。

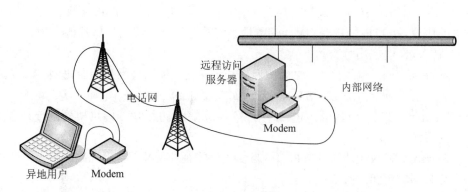

图 15-1　远程拨号访问

虚拟专用网络提供了一种通过公用网络安全地访问企业内部专用网络的连接方式，可以让移动用户 VPN 连接使用隧道（Tunnel）作为传输通道，这个隧道是建立在公共网络或专用网络基础之上的，如 Internet 或 Intranet，如图 15-2 所示。

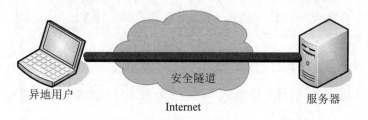

图 15-2　安全隧道连接客户机和服务器

采用 VPN 的好处有以下几个：

- 降低费用。远程用户可以通过向当地的 ISP 申请账户登录到 Internet，以 Internet 通信链路建立隧道与企业内部专用网络的连接，通信费用大幅降低。
- 增强安全性。VPN 使用点到点协议（PPP）及用户级身份验证，这些验证方法包括密码身份验证协议（PAP）、质询握手身份验证协议（CHAP）、Shiva 密码身份验证协议（SPAP）、Microsoft 质询握手身份验证协议（MS-CHAP）和可扩展身份验证协议（EAP）等，并且可以采用如微软点对点加密算法（MPPE）和网际协议安全（IPSec）机制对数据进行加密。
- 网络协议支持。VPN 支持常用的网络协议，包括 IP、IPX 和 NetBEUI 等协议。
- IP 地址安全。因为 VPN 是加密的，所以 VPN 数据包在 Internet 中传输时，Internet 上的用户只看到公用的 IP 地址，而看不到数据包内包含的专有网络地址，因此远程专用网络上指定的地址是受到保护的。

15.1.2　VPN 的分类

VPN 的分类方式在业界没有完全统一的标准，不同的生产厂家在销售它们的 VPN 产品时使用了不同的分类方式，它们主要是以产品的角度来划分的。不同的 ISP 在开展 VPN 业务时也推出了不同的分类方式，它们主要是从业务开展的角度来划分的。而用户往往也有自己的划分方法，主要是根据自己的需求来进行的。下面简单介绍几种从不同的角度对 VPN 的分类。

（1）按 VPN 的协议分类。VPN 的隧道协议主要有 3 种：PPTP、L2TP 和 IPSec，其中 PPTP 和 L2TP 协议工作在 OSI 模型的第二层，又称为二层隧道协议；IPSec 是第三层隧道协议，也是最常见的协议。L2TP 和 IPSec 配合使用是目前性能最好、应用最广泛的一种。

（2）按 VPN 的应用分类。

● Access VPN（远程接入 VPN）：客户端到网关，使用公网作为骨干网在设备之间传输 VPN 的数据流量。从 PSTN、ISDN 或 PLMN 接入。

● Intranet VPN（内联网 VPN）：网关到网关，通过公司的网络架构连接来自同一公司的资源。

● Extranet VPN（外联网 VPN）：与合作伙伴企业网构成 Extranet，将一个公司与另一个公司的资源进行连接。

（3）按所用的设备类型进行分类。网络设备提供商针对不同客户的需求开发出不同的 VPN 网络设备，主要有交换机、路由器和防火墙。

● 路由器中内置 VPN：路由器式 VPN 部署较容易，只要在路由器上添加 VPN 服务即可，但其只支持简单的 PPTP 或 IPSEC。

● 交换机中内置 VPN：主要应用于连接用户较少的 VPN 网络。

● 防火墙中内置 VPN：防火墙式 VPN 是最常见的一种 VPN 的实现方式，许多厂商都提供这种配置类型。

15.1.3 VPN 的隧道协议

隧道技术是实现 VPN 的最关键部分，它是在公网上建立虚拟信道，而建立虚拟信道是利用隧道技术实现的。IP 隧道的建立可以是在链路层和网络层。链路层隧道主要是 PPP 连接，如 PPTP 和 L2TP，其特点是协议简单、易于加密，适合远程拨号用户；网络层隧道协议如 IPSec，其可靠性及扩展性优于链路层隧道。

通常，VPN 常用两种隧道协议：

（1）点到点隧道协议（PPTP）。PPTP 是 PPP 的扩展，它支持通过公共网络（如 Internet）建立按需的、多协议的虚拟专用网络。PPTP 可以建立隧道或将 IP、IPX 或 NetBEUI 协议封装在 PPP 数据包内，因此允许用户远程运行依赖特定网络协议的应用程序。VPN 服务器执行所有的安全检查和验证，并启用数据加密。通过启用 PPTP 的 VPN 传输数据就像在企业的一个局域网内那样安全，此外使用 PPTP 可以建立专用 LAN 到 LAN 的网络，如图 15-3 所示。

图 15-3 使用 VPN 连接两个局域网

（2）第二层隧道协议（L2TP）。和 PPTP 的功能大致相同，允许用户远程运行依赖特定网络协议的应用程序。与 PPTP 不同的是，L2TP 通常使用网际协议安全（IPSec）机制进行身份验证和数据加密。目前 L2TP 只支持通过 IP 网络建立的隧道，不支持通过 X.25、帧中继或 ATM 网络的本地隧道。

实现 VPN 连接，企业内部网络中必须配置一台 VPN 服务器，如采用基于 Windows Server 2008 的服务器或购买专用 VPN 网关服务器。VPN 服务器一方面连接企业内部专用网络，另一方面要连接 Internet，即 VPN 服务器必须拥有一个公用的 IP 地址。当客户机通过 VPN 连接与专用网络内的计算机进行通信时，先通过公共网络将所有数据传送到 VPN 服务器，然后再由 VPN 服务器负责将所有的数据传送到目标计算机。

VPN 使用 3 个方面的技术保证通信的安全性，即隧道协议、身份验证和数据加密。客户机向 VPN 服务器发出请求，VPN 服务器响应请求并向客户机发出身份质询，客户机将加密的响应信息发送到 VPN 服务器，VPN 服务器根据用户数据库检查该响应，如果账户有效，VPN 服务器将检查该用户是否具有远程访问权限，如果该用户拥有远程访问的权限，VPN 服务器接受此连接。在身份验证过程中产生的客户机和服务器共享密钥将用来加密通信数据。

Windows Server 2008 同时支持拨号网络和虚拟专用网络（VPN）两种类型的远程访问连接。本章将介绍如何使用 Windows Server 2008 构建 VPN 网关，及远程访问客户端如何连接 VPN 网关以访问内网资源。

15.2　安装和启用 VPN 服务器

15.2.1　构造 VPN 网络环境

设定使用虚拟专用网络进行连接时，远程 VPN 客户端通过 Internet 连接到公司内部网络的 VPN 服务器，即建立一个虚拟专用连接，最终可以自由地访问内部网络。如图 15-4 所示给出了典型 VPN 应用环境，VPN 网关服务器的一端连接到 Internet，另一端连接内部网络。

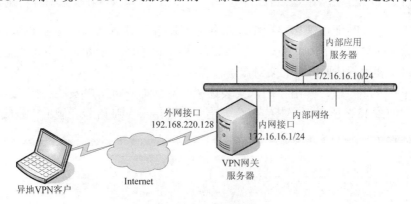

图 15-4　模拟的 VPN 环境

在图 15-4 中，VPN 服务器安装两块网卡，一个设定公共的 IP 地址（设为 192.168.220.128），连接到 Internet；另一个设置内部 IP 地址（设为 172.16.16.1），连接公司内部网络。远程客户端需要连接 Internet，可以通过拨号或宽带等方式，通过在 Internet 上建立的虚拟专用通道连接到 VPN 服务器上，实现与公司内网的通信。

使用 VPN 连接的效果：没有进行 VPN 拨号前，远程 VPN 客户仅能 ping 通 VPN 网关的外网网卡 IP 地址，无法访问任何内网 IP 和资源；进行 VPN 拨号登录网关后，可以 ping 通内网接口和服务器 IP 地址，同时可以使用内网共享资源。

15.2.2　安装远程服务

在 Windows Server 2008 中，VPN 服务的管理在远程访问服务模块中，要想配置 VPN 服务器，首先要确定系统中安装有远程访问服务角色，虽然 Windows Server 2008 内置了远程服务组件，但默认情况下并没有安装，需要手动进行安装。

以管理员的身份登录到 Windows Server 2008，然后运行服务器管理器，启动添加服务器角色向导，在向导下完成远程服务的安装。

单击"开始"→"管理工具"→"服务器管理"选项，在出现的"服务器管理"窗口中选择"角色"选项，如图 15-5 所示，在出现的"角色"窗格中单击"添加角色"超链接，启动添加角色向导，弹出"开始之前"对话框，单击"下一步"按钮，弹出如图 15-6 所示的"选择服务器角色"对话框，在其中选择"网络策略和访问服务"选项。

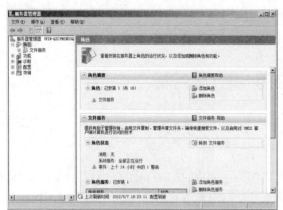

图 15-5　"服务器管理器"窗口

图 15-6　"选择服务器角色"对话框

单击"下一步"按钮，弹出"网络策略和访问服务"对话框，在这里可以了解网络策略和访问服务相关的知识；单击"下一步"按钮，弹出如图 15-7 所示的"选择角色服务"对话框，选中"路由和远程访问服务"复选框。

单击"下一步"按钮，弹出"确认安装选择"对话框，单击"安装"按钮，开始安装所选择的角色，如图 15-8 所示，安装完成会弹出"安装结果"对话框，显示安装成功。

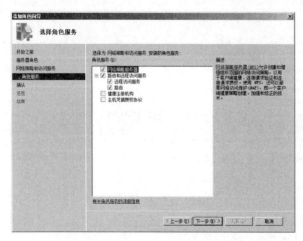

图 15-7　"选择角色服务"对话框

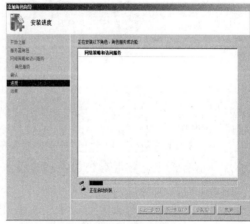

图 15-8　安装过程

15.2.3　启动 VPN 服务

运行"管理工具"中的"路由和远程访问"管理应用程序，打开"路由和远程访问"管理控制台。

右击服务器图标，选择"配置并启用路由和远程访问"选项启动路由和远程访问服务器安装向导，如图 15-9 所示，单击"下一步"按钮。

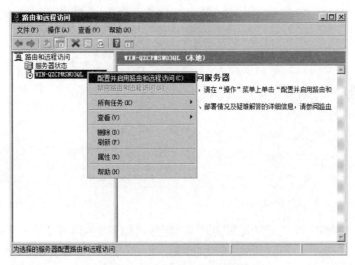

图 15-9　启用路由和远程访问

在如图 15-10 所示的向导对话框中，单击"远程访问（拨号或 VPN）"选项，允许远程客户端通过拨号或安全的虚拟专用网络连接到该服务器，单击"下一步"按钮。

在如图 15-11 所示的向导对话框中，选择远程访问服务器模式，根据应用模式选择服务器的角色，如 VPN 或"拨号"，这里我们选择 VPN，单击"下一步"按钮。

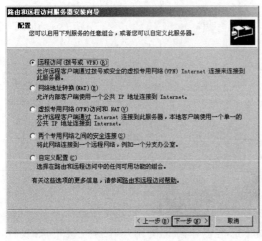

图 15-10　启用该服务器为"远程访问"

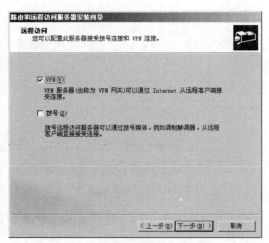

图 15-11　配置服务器接受 VPN 连接

配置远程访问服务器外网连接地址。在如图 15-12 所示的向导对话框的"网络接口"列表框中选择连接到 Internet 的网络接口，如本例中名称是"本地连接"、IP 地址为 192.168.220.128 的网络接口连接着外网，然后单击"下一步"按钮。

对远程客户指派 IP 地址。如图 15-13 所示，如果使用 DHCP 服务器为远程客户端分配地址，在 IP 地址指定设置对话框中选择"自动"；如果为远程客户端分配静态 IP 地址，选择"来自一个指定的地址范围"。若网络中没有安装 DHCP 服务，则必须指定一个地址范围，单击"下一步"按钮。

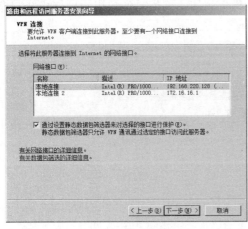
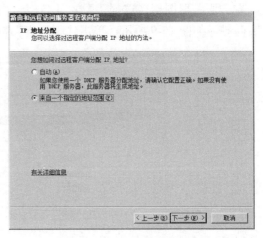

图 15-12　配置外网接口　　　　　　　　　图 15-13　配置内网接口

如果选择了"来自一个指定的地址范围"，则弹出如图 15-14 所示的"地址范围分配"对话框。单击"新建"按钮，指定起始 IP 地址和结束 IP 地址，Windows 将自动计算地址的数目。单击"确定"按钮，返回到"地址范围分配"对话框，如图 15-15 所示。本例中为远程访问客户分配了 192.168.0.1～192.168.0.20 共 20 个 IP 地址。远程访问客户在 VPN 客户端设置时可以选择该范围中的任何一个 IP 地址。单击"下一步"按钮。

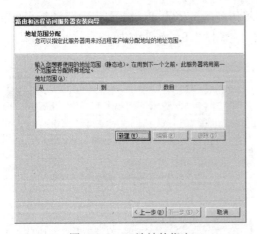
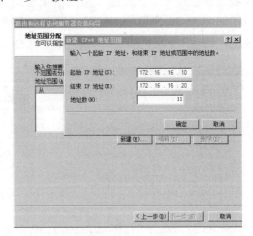

图 15-14　IP 地址的指定　　　　　　　　　图 15-15　IP 地址范围的设定

在如图 15-16 所示的身份验证模式对话框中选择默认选项"否，使用路由和远程访问来对连接请求进行身份验证"，此时远程访问用户使用本服务器中管理的用户账号连接本 VPN 服务器，并且该账号已经授予远程访问权限。如果网络中存在 RADIUS 服务器，可以集成该服务器验证远程访问客户。单击"下一步"按钮。

如图 15-17 所示，单击"完成"按钮结束安装。系统启用路由和远程访问服务并将该服务器配置为远程访问服务器。

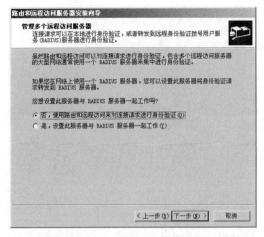
图 15-16　身份验证模式设置

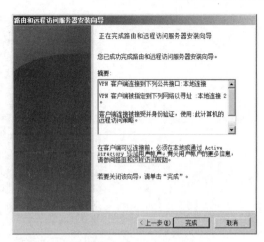
图 15-17　向导完成

15.3　配置 VPN 服务器

VPN 服务器安装完之后，可以根据需要配置服务器，尤其是要设定用户，给予远程访问权限才能保证远程用户顺利地连接 VPN 服务器。

15.3.1　配置用户属性

为了实现 VPN 远程连接，必须设置 Windows 用户账户允许远程访问（可以新建用户或者对系统已有用户设定赋予权限）。运行"管理工具"中的"计算机管理"，打开"计算机管理"窗口，选择"本地用户和组"，单击"用户"文件夹，在右侧空白处右击，选择"新用户"，如图 15-18 所示，在弹出的"新用户"对话框中设定用户名为 abc，密码为 123，如图 15-19 所示，单击"创建"按钮。

图 15-18　"计算机管理"窗口

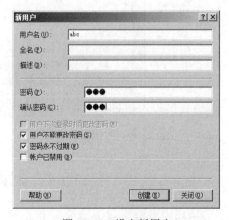
图 15-19　设定新用户

在用户窗口中选择用户 abc 并右击，选择"属性"选项。在弹出的"属性"对话框中单击"拨入"选项卡，如图 15-20 所示，选择"允许访问"或"通过远程访问策略控制访问"，则该用户具有远程连接权限，反之，不允许用户远程访问该服务器。若选择"通过远程访问策略控制访问"，则需要配置远程访问控制策略。单击"确定"按钮完成设置。

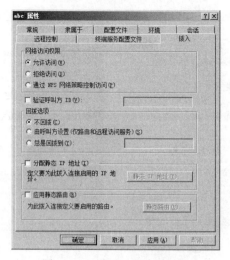

图 15-20　设置远程访问权限

15.3.2　修改同时连接数目

实际应用中，考虑带宽或服务器性能等因素，可以限制 VPN 客户连接的用户数，默认情况允许 128 个连接。若要更改同时连接的数目，运行"路由和远程访问"管理控制台，选择服务器对象，如图 15-21 所示右击端口，选择"属性"选项，在"端口 属性"对话框中单击 "WAN 微型端口（PPTP）"。

然后单击"配置"按钮，弹出如图 15-22 所示的对话框，在其中设置"最多端口数"，键入允许同时连接的端口数目，单击"确定"按钮完成配置。

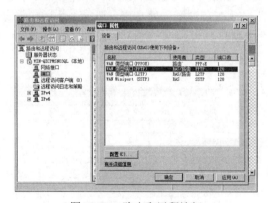

图 15-21　路由和远程访问

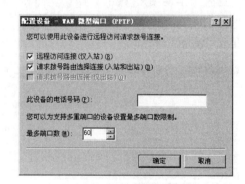

图 15-22　配置端口属性

15.4　配置客户端 VPN 连接

远程访问客户端若要建立与 VPN 服务器的连接，需要新建一个"虚拟专用连接"，访问 VPN 服务器，进而访问 VPN 服务器所连接的内部网络。

15.4.1　新建"虚拟专用连接"

在客户计算机上新建"虚拟专用连接"，首先确认客户计算机与实验环境中的 Internet 的连接配置正确。在"控制面板"中单击"网络连接"，单击网络任务下的"创建一个新的连接"，单击"下一步"按钮。

在"新建连接向导"对话框中选择"连接到我的工作场所的网络"，如图 15-23 所示，单击"下一步"按钮。在弹出的对话框中单击"虚拟专用网络连接"，单击"下一步"按钮。

在"公司名称"对话框中为连接键入一个描述性的名称，即对公司名称的一个简单描述，单击"下一步"按钮。在如图 15-24 所示的对话框中键入目标地址，即 VPN 服务器的 IP 地址或主机名，单击"下一步"按钮。

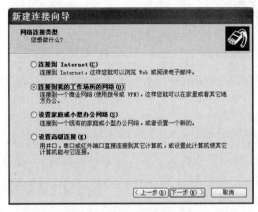

图 15-23　设置网络连接类型

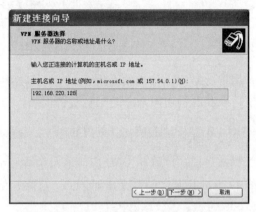

图 15-24　输入计算机的主机名或 IP 地址

在弹出的对话框中，如果允许登录到该计算机的任何用户都能访问此拨号连接，则选择"任何人使用"选项；如果限制此连接仅供当前登录用户使用，则选择"只是我使用"选项。单击"下一步"按钮。在结束对话框中，单击"完成"按钮以保存新建的连接。

15.4.2　建立与 VPN 服务器的连接

当用户需要与远端 VPN 服务器连接时，即运行上面建立的虚拟专用连接，如果此时计算机没有连接到 Internet 上，Windows 将要求先连接到 Internet。

当计算机向 VPN 服务器请求连接时，系统提示输入用户名 abc 和密码，如图 15-25 所示。键入要登录的 VPN 服务器的用户名和密码，单击"连接"按钮。

若连接成功，则会弹出如图 15-26 所示的对话框，单击"确定"按钮，这时用户就可以像访问本地计算机一样访问远端内部网络了。信息在公用网络（如 Internet）上建立的加密通道内传输。

图 15-25　连接虚拟专用连接

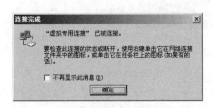

图 15-26　"虚拟专用连接"连接成功

若连接失败，则根据不同的情况会出现不同的连接错误提示对话框。例如，如果出现如图 15-27 所示的对话框，则出错原因可能有以下几个方面：

（1）用户远程连接属性被设置为"拒绝访问"。

（2）远程策略里设置"拒绝远程访问权限"。

（3）远程访问策略里配置文件设置错误等。

图 15-27　连接时出错

用户此时可以仔细检查用户属性，包括用户名和密码的正确性、远程访问属性设置的正确性，以及远程访问策略的配置是否正确。

15.4.3　VPN 连接建立的测试

当客户端计算机和 VPN 服务器未建立任何连接时，我们测试客户端和内网 172.16.16.0 网关的 IP 地址相互之间是无法通信的，从客户端 ping 任意内网 IP 地址时，反馈结果为 Request time out。

当客户端计算机 VPN 连接成功建立后，测试 VPN 网关内网 IP 地址，结果如图 15-28 所示，能够 ping 通，并且能够成功访问内网（172.16.16.0 网段）服务器共享文件。

```
C:\WINDOWS\system32\cmd.exe

C:\Documents and Settings\Administrator>ping 172.16.16.1

Pinging 172.16.16.1 with 32 bytes of data:

Reply from 172.16.16.1: bytes=32 time<1ms TTL=127
Reply from 172.16.16.1: bytes=32 time=1ms TTL=127
Reply from 172.16.16.1: bytes=32 time=2ms TTL=127
Reply from 172.16.16.1: bytes=32 time=1ms TTL=127

Ping statistics for 172.16.16.1:
    Packets: Sent = 4, Received = 4, Lost = 0 (0% loss),
Approximate round trip times in milli-seconds:
    Minimum = 0ms, Maximum = 2ms, Average = 1ms

C:\Documents and Settings\Administrator>
```

图 15-28　测试内网 IP

本章小结

虚拟专用网 VPN 实现了基于公共网络实现安全远程访问内部网络的机制，Windows Server 2008 内置的"路由和远程访问"组件提供了架设 VPN 的功能。本章介绍了虚拟专用网络 VPN 的基本概念、工作原理和优点，详细介绍了在 Windows Server 2008 中如何设置和管理 VPN 服务器，以及如何配置客户端 VPN 连接。

习题十五

1．什么是虚拟专用网络？它有什么特点？

2．简述拨号连接和虚拟专用连接的区别与联系？

3．简述 VPN 服务器的安装和启用过程。

4．在配置 VPN 服务器时，如何限制远程连接数？

5．如何从客户端进行 VPN 的连接？

实训十五

题目：模拟一个网络环境配置远端 VPN 连接

内容与要求：

1．VPN 服务器安装双网卡，内网设一个私有 IP：192.168.0.1/24，外网设一个可以连接到 Internet 的公用 IP 地址。

2．内网连接一些计算机，分配私有 IP 地址，要确保内网的连通性，设定一个共享目录。

3．实现从外网及 Internet 上远端登录到内部网络，并访问上述设置的共享目录。

第16章 Windows Server 2008 安全管理

安全是网络应用的重要基础，保证 Windows Server 2008 服务器的应用安全是确保全网安全的重要环节。有效保证服务器自身安全，才能提供可靠服务。本章介绍 Windows Server 2008 安全策略配置与管理、高级防火墙控制功能，以及配置系统安全性的措施等内容，包括以下内容：

- 系统安全实现方法
- Windows Server 2008 安全策略
- Windows Server 2008 高级防火墙
- Windows Server 2008 网络访问保护

Internet 的迅猛发展在给我们带来极大方便的同时，也带来了安全方面的问题。由于 Internet 从建立开始就缺乏安全的总体构想和设计，而 TCP/IP 协议也是在可信环境下为网络互联专门设计的，同样缺乏安全措施的考虑，加上黑客的攻击及各类恶意代码的干扰，使得网络存在很多不安全因素，如口令猜测、地址欺骗、业务否决、对域名系统和基础设施破坏、利用 Web 破坏数据库、邮件炸弹、病毒携带等。

服务器是网络应用的基础，服务器系统的安全自然也就是网络安全的重点，Windows Server 2008 操作系统最突出的改进就是安全性的提升，服务器系统安全工作涉及范围宽广，如系统内核安全、应用程序安全、用户账户安全、端口安全等多个方面，根据服务器所处环境的不同，Windows Server 2008 系统支持管理员启用不同的安全防护策略。

16.1 Windows Server 2008 系统安全

Windows Server 2008 能够帮助企业管理和扩大业务流程，对于一个企业来说，定义系统保护策略以确保企业的关键业务信息的安全是至关重要的。保证服务器安全是一个系统的工程，很难通过一种手段或方法保证安全目标的实现，我们需要针对不同的安全需要来选择不同的方法，立体地保护 Windows Server 2008 的系统安全。经过 Windows NT/2000 Server 的发展，Windows Server 2008 是一种相对安全、比较稳定的网络操作系统，充分利用好其安全特性，可以提高网络系统、服务器系统的安全性。这里结合实际应用经验介绍增强 Windows Server 2008 安全性的方法，可以通过选择下面一些安全手段来保证服务器的系统安全和信息安全。

1. 初始化的安全设置

要创建一个安全的应用服务器必须从一开始安装的时候就注重每一个细节的安全性。新的服务器应该安装在一个孤立的网络中，杜绝一切可能造成攻击的渠道，直到操作系统的安装、防御工作完成。

在系统开始安装的步骤中，需要选择安装 FAT（文件分配表）或 NTFS（新技术文件系统）的文件系统格式，务必为所有的磁盘驱动器选择 NTFS 格式。因为 FAT 是为早期的操作系统设计的比较原始的文件系统，不支持任何的安全权限控制，NTFS 是随着 NT 的出现而出现的，它提供了 FAT 不具备的安全功能，包括存取控制清单 ACL（Access Control Lists）和文件系统日志，文件系统日志能记录对于文件系统的任何改变。

在进行权限控制时，遵循以下几个原则：

（1）权限累计特性。如果一个用户同时属于两个组，那么他就有了这两个组所允许的所有权限。

（2）拒绝的权限比允许的权限级别高（拒绝优先）。如果一个用户属于一个被拒绝访问某个资源的组，那么不管其他的权限设置给他开放了多少权限，他也不能访问这个资源。所以设置拒绝权限要非常小心，任何一个不当的拒绝都有可能造成系统无法正常运行。

（3）文件权限比文件夹权限高。

（4）仅给用户真正需要的权限，权限的最小化原则是安全的重要保障。

2.　配置自动更新

为了保护 Windows 系统的安全，微软公司会不定期地发布各种更新程序，以修补系统漏洞，提升系统性能，因此，系统更新是 Windows 系统必不可少的功能。当 Windows Server 2008 系统建立后，应及时开启自动更新功能，并配置系统定时或自动下载更新程序。

依次打开"开始"→"控制面板"→Windows Update，或者在"服务器管理器"窗口的"安全信息"区域中单击"配置更新"超链接，显示如图 16-1 所示的 Windows Update 窗口。Windows Server 2008 安装完成后，默认没有配置自动更新。

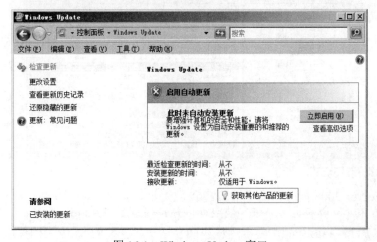

图 16-1　Windows Update 窗口

单击"更改设置"链接，显示如图 16-2 所示的窗口，在这里可以选择 Windows 安装更新的方法，如果选择"从不检查更新"单选按钮，则禁用自动更新功能。单击"确定"按钮保存配置。Windows Server 2008 会根据所做的配置自动从 Windows Update 网站检查更新。

3.　用户账户安全管理

Windows Server 2008 的账号安全管理十分重要。首先，系统默认安装允许任何用户通过匿名用户得到系统的所有账号、共享列表，这本来是为了方便局域网用户共享文件，但是一个远程用户也可以得到用户列表从而设法破解用户密码。

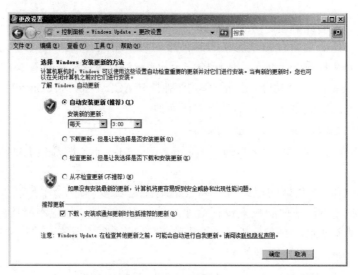

图 16-2　"更改设置"窗口

Windows Server 2008 的本地安全策略可以限制匿名访问。运行"本地安全设置"管理控制台，如图 16-3 所示。选择"本地策略"→"安全选项"，右侧窗格中将显示各种策略配置情况，如启用"不允许 SAM 账户的匿名枚举"、启用"限制匿名访问命名管道和共享"，以及设置"可匿名访问的命名管道"，如允许访问数据库 SQL 的查询等，以提高账号应用安全性。

图 16-3　网络访问设置

在安装过程中，3 个本地用户账户被自动创建：管理员（Administrator）、来宾（Guest）、远程协助账户（Help—Assistant，随着远程协助会话一起安装的）。为了确保服务器的安全性，要密切注意用户账户的状态。系统管理员账户（Administrator）是 Windows 系统中的特殊账户，拥有系统的绝对权限，应对其进行改名、设置陷阱账户等保护措施，对其他拥有不同权限的用户同样要谨慎管理，注意备份和密码保护。不过，管理账户是一个持续的过程，应该定期检查用户账户，并且任何非活跃、复制、共享或测试账户都应该被删除。

同样地，来宾账户和远程协助账户为那些攻击 Windows Server 2008 的黑客提供了一个更为简单的目标。如图 16-4 所示，进入"控制面板"→"管理工具"→"计算机管理"并右击想要改变的用户账户，选择"属性"选项，这样就可以禁用这些账户。务必确保这些账户在网络和本地都是禁用的。

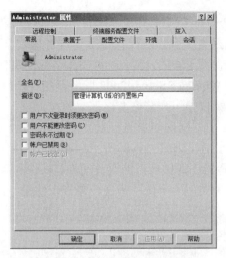

图 16-4　"用户属性"对话框

4. 禁用或删除不需要的服务

增强服务器安全性的最佳方法是不安装任何与业务不相关的应用程序，并且关闭不需要的服务。虽然在服务器上安装一个电子邮件客户端或 FTP 客户端可能会使管理员更方便，但是，如果不直接涉及到服务器的功能，那么最好不要安装它们。

在 Windows Server 2008 上，有 100 多个服务可以被禁用。举例来说，最基础的安装包含 DHCP 服务。不过，如果不打算利用该系统作为一个 DHCP 服务器，禁用 tcpsvcs.exe 将阻止该服务的初始化和运行。需要注意的是，并非所有的服务都是可以禁用的。举例来说，虽然远端过程调用 RPC（Remote Procedure Call）服务可以被 Blaster 蠕虫所利用，进行系统攻击，不过它却不能被禁用，因为 RPC 允许其他系统过程在内部或在整个网络中进行通信。例如为了关闭不必要的 Telephony 服务，如图 16-5 所示，可以通过"控制面板"中的"管理工具菜单"访问"服务"接口。双击 Telephony 服务，打开"属性"对话框，在"启动类型框"中选择"禁用"。需要启动某项服务时，可以用同样的方法将该服务打开或者设置成自动启动。

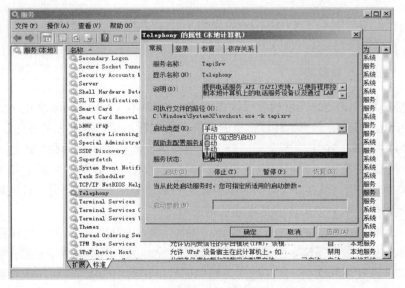

图 16-5　"服务"窗口及属性对话框

5. 创建一个强大健壮的审计和日志策略

阻止服务器执行有害的或者无意识的操作是强化服务器安全的首要目标。为了确保所执行的操作都是正确合法并且有据可查的，那么就得创建全面的事件日志和健壮的审计策略。强大的审计策略应该是健壮的 Windows Server 2008 服务器的一个重要组成部分。成功和失败的账户登录与管理尝试，连同特权使用和策略变化都应该被记录。

在 Windows Server 2008 中，默认创建的日志类型有：应用日志、安全日志、安装程序日志、系统日志和转发的事件日志，如图 16-6 所示，这些日志都可以通过事件查看器（Event Viewer）检测，同时事件查看器还提供广泛的有关硬件、软件和系统问题的信息。在每个日志条目里，事件查看器显示 5 种类型的事件：错误、警告、信息、成功审计和失败审计。

图 16-6 "事件查看器" 窗口

16.2　Windows Server 2008 安全策略

16.2.1　本地安全策略概述

安全策略是事先定义的一系列应用计算机的行为准则，应用这些安全策略保证用户具有一致的工作方式，防止用户破坏计算机上的各种重要配置，保护网络上的敏感数据。

在 Windows Server 2008 中安全策略分为本地安全设置和组策略两种。本地安全设置实现基于单个计算机的安全性，较小的企业或组织或未使用活动目录的网络通常使用本地安全设置；而组策略可以应用于站点、OU（组织单元）或域的范围，通常应用于较大规模并且实施活动目录的网络中。本小节描述的是本地策略选项。

网络安全策略主要包括两大部分，即访问控制策略和信息加密策略。访问控制策略是网络安全防范和保护的主要策略，也是维护网络系统安全、保护网络资源的重要手段，用以保证网络资源不被非法使用和访问。信息加密策略保证数据传输中的安全，可用于保证数据的完整性和机密性。各种安全策略相互配合才能实现对系统的全面保护。

　　Windows Server 2008 安全策略定义了用户在使用计算机、运行应用程序和访问网络等方面的行为，通过这些约束避免用户对网络安全性有意或无意的破坏。

　　运行"管理工具"中的"本地安全策略"管理控制台，打开"本地安全策略"管理窗口，如图 16-7 所示，"本地安全策略"管理窗口的左侧列表包括 7 个选项，其中"高级安全 Windows 防火墙"和"网络列表管理器策略"这两个选项是 Windows Server 2008 新增加的管理项。我们日常运用最多的是"账户策略"和"本地策略"这两个模块，通过这两个策略我们可以很方便地修改设置，升级系统安全性。

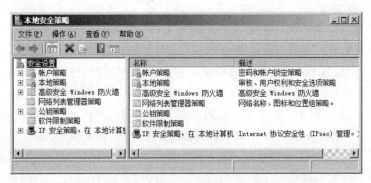

图 16-7　"本地安全策略"窗口

16.2.2　账户策略

　　账户策略主要用于限制用户账户的交互方式，其中包括密码策略和账户锁定策略，这些设置同时适用于独立服务器与环境。

　　1. 密码策略

　　密码策略用于保护本地用户的密码安全，设定密码规则等。如图 16-8 所示，在 Windows Server 2008 系统中，默认已经为所有用户启动了密码复杂性要求。

图 16-8　本地安全设置

　　（1）密码必须符合复杂性要求。

　　这项安全设置确定密码是否必须符合复杂性要求。如果启用此策略，密码必须符合下列最低要求：

- 不能包含用户的账户名，不能包含用户姓名中超过两个连续字符的部分。
- 至少有 6 个字符长。
- 必须包含英文大写字母（A～Z）、英文小写字母（a～z）、10 个基本数字（0～9）、非字母字符（例如!、$、#、%）这 4 类字符中的 3 类字符。
- 在更改或创建密码时执行复杂性要求。

在默认情况下，域控制器上启用，独立服务器上禁用，而且成员计算机沿用各自域控制器的配置。

（2）最短密码长度。

这项安全设置确定用户账户密码包含的最少字符数。可以将值设置为介于 1～14 个字符之间，或者将字符数设置为 0，如果设置为 0，则不需要密码。默认情况下，在域控制器上为7，在独立服务器上为 0，而且成员计算机沿用各自域控制器的配置。

（3）密码最短使用期限。

这项安全设置确定在用户更改某个密码之前必须使用该密码一段时间（以天为单位）。可以设置一个介于 1～998 天之间的值，或者将天数设置为 0。如果设置为 0，则允许立即更改密码。在默认情况下，域控制器上为 1，独立服务器上为 0。密码最短使用期限必须小于密码最长使用期限，除非将密码最长使用期限设置为 0，指明密码永不过期。如果将密码最长使用期限设置为 0，则可以将密码最短使用期限设置为介于 0～998 之间的任何值。如果希望强制密码历史有效，则需要将密码最短使用期限设置为大于 0 的值。如果没有设置密码最短使用期限，用户则可以循环选择密码，直到获得期望的旧密码。默认设置没有遵从该建议，以便管理员能够为用户指定密码，然后要求用户在登录时更改管理员定义的密码。如果将密码历史设置为 0，用户将不必选择新密码。因此，默认情况下将强制密码历史设置为 1。

（4）密码最长使用期限。

这项安全设置确定在系统要求用户更改某个密码之前可以使用该密码的期限（以天为单位）。可以将密码设置为在某些天数（介于 1～999 之间）后到期，或者将天数设置为 0。如果设置为 0，则指定密码永不过期。如果密码最长使用期限介于 1～999 天之间，密码最短使用期限必须小于密码最长使用期限。如果将密码最长使用期限设置为 0，则可以将密码最短使用期限设置为介于 0～998 天之间的任何值。在默认情况下，该值为 42。

（5）强制密码历史。

这项策略使管理员能够通过确保旧密码不被连续重新使用来增强安全性。

这项安全设置确定再次使用某个旧密码之前必须与某个用户账户关联的唯一新密码数。该值必须介于 0～24 个密码之间。在默认情况下，域控制器上为 24，独立服务器上为 0，而且成员计算机沿用各自域控制器的配置。

2. 账户锁定策略

对于域或本机的用户账户来说，通过账户锁定策略可以判定账户锁定的时机及对象，如图 16-9 所示。

（1）复位账户锁定计数器。

这项安全设置确定在某次登录尝试失败之后将登录尝试失败计数器重置为 0 次错误登录尝试之前需要的时间，可用范围是 1～99999 分钟。在默认情况下为无，因为只有在指定了账户锁定阈值时，此策略设置才有意义。如果定义了账户锁定阈值，此重置时间必须小于或等于账户锁定时间。

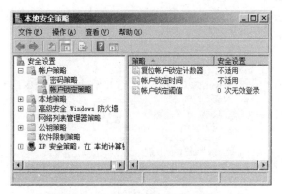

图 16-9　"账户锁定策略"窗口

（2）账户锁定时间。

这项安全设置确定锁定账户在自动解锁之前保持锁定的分钟数，可用范围为 0～99999 分钟。如果将账户锁定时间设置为 0，账户将一直被锁定，直到管理员明确解除对它的锁定。在默认情况下为无，因为只有在指定了账户锁定阈值时，此策略设置才有意义。如果定义了账户锁定阈值，则账户锁定时间必须大于或等于重置时间。

（3）账户锁定阈值。

这项安全设置确定导致用户账户被锁定的登录尝试失败的次数。在管理员重置锁定账户或账户锁定时间期满之前，无法使用该锁定账户。可以将登录尝试失败次数设置为介于 0～999之间的值。如果将值设置为 0，则永远不会锁定账户。在使用 Ctrl+Alt+Del 或密码保护的屏幕保护程序锁定的工作站或成员服务器上的密码尝试失败将计作登录尝试失败。在默认情况下，该值为 0。

16.2.3　本地策略

本地策略包括审核策略、用户权限分配和安全选项 3 个模块。

1. 审核策略

Windows Server 2008 的默认安装不设置安全审核。在"管理工具"→"本地安全策略"管理控制台中选择"本地策略"→"审核策略"，设置相应的审核，如图 16-10 所示。

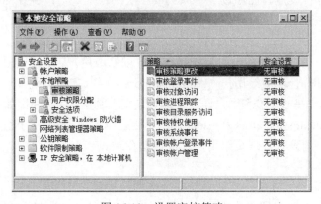

图 16-10　设置审核策略

例如，要审核账号管理，选择"审核账户管理"策略，双击该项目，打开如图 16-11 所示的对话框，在此设置审核。

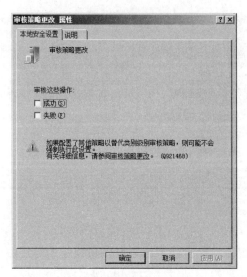

图 16-11　审核账户管理

推荐的常用审核如表 16-1 所示。

表 16-1　常用审核内容

项目	设置值	项目	设置值
账户管理	成功 失败	特权使用	失败
登录事件	成功 失败	系统事件	成功 失败
对象访问	失败	目录服务访问	失败
策略更改	成功 失败	账户登录事件	成功 失败

审核项目少，相应审核事件记录也少；审核项目太多不仅会占用系统资源，而且可能因记录太多而没有办法审核，这样就失去了审核的意义。

与之相关的是，在"账户策略"→"密码策略"中对"密码必须符合复杂性要求"、"密码长度最小值"等进行相应设定。在"账户策略"→"账户锁定策略"中对"账户锁定阈值"、"账户锁定时间"进行设定。比如设置登录失败三次则锁定账户，并在 20 分钟内不允许使用此账户，以此防止非法用户进行密码尝试。

2. 用户权限分配

用户权限分配是指，针对系统的某种操作，可以修改用户或用户组的权限范围，例如需要对本地机设置成只有管理员组用户（Administrators）可以登录系统。

如图 16-12 所示，在右侧找到"允许在本地登录"选项并双击，弹出如图 16-13 所示的"属性"对话框，选择 backup operators 和 users 选项，然后删除掉，单击"确定"按钮，设置完毕。当重新启动系统后，则只有管理员组用户才能成功登录。

3. 安全选项

修改 Windows Server 2008 中默认系统安全选项的设置。

例如，选择安全设置中的"本地策略"→"安全选项"可以设置交互登录方式，如"无须按 Ctrl+Alt+Del 组合键"，如图 16-14 所示，双击该项目并设置成"已启用"。之后在启动并登录系统时无须按控制组合键。

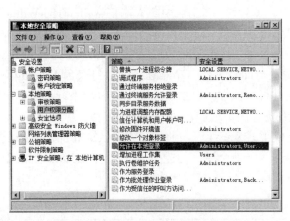

图 16-12　"用户权限分配"窗口

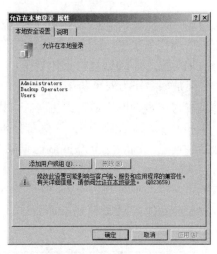

图 16-13　"属性"对话框

图 16-14　安全选项设置

16.3　Windows Server 2008 高级防火墙

高级安全 Windows 防火墙（WFAS）是 Windows Server 2008/Windows Vista 的新增功能，该功能延续并加强了原来的 Windows 防火墙，是一款主机型状态防火墙。

默认状态下，Windows 防火墙已经处于开启状态，能够提供基本的安全防护功能，保护内部网络免受恶意攻击者的入侵。除了使用默认配置外，用户还可以根据需要开启或关闭防火墙。在 Windows Server 2008 中，Windows 防火墙的基本配置变化不大，拥有系统管理权限用户账户就可以在控制面板中打开并配置防火墙。

16.3.1　防火墙概述

最早的 Windows 系统未集成防火墙组件，从 Windows XP SP1 系统才开始提供，当时的名称是 ICF（Internet Connection Firewall，Internet 连接防火墙），由于 ICF 的操作界面简单而且默认是关闭的，并且大部分用户安全意识较差，所以该功能未得到重视。

ICF 的升级版本就是 Windows 防火墙，集成在 Windows XP SP2 和 Windows Server 2003 以后的操作系统中，也是首次集成在 Windows Server 中的主机型防火墙技术，此时的 Windows 防火墙与操作系统结合得更加紧密，操作界面更加友好，对来自网络的攻击拥有基本的抵御能力，但是如果作为安全防御的全部，功能明显不足。许多管理员会借助 Windows 提供的 IPSec 筛选器对主机的网络通信提供防护，因此管理员面临另外一个难题，即如何取舍 Windows 防火墙和 IPSec 筛选器，因为这两种技术虽然具有相似性，但主要功能宗旨完全不同，还会出现兼容性问题，高级安全 Windows 防火墙的出现解决了这一难题。

Windows Server 2008 的高级防火墙集成了 IPSec 管理，通过双方的认证和加密来降低攻击的可能性，使得 Windows 防火墙具有提升网络安全通信的能力。ICF、Windows 防火墙和 WFAS 的功能区别如表 16-2 所示。

表 16-2　各版本的 Windows 防火墙功能比较

防火墙	操作系统版本	功能
ICF	Windows XP Windows XP SP1	主机型防火墙
Windows 防火墙	Windows Server 2003 Windows XP SP2	主机型防火墙 可以阻止未经授权的连接请求 提供完善的操作界面 与操作系统结合更加紧密
高级安全 Windows 防火墙 （WFAS）	Windows Server 2008 Windows Vista Windows 7	主机型防火墙 可以阻止未经授权的连接请求 提供完善的主机型防火墙功能 整合 IPSec 功能 默认状态为启用

单从名称中的"高级"两个字就可以看出这已经不是一款简单的主机型防火墙，"高级安全 Windows 防火墙"具有如下新特性：

（1）全新的控制台管理界面。

管理员可以通过 MMC、组策略、命令提示符等多种方式进行管理和配置，而且针对一些常用操作，还提供了向导，应用起来更加简便直观。

（2）双向保护。

传统的防火墙只提供单向保护，只能对传入的数据进行拦截审查，而 WAFS 可以实现通信双向控制，不仅控制传入方向，也可以控制传出的数据。

（3）集成 IPSec 功能。

高级安全 Windows 防火墙将 Windows 防火墙功能和 IPSec 功能集成到一个控制台中，使用这些高级选项可以按照环境所需的方式配置密钥交换、数据保护（完整性验证和加密）以及身份验证设置。

（4）更详细的规则配置。

在传统的 Windows 防火墙中，管理员只能设置网络对本地计算机的传入例外规则，而规则中支持的通信协议也只有 TCP、UDP 和 ICMP。在高级安全的 Windows 防火墙中，管理员可以针对 Windows Server 上的各种对象创建防火墙规则，以确定阻止还是允许流量通过具有高级安全性的 Windows 防火墙。

（5）支持网络位置识别和配置。

网络位置识别 NLA（Network Location Awareness）是 Windows 操作系统的默认服务。通过 NLA 操作系统可以识别目前本地计算机所处的网络位置，在 Windows Server 2008/Windows Vista/7 中，网络位置可以分为 3 种，分别是公共场所、家庭和办公室，针对不同的网络位置可以应用不同的防火墙配置文件。

（6）支持 IPv6 协议。

由于 Windows Server 2008/Windows Vista/7 底层的通信协议层在设计时就已经具有 IPv6 的功能，因此 Windows Server 2008/Windows Vista/7 完全支持 IPv6 的网络环境功能。高级安全的 Windows 防火墙可以完全支持 IPv6 功能，包括 IPv6、IPv6 到 IPv4 以及 IPv6 中新增的 NAT 穿越（NAT Traversal）方式——Teredo（IPv6 到 IPv4 的转换技术）。

16.3.2　防火墙的基本配置

Windows Server 2008 系统下以管理员账户登录，依次选择"开始"→"控制面板"→ "Windows 防火墙"，打开"Windows 防火墙"窗口。单击"更改设备"超级链接，即可打开 "Windows 防火墙设置"对话框。

1．"常规"选项卡

如图 16-15 所示，在其中可以为所有链接启用或关闭 Windows 防火墙，"阻止所有传入连接"也是一个很好用的选项，特别是当前连接的网络存在严重的安全隐患时，该选项能够临时让系统禁止"例外"选项卡中设置的任何程序或服务访问网络，一旦本地服务器系统处于一个比较安全的工作环境时，再取消"阻止所有传入连接"选项的选中状态，恢复之前的正常操作。

Windows 防火墙有 3 种设置：

- 启用。默认处于打开状态，此时 Windows 防火墙会阻止所有到计算机的未经请求的连接，不包括"例外"选项卡中的程序和服务发出的请求。
- 启用时阻止所有传入连接。选中此复选框，"Windows 防火墙"阻止所有到计算机的连接请求，包括"例外"选项卡中的程序和服务发出的请求，注意可能某些程序无法正常工作。
- 关闭。关闭 Windows 防火墙，Windows 系统失去访问控制的保护，很容易受到入侵和病毒的侵害，此设置适用于计算机有第三方防火墙的情况。

2．"例外"选项卡

在如图 16-16 所示的"例外"选项卡中设置能够直接访问网络的程序或服务，可以直接通过单击"添加程序"或"添加端口"按钮来自行添加需要访问外部网络的程序或服务，解除系统防火墙程序对网络访问的阻止。

（1）允许/限制程序访问。

为了提高系统安全性，默认情况下 Windows 防火墙阻止所有与计算机程序建立的未经请求的连接，导致用户许多正常的网络应用无法实现。因此，需要对这些程序进行设置，在防火墙中为这些程序创建例外，应用程序即可通过防火墙访问网络。

在"例外"选项卡中单击"添加程序"按钮，弹出如图 16-17 所示的对话框，在"程序"列表中选择允许访问的网络应用程序。

单击"更改范围"按钮，可以为添加的程序设置适当的作用范围，如图 16-18 所示，可以选择"任何计算机"，代表限制所有的主机范围；选择"仅我的网络"，代表只允许本地子网连接；选择"自定义列表"，可以选择自行设定的网段地址或多个网段地址进行作用域限制。

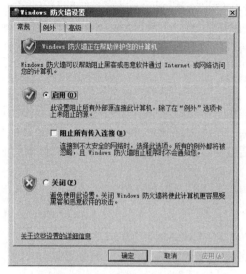

图 16-15　"常规"选项卡

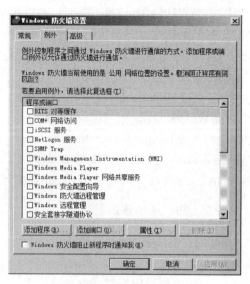

图 16-16　"例外"选项卡

图 16-17　"添加程序"对话框

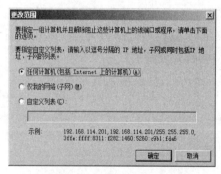

图 16-18　"更改范围"对话框

（2）允许限制端口访问。

端口可以认为是计算机与外界通信交流的出口，开启的端口在提供网络应用的同时有可能成为恶意用户入侵的通道，打开端口就像在防火墙上打开一个漏洞，如果防火墙上有太多这样的漏洞，防护作用将受到严重的影响。通常情况下，开放端口应遵循以下原则：

● 只有真正需要使用某个端口时才能将此端口打开。

● 不为未识别的程序打开端口。

● 一旦不再需要，立即将端口关闭。

在"例外"选项卡中单击"添加端口"按钮，弹出如图 16-19 所示的对话框，在"名称"文本框中输入自拟的端口名称，如 QQ，在"端口号"文本框中输入要添加的端口号，例如 8000，选中 UDP 单选按钮。

3. "高级"选项卡

在如图 16-20 所示的"高级"选项卡中，可以根据本地服务器系统中多条网络连接的情况选择需要受防火墙保护的目标网络连接。如果发现防火墙中有许多参数没有配置正确，或防火墙出现故障，用户可以直接单击"还原为默认值"按钮快速取消所有的参数修改操作，将系统防火墙的参数设置恢复到系统起初安装时的状态。

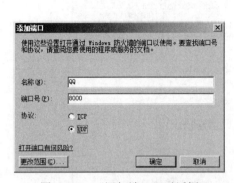

图 16-19　"添加端口"对话框

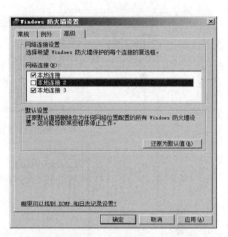

图 16-20　"高级"选项卡

16.3.3　高级安全 Windows 防火墙的基本配置

高级安全 Windows 防火墙使用两组规则，配置如何响应传入和传出流量，确定允许或阻止流量类型。连接安全规则确定如何保护计算机与计算机间的通信，通过使用防火墙配置文件可以应用这些规则以及其他设置监视防火墙活动和规则。

（1）防火墙规则。

配置防火墙规则以确定阻止还是允许流量通过。当数据包到达计算机时，高级安全 Windows 防火墙会检查该数据包，确定其是否符合防火墙规则中指定的标准。如果数据包与规则中的标准匹配，高级安全 Windows 防火墙执行规则中指定的操作，即阻止连接或允许连接。如果数据包与规则中的标准不匹配，高级安全 Windows 防火墙将丢弃该数据包，并在防火墙日志文件中创建条目。

（2）连接安全规则。

连接安全规则可以用来配置本地计算机与计算机之间特定连接的 IPSec 设置。高级安全 Windows 防火墙首先使用该规则评估网络通信，然后根据该规则中所建立的标准阻止或允许消息。默认状态下，高级安全 Windows 防火墙将阻止通信。如果所配置的设置要求连接安全（双向），而两台计算机无法互相进行身份验证，同样会阻止连接。

（3）防火墙配置文件。

防火墙配置文件是一种分组设置的方法，如防火墙规则和连接安全规则，根据计算机连接到的位置将其应用于该计算机。高级安全 Windows 防火墙中有 3 个配置文件，分别是域、专用网络（例如家庭网络）和公用网络，用户每次只能从中选择一个使用。

（4）监视。

监视节点显示有关当前所连接的计算机（本地计算机或远程计算机）的信息。如果使用管理单元来管理组策略对象而不是本地计算机，不会出现该节点。

以管理员账户登录 Windows Server 2008 系统后，依次单击"开始"→"管理工具"→"高级安全 Windows 防火墙"命令，打开如图 16-21 所示的"高级安全 Windows 防火墙"窗口，包括入站规则、出站规则和连接安全规则 3 种。如果安装 Active Directory 服务，还会增加 13 条相应的安全规则。

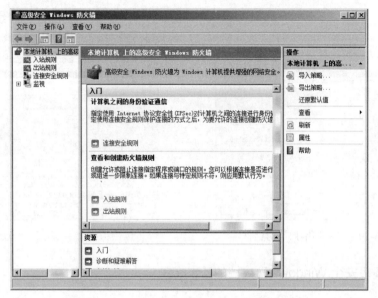

图 16-21　"高级安全 Windows 防火墙"窗口

- 入站规则。入站规则明确允许或者明确阻止与规则条件匹配的通信。例如，可以将规则配置为明确允许受 IPSec 保护的远程桌面通信通过防火墙，但阻止不受 IPSec 保护的远程桌面通信。默认情况下将阻止入站通信，若要允许通信，必须先创建相应的入站规则。在没有适用的入站规则的情况下，也可以对具有高级安全性的 Windows 防火墙所执行的操作（无论允许还是阻止连接）进行配置。
- 出站规则。出站规则明确允许或者明确拒绝与规则条件匹配的计算机的通信。例如，可以将规则配置为明确阻止出站通信通过防火墙到达某一台计算机，但允许同样的通信到达其他计算机。默认情况下允许出站通信，因此必须创建出站规则来阻止通信。

1. 禁用或启用规则

管理员可以通过两种方式启用或禁用防火墙规则：Windows 防火墙控制台和 netsh 命令。在高级安全 Windows 防火墙控制台中，首先选择"入站规则"或"出站规则"，然后右击相应规则，如图 16-22 所示，选择"禁用规则"或者"启用规则"选项，即可更改其运行状态。使用 netsh 命令启用或禁用单一规则以及规则组。

2. 创建防火墙规则

Windows 2008 的高级安全 Windows 防火墙使用出站和入站两种规则配置其如何响应传入和传出的请求。默认情况下，管理员在该服务器上安装微软公司提供的网络服务后将自动添加在高级防火墙的出站规则列表中，并允许通过防火墙。但是，如果安装的是第三方网络服务，则必须通过手动创建相关规则，才可以将服务发布到网络。例如，如果在当前服务器上配置基于 Serv-U 的 FTP 服务器，则必须同时创建提供上传和下载的入站规则（两个不同的端口分别是 2121 和 2020）。

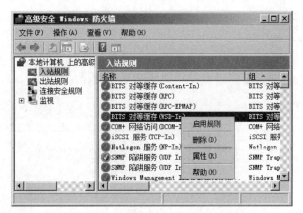

图 16-22　"规则启用/禁用"对话框

（1）在高级安全 Windows 防火墙控制台中，右击"入站规则"，选择快捷菜单中的"新规则"选项，弹出如图 16-23 所示的"规则类型"对话框。与普通 Windows 防火墙类似，同样可以通过选择应用程序、指定端口、服务等多种方式创建访问规则。这里选择"端口"单选按钮。

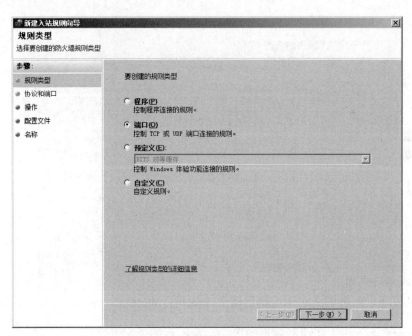

图 16-23　"规则类型"对话框

（2）单击"下一步"按钮，弹出如图 16-24 所示的"协议和端口"对话框。根据服务使用的协议类型选择 TCP 或者 UDP 单选按钮，本例中 FTP 服务使用的是 TCP 端口，因此选择 TCP 单选按钮。选择"特定本地端口"单选按钮，输入服务使用的端口号，如果在配置服务器时指定了非默认端口，则在这里也应指定相应端口，例如 2121。

（3）单击"下一步"按钮，弹出如图 16-25 所示的"操作"对话框，选择"允许连接"单选按钮。如果选择"只允许安全连接"单选按钮，则高级防火墙只允许特定的安全用户访问服务器，即使用 IPSec 身份验证的用户。如果选择"阻止连接"单选按钮，则将阻止所有用户到服务器的连接。

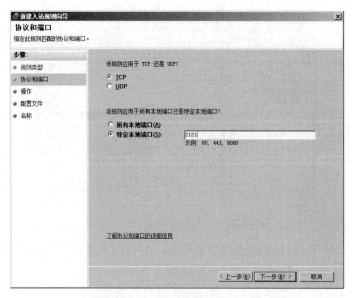

图 16-24 "协议和端口"对话框

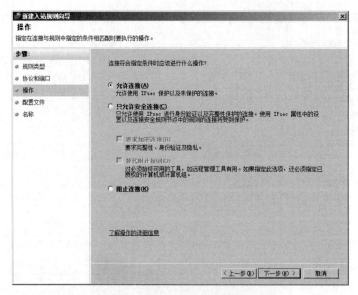

图 16-25 "操作"对话框

（4）单击"下一步"按钮，弹出如图 16-26 所示的"配置文件"对话框，设置该规则的应用范围。例如，FTP 服务器仅对 Internet 用户提供服务，则选择"公用"复选框，内网用户对服务器的访问将不受防火墙保护。

（5）单击"下一步"按钮，弹出如图 16-27 所示的"名称"对话框。在"名称"文本框中输入该入站规则的显示名称，以便于识别。在"描述"文本框中，可以输入相关的描述信息。

（6）单击"完成"按钮，即可保存已创建的入站规则。FTP 服务器提供下载和上传服务时需要使用不同的端口，因此还需要对用于发布上传服务的端口创建入站规则，如图 16-28 所示。详细操作过程这里不再赘述。

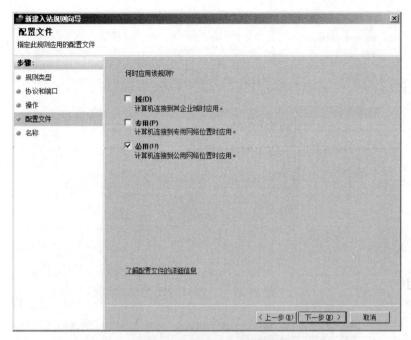

图 16-26 "配置文件"对话框

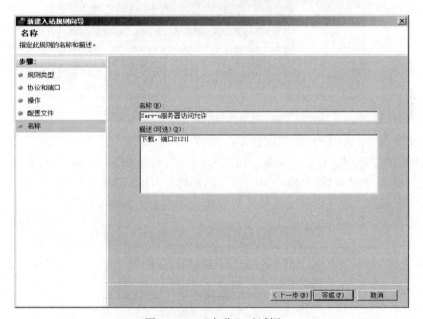

图 16-27 "名称"对话框

（7）默认情况下，成功创建的入站规则将自动启用，并显示在"入站规则"窗口中，如图 16-29 所示。

3. 编辑防火墙规则

在 Windows Server 2008 系统防火墙中，管理员可以通过配置 ICMP 协议响应机制使本地计算机响应或拒绝其他计算机的 ping 命令测试，以确保服务器安全。而在 Windows Server 2008 系统中，该协议的防火墙规则已被默认集成在高级安全 Windows 防火墙中的出站/入站规则中，用户可以通过修改配置达到禁止响应 ping 命令或者禁止 ping 出的目的。

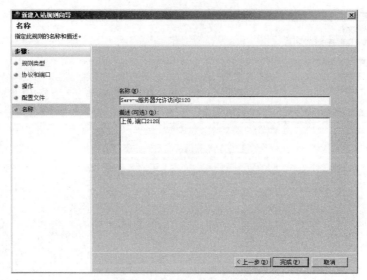

图 16-28   "名称"对话框

图 16-29   "高级安全 Windows 防火墙"窗口

在高级安全 Windows 防火墙控制台中，选择"入站规则"或"出站规则"选项，右击需要配置的规则（以"网络一路由器播发（ICMPv6-In）"策略为例），选择快捷菜单中的"属性"选项，弹出如图 16-30 所示的"核心网络一路由器播发（ICMPv6-In）属性"对话框。在"常规"选项卡中，选择"只允许安全连接"单选按钮即可启用 IPSec 保护。

图 16-30   "核心网络一路由器播发（ICMPv6-In）属性"对话框

同时可以对"程序和服务"、"用户和计算机"、"协议和端口"、"作用域"和"高级"等选项卡进行设置，选定规则的适用对象、范围等其他参数，满足用户的多功能限制需求。

16.4　Windows 网络访问保护

远程访问是大多数局域网中比较常用的功能之一，由于不安全客户端远程拨入导致的网络瘫痪故障也时有发生。Windows Scrvcr 2008 系统的网络访问保护功能（Nctwork Acccss Protection，NAP）可以通过网络策略服务器对客户端拨入请求进行身份验证和健康状态评估，只有达到网络健康标准的客户端，才允许接入内部网络，未达到网络标准的客户端，可以通过指定的修正服务器修复计算机的状态后才允许接入内部网络。

16.4.1　NAP 概述

对于网络管理人员来说，必须确认接入企业网络的所有计算机都更新为最新的系统状态，以及符合企业的"健康策略（Health Policy）"需求，这是一个非常耗费时间的挑战。如果没有注意连接到企业网络的计算机的更新状态是否保持为最新，则是最常见的危害网络完整性的问题之一。如果用户没有更新其"操作系统更新（Operating System Update）"与防病毒软件代码为最新状态，则企业的网络将暴露于网络攻击与恶意软件（例如网络病毒）感染的风险中。

Windows Server 2008 与 Windows Vista 的 NAP 提供程序与"应用程序编程界面（API）"以协助管理人员设置，当用户执行网络访问或通信时，可强制其遵守企业网络计算机健康管理策略。NAP 强制的功能可与其他厂商软件或与自定义的程序整合，而网络管理员可以定制其所建立及部署的计算机健康维护解决方案，例如监控计算机是否符合健康策略访问网络，或自动更新其软件以符合健康策略要求，或导向不符合健康策略要求的计算机隔离至一个被限制的网络等。

网络访问保护主要分为 4 个部分：策略验证、隔离、补救和持续监控。

1. 策略验证

策略验证是指 NAP 根据网络管理员定义的一系列规则对客户端计算机系统状态进行评估。NAP 在计算机尝试连接到网络时会使用安全监控程序和定义的策略相比较，符合这些策略的计算机视为良好的计算机，而不符合其中一项或多项标准的计算机则被认为是状态不良的计算机。通过这些策略可以检查客户端计算机是否有防病毒软件，是否开启防火墙，是否缺少某个安全补丁等。

2. 隔离

如果没有通过验证策略，则视为网络限制，即隔离。根据网络管理员定义的策略，NAP可以将计算机的网络连接设置为各种状态，例如一台计算机因没开启防火墙而视为状态不良，NAP 可以将该计算机置于隔离网络中，使其与网络中的其他计算机隔绝，直至恢复健康（开启防火墙）为止。

NAP 有两种部署模式，即监控模式和隔离模式。在监控模式下，即使发现授权用户计算机不符合策略，也可以访问网络，但该状况会被记入日志，管理员可以指导用户如何让计算机符合策略。在隔离模式下，不符合策略的计算机只能有限访问网络，它们可以在该网络中找到符合策略的资源。

3．补救

对于被隔离的计算机，NAP 提供了补救策略，即被隔离的计算机无需网络管理员干预即可修复影响运行状态的问题。受限网络允许状态不良的计算机访问特定的网络资源，例如 Windows Server Update Services 服务器。在没有恢复健康之前，不能访问网络中的其他计算机。

4．持续监控

强制计算机在与网络保持连接期间，始终监控这些可保持状态良好的策略。如果计算机状态与策略不符，例如禁用了 Windows Update，则 NAP 将自动开启自动更新，直至恢复正常状态后才可以访问网络。

16.4.2　NAP 的应用环境

网络内部安全已经成为网络安全的重点，用户水平参差不齐，使用习惯各不相同。例如，如果网络中没有安装软件更新或者防病毒软件的客户端，很可能导致整个网络遭受攻击。NAP 可以很好地解决这一难题，通常情况下，它可以应用于如下保护环境：

（1）保护漫游计算机的健康。

网络中应用笔记本移动办公的用户越来越多，例如需要经常携带笔记本出差的用户，笔记本需要经常连接不安全的外部网络，没有安装更新补丁，没有更新病毒库，或者已经感染病毒，一旦连接到公司网络，需要进行安全检查。

（2）保护桌面计算机的健康。

网络中相对比较固定的工作站，虽然受到网络防火墙的保护和安全策略限制，但是由于经常接入 Internet、连接移动设备、收发电子邮件等，也可能存在一定的安全隐患，有必要接受补丁包获得更新，更新病毒库。

（3）保护来访用户计算机的健康。

有时候来访用户的计算机需要连接到内部网络，但是很难保证这些计算机符合网络内部的安全策略，如果强行接入网络，可能会有安全威胁。此时，可以通过网络访问保护功能在技术层面进行访问限制。当客户计算机连入内部网络之后，NAP 可以将客户计算机重定向到一个隔离的网段、会自动连接到修正服务器，对客户计算机实施指定的安全策略，例如进行自动更新、修复漏洞等，在修复安全之后，客户计算机可以自动连接到内部网络，以上操作自动完成，不耽误业务的进展。

（4）保护家庭计算机的健康。

网络中的用户有时候会将工作带到家中处理，需要通过 VPN 等方式将家中的计算机连接到公司内部网络访问资源，此时家中的计算机有可能对公司内部网络造成安全威胁。使用 NAP 功能可以设置检查家庭计算机，可以将连接入的家庭计算机限制到隔离网段，进行健康修复，直到安全为止。

16.4.3　NAP 的系统架构及功能

NAP 是一个用于帮助管理员保护网络安全的管理平台，它由多个组件构成，其中必需的组件包括网络策略服务器、强制点和强制客户端。根据用户所选的强制方式的不同，还可以配置更新服务器组等辅助组件。

1．NAP 的系统架构

如图 16-31 所示是一个完整的 NAP 系统组件示意图。

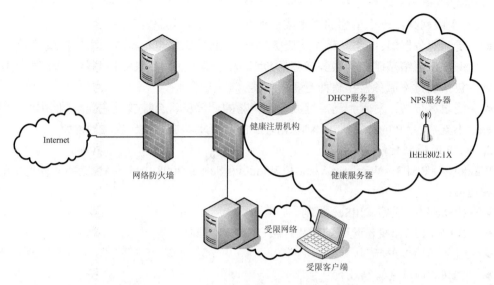

图 16-31　启用 NAP 的网络基础结构的组建

启用 NAP 的网络基础结构的组件主要包含如下内容：

（1）NAP 客户端：支持 NAP 的计算机包括 Windows Server 2008、Windows Vista/7、Windows XP SP3 的计算机。

（2）NAP 强制点：NAP 强制点使用网络策略服务器（NPS）作为 NAP 健康策略服务器来评估客户端的健康状态信息，网络访问或通信是否被允许，以及对不符合的 NAP 客户端必须执行的修正动作的设置。NAP 强制点的例子如下：

- 健康注册机构（HRA）：运行 Windows Server 2008 和 IIS 7.0 服务的计算机，对于符合的 NAP 客户端都具有证书颁发机构（CA）颁发的健康证书。
- 网络访问设备：支持 IEEE 802.1X 身份验证功能的网络设备。
- VPN 服务器：运行 Windows Server 2008 的计算机，允许远程访问 VPN 连接内网的路由和远程访问。
- DHCP 服务器：运行 Windows Server 2008 的计算机，以及提供动态 IPv4 地址配置的 DHCP 服务器服务。

（3）NAP 健康策略服务器：运行 Windows Server 2008 的计算机，以及存储健康要求策略和提供健康状态验证的 NPS 服务。NPS 代替了 Internet 身份验证服务、RADIUS 服务器和 Windows Server 2003 提供的代理。NPS 也可以作为网络访问的身份验证、授权和记账（AAA）服务器。当作为 AAA 服务器或 NAP 健康策略服务器时，NPS 通常为网络访问和健康要求策略的集中配置使用单独的服务器。NPS 服务也可以运行在基于 Windows Server 2008 的 NAP 强制点上，如 HRA 或 DHCP 服务器。但在这些配置中，NPS 服务是用于 RADIUS 代理与 NAP 健康策略服务器交换 RADIUS 消息的。

（4）健康要求服务器：为 NAP 健康策略服务器提供当前系统健康状态的计算机。例如使用杀毒程序的健康要求服务器需要追踪最新版本的病毒库文件。

（5）活动目录域服务：存储账户证书和属性以及组策略设置的 Windows 目录服务。虽然不需要健康状态验证，但是活动目录需要 IPSec 保护通信、802.1X 验证连接，以及远程访问 VPN 连接。

（6）受限网络：一个单独的逻辑或物理网络包含如下部分：

- 更新服务器组：网络基础结构服务器和 NAP 用来修正不符合状态的健康更新服务器。例如，网络基础结构服务器包括 DNS 服务器和活动目录域控制器。健康更新服务器包括病毒库服务器和软件更新服务器。
- 受限客户端：对于不满足健康要求策略的计算机将会被放置在受限网络中。
- 不支持 NAP 的计算机：不支持 NAP 的计算机将会被放置在受限网络中。

2．NAP 的强制功能方式

Windows XP SP3、Windows Vista 和 Windows Server 2008 中的 NAP 支持 4 种类型的网络访问和通信：

- IPSec 保护通信（IPSec 强制）
- IEEE 812.1X 身份验证的网络连接（802.1X 强制）
- 远程访问 VPN 连接（VPN 强制）
- DHCP 地址配置（DHCP 强制）

管理员可以使用这些类型的网络访问或通信（也叫做 NAP 强制方式）来独立或共同限制不符合计算机安全身份的访问或通信。

16.4.4　安装 NAP

默认安装完 Windows Server 2008 后，没有安装网络策略和远程访问服务，需要用户手动安装该服务。

运行"添加角色向导"，在"选择服务器角色"界面中选中"网络策略和访问服务"复选框，如图 16-32 所示。

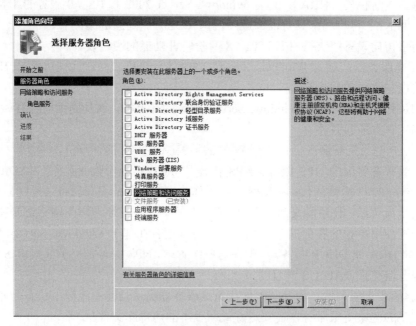

图 16-32　"选择服务器角色"界面

单击"下一步"按钮，显示"网络策略和访问服务"界面，其中概要介绍了"网络策略和访问服务"能够完成的功能。

　　单击"下一步"按钮，显示如图 16-33 所示的"选择角色服务"界面，在"角色服务"列表中选中"网络策略服务器"复选框。

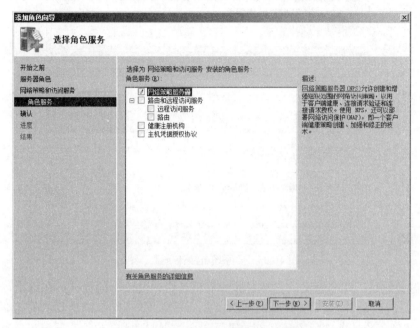

图 16-33　"选择角色服务"界面

　　单击"下一步"按钮，确认安装后显示最终的安装结果界面。

　　安装完毕，通过"管理工具"→"网络策略服务器"可以启动 NPS。

　　如图 16-34 所示，NPS 策略包含 4 部分的内容：系统健康验证器、更新服务器组、健康策略、网络策略，将对加入到公司网络的计算机进行验证、隔离、补救以及健康策略审核。

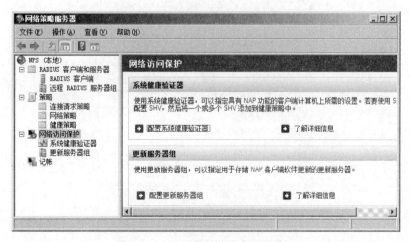

图 16-34　"网络策略服务器"窗口

　　（1）网络健康验证器：它可以审核计算机的运行状态，从而决定要执行哪些项目的核查，然后根据设置的策略检测连接到网络中的计算机哪些是"安全"的，哪些是"不安全"的。例如策略中规定：计算机系统的防火墙关闭被认为是"不安全"的；没有在系统中检测到杀毒软件也是"不安全"的，等等。启动"网络策略服务器"组件，打开 NPS（本地）→"网络访问保护（NAP）"→"系统健康验证器"，如图 16-35 所示，在属性列表中配置需要检测的状态。

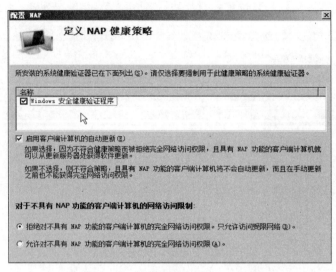

图 16-35　"系统健康验证器"界面

（2）健康策略：顾名思义，它是目标计算机是否"健康"的标准。在这里，建议大家创建两条策略，一条是"安全"的计算机策略，另一条是"不安全"的计算机的策略。在上面步骤中，经系统健康验证器判断的计算机如果是安全的就归并到"安全"计算机策略中，如果系统健康验证器判断计算机是不安全的，则会被归并到"不安全"计算机的策略中。"健康策略"的设置方法为：启动"网络策略服务器"组件，打开 NPS→"策略"→"健康策略"，新建两个"健康策略"，一条是"通过所有安全验证"策略；另一条是"没有通过安全健康检查"策略，如图 16-36 所示。

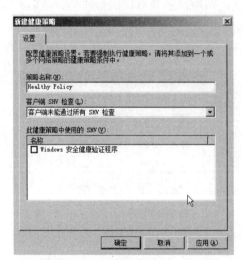

图 16-36　"新建健康策略"对话框

16.5　其他安全特性

相对于先前的 Windows Server 2003 和 Windows 2000 Server 系统，Windows Server 2008

新增了不少安全功能。例如 BitLocker 驱动加密、网络访问保护、用户账户控制以及高级安全 Windows 防火墙等。除前面提到的常用安全功能之外，Windows Server 2008 系统还提供了多项有助于企业提升服务器安全和网络安全的增强型特性。

1. BitLocker 驱动加密

使用 BitLocker 驱动器加密可以保护存储在安装 Windows 的驱动器上的所有文件。前代的加密文件系统（EFS）可以加密单独文件，与其不同的是，BitLocker 将加密整个系统驱动器，包括启动和登录所需的 Windows 系统文件。

在将新的文件添加到具有 BitLocker 的驱动器时，BitLocker 可自动对其进行加密。文件只有存储在加密驱动器中时才保持加密状态，复制到其他驱动器或计算机的文件将被解密。如果与其他用户共享文件（例如通过网络），则当这些文件存储在已加密驱动器上时仍将保持加密状态，但是授权用户通常可以访问这些文件。

在计算机启动时，如果 BitLocker 检测到某个系统条件可能表示存在安全风险（例如磁盘错误、对 BIOS 的更改或对任何启动文件的更改），则 BitLocker 将锁定驱动器并且需要使用特定的 BitLocker 恢复密码才能进行解锁。请确保在第一次打开 BitLocker 时创建此恢复密码；否则，您可能会永久失去对文件的访问权限。

可以随时通过禁用 BitLocker 将其临时关闭，或者通过解密驱动器将其永久关闭。

2. Windows Service Hardening

Windows Service Hardening 能够防止关键 Windows 服务被文档系统、注册表或网络中的异常活动使用，从而确保系统具有更高的安全性。由于 Windows Service Hardening 默认运行的服务很少，而且服务账户拥有的特权极小，因而限制了网络访问。

3. 限制可移动设备安装

Windows Server 2008 为企业提供一种保护数据的方法，这种方法可以防止数据被拷贝到 U 盘等可移动设备上。通过配置组策略（Group Policy）可实现对键盘、鼠标或者 U 盘的控制。管理者在决定移动设备如何使用方面有着充分的灵活性，包括：

- 防止用户安装任何设备。
- 允许用户仅安装"许可列表"上的设备。
- 防止用户安装"禁止列表"上的设备。
- 对于指定设备拒绝用户读取或者写入。

限制可移动设备安装不仅有助于降低数据被盗风险，而且还能进一步降低支持成本，因为这样可确保用户仅安装调整并配备了支持型帮助桌面的设备。

 本章小结

保证 Windows Server 2008 服务器安全是提供可靠服务的基础。本章介绍 Windows Server 2008 安全策略的配置与管理，以及配置系统安全性的措施。Windows Server 2008 内置了基本安全策略模板，能够满足常规安全配置需要，用户也可以根据具体网络应用合理配置 Windows Server 2008 的安全策略。本章以安全安装操作系统、正确配置网络服务与端口、设置账号及安全日志策略为例，介绍了配置 Windows Server 2008 安全策略的作用与方法。

习题十六

1. Windows Server 2008 安全策略包含哪两部分？分别完成什么功能？
2. Windows Server 2008 中提供了几种安全级别模式，分别适用什么场合？
3. 为什么建议将 Windows Server 2008 的 IIS 安装在非系统盘上。
4. 如何防止非法用户对资源的访问？
5. 如何防止非法用户多次进行尝试登录？
6. 在进行权限控制时，遵循的原则是什么？
7. 在系统安装过程中，自动创建了哪 3 个账户？
8. 系统所谓密码的复杂性要求指的是哪些限制？
9. 试描述三款防火墙产品 ICF、Windows 防火墙和 WFAS 的区别。
10. NAP（网络访问保护）分为哪几部分的内容，分别能起到什么作用？

实训十六

题目 1：Windows Server 2008 审核

内容与要求：

1. 熟练使用"本地安全设置"管理控制台查看并设置本地安全策略。
2. 设置审核策略并确定所审核的事件。
3. 建立对登录事件的成功和失败的审核。
4. 建立对 AD 对象、文件夹、文件及打印机的审核。
5. 尝试使用合法和不合法的用户登录系统。
6. 对 AD 对象、文件夹、文件及打印机进行访问。
7. 使用事件查看器查看日志和审核的事件，提高网络的安全性。

题目 2：WFAS（高级安全 Windows 防火墙）的应用

内容与要求：

1. 启用 WFAS，控制它对不同网络的作用域。
2. 建立入站策略，对 IP 网段 172.16.0.0 进行限制，拒绝访问。
3. 建立入站策略，禁止系统对 ping 命令的响应。
4. 建立出站规则，禁止 FTP 服务对非 192.168.1.0 网段的主机响应。
5. 设置应用程序规则，允许 Windows Media Player 自由访问网络。

第 17 章　网络管理

网络管理是为保证网络系统能够持续、稳定、安全、可靠和高效地运行而对网络系统实施的一系列方法和措施。本章介绍 Windows Server 2008 网络管理的相关功能，介绍网络性能监视器、事件查看器、任务管理器等工具的使用方法，包括以下内容：

● 网络管理及提高网络性能的策略
● 使用性能监视器、事件查看器、网络监视器等工具
● 使用任务管理器
● Windows Server 2008 自动优化系统功能
● 命令行管理

17.1　网络管理及网络性能

17.1.1　网络管理的基本内容

网络管理是为保证网络系统能够持续、稳定、安全、可靠和高效地运行而对网络系统实施的一系列方法和措施。网络管理的任务就是收集、监控网络中各种设备和设施的工作参数、工作状态等信息，并将结果反馈给管理员进行处理。网络管理包括以下 5 个主要内容：

（1）配置管理。配置管理是网络管理最基本的功能，负责监测和控制网络的配置状态。包括资源清单管理、资源提供、业务提供及其网络拓扑结构等服务内容。配置管理完成建立和维护配置管理信息库 MIB。

（2）性能管理。性能管理保证网络有效运行和提供约定的服务质量，在保证各种业务的服务质量的同时，尽量提高网络资源利用率。性能管理包括性能检测、性能分析和性能管理控制等内容。性能管理通过访问 MIB 进行性能指标监测、分析和控制，当发现网络性能严重恶化时，性能管理便与故障管理协同。

（3）故障管理。故障管理能够迅速发现、定位和排除网络故障，动态维护网络的有效性。故障管理的主要功能有告警检测、故障定位、测试、业务恢复以及维修等，同时还要维护故障目标。

（4）安全管理。安全管理提供信息的保密、认证和完整性保护机制，使网络中的服务数据和系统免受侵扰与破坏。安全管理主要包括风险分析、安全服务、告警、日志和报告功能，以及网络管理系统保护功能。

（5）记账管理。记账管理是正确地计算和接收用户使用网络服务的费用，进行网络资源使用的统计和网络成本效益计算。

计算机网络中存在各种各样复杂的系统，影响网络性能的因素也各不相同，Windows

Server 2008 内部集成了许多网络性能优化及管理功能，掌握并应用 Windows Server 2008 系统和网络管理功能，对合理部署、维护、管理网络具有重要意义。

Windows Server 2008 中内置有性能监视器和网络监视器等工具，能够对网络性能进行监视，判断网络性能优劣，考察服务器是否存在性能瓶颈，从而发现并解决性能瓶颈等问题。

17.1.2　影响网络性能的因素

在计算机网络中，影响网络性能的因素很多，包括网络传输带宽、网络交换设备性能、服务器性能等。客户机工作的速度与客户机所访问的网络提供的带宽以及服务器处理请求的速度有关。一般满足以下两个条件客户机速度不会受到影响：一是数据链路带宽超出网络客户机处理数据的能力；二是服务器足够快，能够快速响应网络客户机的请求。

安装有 Windows Server 2008 服务器的网络，服务器可能成为网络性能的瓶颈。但是，如果服务器的运行速度高于需要在它上面运行的程序所需要的速度，用户就不会注意到瓶颈的存在。但如果当服务器需要响应几百台客户机，甚至是几千台客户机的请求时，客户机就可能需要花费长时间等待服务器的响应。

用户可以对服务器进行优化，查找服务器的最大负载量资源需求，通过减轻此种资源的负载量，提高服务器响应能力。了解服务器中瓶颈存在的位置，对于调整优化服务器的性能非常重要。Windows Server 2008 环境下性能涉及以下术语：

（1）Resources（资源）：是硬件部件，软件进程在硬件资源下装载。

（2）Bottlenecks（瓶颈）：是影响计算机响应能力的资源。具体应用时，瓶颈是指影响系统性能的部件。

（3）Load（负荷）：是资源不得不执行的工作总量。例如，网络不停地传输数据，则网络就处于沉重的负荷之下；微处理器执行大量复杂的数学运算，则微处理器处于沉重的负荷之下。

（4）Optimization（优化）：是指减少瓶颈对性能的影响。优化包含清除不必要的负荷、均衡多个设备之间的负载、查找增加可用资源等。

（5）Throughput（吞吐率）：是在一定的时间周期内通过的资源信息流。

（6）Processes（进程）：是计算机中可并发执行的程序在一个数据集合上的运行过程，是程序的一次执行和资源分配的基本单位。

（7）Threads（线程）：是一个进程内的基本调度单位。一个进程可以有一个或多个线程；在多处理器环境中，线程是处理器间任务分配的基本单元。

分析查找瓶颈需要全面理解计算机及网络的工作原理，同时需要相应软件工具的支持。Windows Server 2008 提供了丰富的工具，用来查找并消除服务器和网络中的瓶颈。

查找服务器中的瓶颈可以使用本章后面将要介绍的性能监视器。找到瓶颈仅仅是成功的一半，更重要的工作是如何消除这些瓶颈。通常用户能够使用更详细的测量方法确定导致网络性能下降的主要原因。例如，如果确定网络利用率过高，那么应该使用网络监控器确定哪一台计算机产生了那么大的负荷及其原因。

使网络达到最佳性能是一项循序渐进的过程，消除了系统中的主要瓶颈之后，还需要重新查找并消除下一个新的瓶颈。系统中总是有瓶颈存在，因为一种资源总会导致其他资源等待。因此，查找并消除影响网络性能的瓶颈需要重复不断地迭代进行。

17.1.3　提高网络性能的措施

可以采用几种方式来提高网络性能，其中主要包括减少信息流量、增加子网数目和提高网络速度 3 种方式。

1．减少信息流量

当环境允许时，减少信息流量是提高网络性能最有效的方式。减轻网络负荷通常包括找出哪　台计算机产生了最大的网络负荷，并确定该计算机为什么会产生如此大的网络负荷。如果可能的话，减轻由这一具体计算机所产生的网络负荷。重复执行以上过程，直到不可能进一步减轻网络负荷为止，这样就可能把网络信息流量降到某种可行的程度。

2．增加子网数目

增加子网数目实际上是构建更多的通路，从而减轻信息拥塞。将共享介质型网络拆分成多个由交换机、路由器或者具有执行路由功能的服务器所连接的子网，这样可以划分冲突域，进而提高网络性能。当然拆分网络时要考虑实际应用需求，若拆分后处于不同网段的计算机通信频繁，或服务器未放置到合理的位置，拆分效果就不好。下面介绍几种常见的拆分方法。

（1）在客户/服务器网络模式下，绝大多数网络信息流量发生在客户机与服务器之间，所以通常将服务器划分成一个子网。

（2）当网络中存在多台服务器时，首先识别每台客户机通常与哪台服务器进行通信，并把此类客户机放置于该服务器的子网上，然后把所有服务器连接到单一高速子网，通过高速的链路与其他服务器交换信息。

（3）当客户机需要访问许多不同的服务器时，可以将所有服务器集中于高速主干网上，使用三层交换机连接客户子网。

（4）当服务器配置了路由功能时，应该监控这些执行路由功能的服务器，以确保这些服务器不会导致显著的网络瓶颈，否则应考虑使用一台专用的路由器执行路由功能。

3．提高网络速度

提高网络速度是解决网络性能最直接的方法，当然费用可能会高一些，因为这种方式需要替换网络上的数据链路设备，甚至涉及网络体系结构的改变。

通常数据链路升级，如从快速以太网（Fast Ethernet）升级到 1000M/10G 以太网，有时只需升级主干网、服务器之间的链路或者某个子网就可以了。使用网络监视器识别网络上信息量大的用户，并把它们迁移到更快的网络上。

17.2　MMC 管理控制台

到这里大家会发现，我们在前面的章节里学习了很多 Windows Server 2008 的配置功能，而当我们配置某个系统管理部件时，经常需要通过"控制面板"→"管理工具"打开某个功能部件，而需要配置另一个部件时，又要打开一个新的窗口，有没有一种更好的方法能在同一个界面下管理我们所需要的所有功能呢？Windows 提供的管理控制台（Microsoft Management Console，MMC）能够很好地满足我们的需求，MMC 不仅能够对本地系统组件进行配置，也能够对网络中的远程主机进行管理和配置。

17.2.1　MMC 简介

MMC 是一个管理计算机系统配置的通用框架，被称为"管理单元"的管理组件工具。本身是没有管理能力的，但它将众多的管理单元无缝地集成在一起，是多文档界面（MDI）应用程序，类似于 Windows 资源管理器。这个功能从 Windows 2000 Server 开始就已经提供给用户使用，Windows Server 2008 中集成的是 MMC 3.0 版本。

Windows 系统提供了 MMC 管理控制台，通过该工具可以对系统的硬件、软件以及网络组件进行管理。对于那些设计在 Windows 上执行的软件应用程序，MMC 也可以发挥其功能。其实 MMC 并不执行管理的实际操作，它只是掌管那些执行管理的工具，也就是说 MMC 是一个管理工具的"容器"，通过它各种管理工具可以在一个统一的界面上进行管理。

用户使用 MMC 有两种方法：第一种是在用户模式下使用现有的 MMC 控制台管理系统，第二种是在作者模式下创建新控制台和修改现有的 MMC 控制台单元。

单击"开始"→"运行"选项，打开如图 17-1 所示的"运行"对话框，输入 MMC 命令，然后单击"确定"按钮，打开如图 17-2 所示的"控制台"窗口。

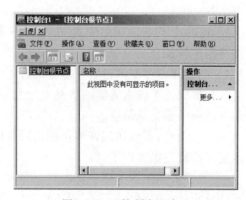

图 17-1　"运行"对话框　　　　　　　　图 17-2　"控制台"窗口

这是一个新的 MMC 控制台窗口，由 3 个窗格组成：左侧的窗格是控制台目录树，包括在控制台中可以使用的不同项目；中间的窗格是详细资料显示，可以显示许多信息，包括 Web 网页、图形、图表、表格、栏位等，当在左侧目录树中选择不同的选项时，则在详细资料窗格中的信息也随之改变；右侧的窗格是一些操作选项。

MMC 控制台窗口上方有一个菜单栏和一个工具栏，在窗口的底部还有一个状态栏。

17.2.2　新建 MMC 控制台

在新建控制台前，先要明确控制台要管理的组件到底有哪些，同时考虑是否保存新建的控制台以方便后面的工作使用。例如，在这里我们需要配置的本地系统功能部件包括"事件查看器"、"本地用户和组"、"服务"、"高级安全 Windows 防火墙"和"可靠性和性能监视器"几个功能。

（1）打开 MMC 控制台，单击"文件"→"添加/删除管理单元"选项，弹出如图 17-3 所示的"添加或删除管理单元"对话框。

（2）在左侧列表框中选中某个管理单元，单击"添加"按钮，如图 17-4 所示，可以把选中单元添加到右侧列表框中，当遇到如图 17-5 所示的"选择目标机器"对话框时，选择默认的"本地计算机"单选按钮即可，因为这是对本地主机的管理。

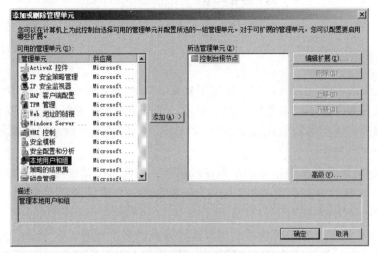

图 17-3　"添加或删除管理单元"对话框

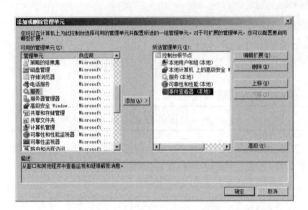

图 17-4　添加了管理单元

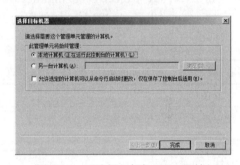

图 17-5　"选择目标机器"对话框

添加完毕单击"确定"按钮，显示如图 17-6 所示的"控制台"窗口，就可以很方便地同时对多个功能部件进行管理了。

图 17-6　"控制台"窗口

如果需要经常使用这个控制台界面，可以选择"文件"→"保存"命令给此控制台命名并保存到适当位置，下次双击即可打开使用。

17.3　可靠性和性能监视器

17.3.1　监视器概述

如前所述，服务器性能直接影响网络应用效果。Windows Server 2008 的可靠性和性能监视器提供了计数器来衡量通过服务器的网络流量，可以从多种角度监视系统资源的使用情况，同时可以将监视的结果用多种方式显示出来，以满足在不同情况下对系统资源监视的要求。性能监视器有以下几个概念：

（1）对象：对象是系统中主要的子系统或组件，对象可以是硬件子系统或软件子系统。

（2）实例：实例代表多个相同类型的对象，例如在一个多处理机系统中，每一个 CPU 就是处理器对象的一个实例。

（3）计数器：通过计数器可以搜集对象或子系统的多个方面、多个角度的数据。在性能监视器上显示的一个个具体计数器代表了被监视对象各个方面的运行情况。不正常的网络计数器值表明它代表的对象的某一性能上出了问题。

Windows Server 2008 系统提供的对象包括 Processor、PhysicalDisk、Memory、Cache、Server、System、Thread、Objects、PagingFile、Process 等。

表 17-1 列出了在配置中可能使用的一些操作系统服务及其相应的性能对象。

表 17-1　服务和性能对象说明

要监视的功能和服务	可用的性能对象
TCP/IP	ICMP、IP、NBT、TCP 和 UDP 对象
浏览器、工作站和服务器服务	Browser、Redirector 和 Server 对象
目录服务	NTDS 对象
打印服务器活动	Print Queue 对象

表 17-2 列出了几个常用性能对象、计数器及对应的描述。

表 17-2　性能对象、计数器及对应说明

对象	计数器	描述
Server	Total Bytes/sec	每秒钟发送和接收的字节数，该数据指出了网络的忙碌程度。如果所有服务器的 Bytes Total/sec 之和与网络的最大传送速度几乎相等，则可能需要将网络分段
Physical disk	Avg.Disk Queue Length	表示还在硬盘中排队处理的硬盘访问请求
Physical disk	Disk bytes/sec	表示在访问硬盘数据时每秒所访问的字节数
Processor	%Processor time	表示 CPU 忙于执行某进程中的程序段所花费时间的百分比
Processor	Processor\Interrupts/sec	此计数器的值明显增加，而系统活动没有相应地增加，则表明存在硬件问题。确定引起中断的网络适配器、磁盘或其他硬件
Memory	Memory\Available Bytes	考察内存使用情况。如果这个数值低于某个临界值，表示可用的内存越来越少

17.3.2　性能监控

启用"性能监视器"监控服务器系统，运行"管理工具"中的"可靠性和性能监视器"管理控制台，打开"可靠性和性能监视器"窗口，如图 17-7 所示。

右击"可靠性和性能监视器"窗口的右侧子窗口，弹出"添加计数器"对话框，如图 17-8 所示。在其中选择监视的性能对象以及属于该对象的计数器，单击"添加"按钮。如果想知道所选择的计数器的意义，可以选中"显示描述"复选框。

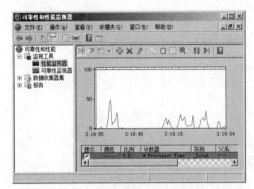 

　　图 17-7　"可靠性和性能监视器"窗口　　　　　图 17-8　"添加计数器"对话框

单击"关闭"按钮返回到"可靠性和性能监视器"窗口，这时便可看到系统开始用选定的计数器监视相应的对象，绘出计数器统计数值的变化图形，如图 17-7 所示。

重复上述步骤，可以添加多个计数器，从不同角度监视服务器系统运行状况。

分析监视数据会揭示一些问题。用户可能发现系统执行情况有时令人满意，有时并不令人满意。根据这些偏差的原因和差异程度可以做相应的处理。

17.3.3　可靠性监控

例如，我们可以利用可靠性监视器确定系统最佳还原事件时间。

（1）进入对应系统的服务器管理器界面，并进入"可靠性监视器"子项，在对应目标子项的右侧子窗口中就能清楚地看到系统指定时间段内的运行性能变化以及可靠性，如图 17-9 所示。

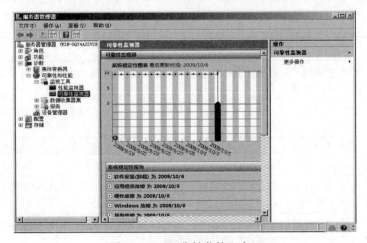

图 17-9　"可靠性监控"窗口

（2）管理员分析系统可靠性信息，确定系统最佳可靠性时间段。

17.4　事件查看器

17.4.1　概述

事件查看器是一个 Microsoft 管理控制台（MMC）管理单元，可用于浏览和管理事件日志。它是用于监视系统运行状况以及在出现问题时解决问题的必不可少的工具。定期检查安全日志，可以检测出恶意用户或攻击者对用户网络中计算机进行的非授权活动或入侵尝试。

使用事件查看器可以执行以下任务：

● 查看来自多个事件日志的事件。

● 将有用的事件筛选器另存为可以重新使用的自定义视图。

● 计划要运行以响应事件的任务。

● 创建和管理事件订阅。

"事件查看器"用于查看事件日志中记录的事件。默认情况下，Windows Server 2008 记录"应用程序"、"安全"和"系统"三类日志。根据计算机的角色和所安装的应用程序不同，系统还可能包括其他日志。

（1）应用程序日志。应用程序日志包含由应用程序或系统程序产生的事件记录。例如，数据库程序可在应用程序日志中记录文件错误。应用程序开发人员可以决定记录哪些事件。

（2）安全日志。安全日志记录诸如"有效"和"无效"的登录尝试等事件，以及记录与使用资源相关的事件，如创建、打开或删除文件和其他对象。例如，如果用户已启用登录审核，登录系统的尝试将记录在安全日志中。

（3）系统日志。系统日志包含 Windows 系统组件记录的事件。例如，启动过程中加载驱动程序或其他系统组件失败等事件将记录在系统日志中。

Windows Server 2008 中的"事件查看器"定义了 5 种类型的事件，系统管理员可以根据所关注事件的性质筛选希望查看的事件。如表 17-3 显示了 Windows 系统定义的事件类型以及每个事件类型的具体含义。

表 17-3　事件类型及描述

事件类型	描述
错误	严重的问题，如数据丢失或功能丧失。例如，如果在启动过程中某个服务加载失败，将会记录"错误"
警告	虽然不是很重要，但是将来有可能导致问题的事件。例如，当磁盘空间不足时，将会记录"警告"
信息	描述了应用程序、驱动程序或服务的成功操作的事件。例如，当网络驱动程序加载成功时，将会记录一个"信息"事件
成功审核	成功的、任何已审核的安全事件。例如，用户登录系统成功会被作为"成功审核"事件记录下来
失败审核	失败的、任何已审核的安全事件。例如，如果用户试图访问网络驱动器并失败，则该尝试将会作为"失败审核"事件记录下来

17.4.2 事件查看器的使用

要使用"事件查看器"查看系统的事件记录，运行"管理工具"中的"事件查看器"，打开"事件查看器"窗口，如图 17-10 所示，可以查看的系统日志包括错误、警告和信息等类型记录。

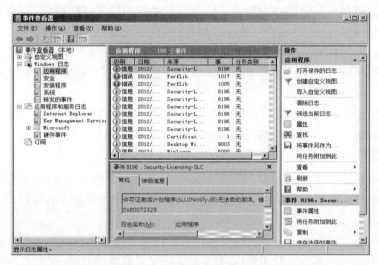

图 17-10 "事件查看器"窗口

如果需要进一步查看某一事件的详细内容，可以直接双击该事件，打开如图 17-11 所示的对话框。

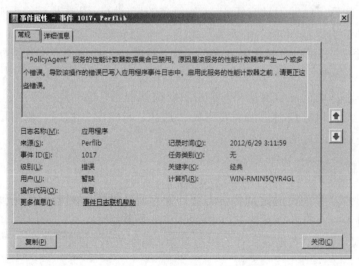

图 17-11 "事件属性"对话框

如图 17-10 所示，Windows Server 2008 包括以下两个类别的事件日志：Windows 日志、应用程序和服务日志。可以使用事件查看器或 wevtutil 命令行工具来管理事件日志。

1. Windows 日志

Windows 日志类别包括以下在早期版本的 Windows 中可用的日志：应用程序、安全和系统日志。此外还包括两个新的日志：安装程序日志和转发的事件日志。Windows 日志用于存储来自旧版应用程序的事件以及适用于整个系统的事件。

- 应用程序日志。应用程序日志包含由应用程序记录的事件。例如，数据库程序可在应用程序日志中记录文件错误。程序开发人员决定记录哪些事件。
- 安全日志。安全日志包含诸如有效和无效的登录尝试等事件，以及与资源使用相关的事件，如创建、打开或删除文件和其他对象。管理员可以指定在安全日志中记录什么事件。例如，如果已启用登录审核，则对系统的登录尝试将记录在安全日志中。
- 安装程序日志。安装程序日志包含与应用程序安装有关的事件。
- 系统日志。系统日志包含 Windows 系统组件记录的事件。例如，在启动过程中加载驱动程序或其他系统组件失败将记录在系统日志中。系统组件所记录的事件类型由 Windows 预先确定。
- 转发的事件日志。转发的事件日志用于存储从远程计算机收集的事件。若要从远程计算机收集事件，必须创建事件订阅。若要了解有关事件订阅的信息，请参阅事件订阅。

2．应用程序和服务日志

应用程序和服务日志是一种新类别的日志。这些日志存储来自单个应用程序或组件的日志，而非可能影响整个系统的日志。此类别的日志包括 4 个子类型：管理日志、操作日志、分析日志和调试日志。

- 管理日志。这些日志主要以最终用户、管理员和技术支持人员为目标，管理通道中的日志指示问题以及管理员可以操作的良好定义的解决方案。管理日志的示例之一是应用程序无法连接到打印机时所发生的日志。这些日志或者有详细文档记录，或者有与其关联的消息直接指导读者纠正问题所必须做的事情。
- 操作日志。操作日志是用于分析和诊断问题发生的日志。这些日志可以用于基于问题或发生的日志触发工具或任务。操作日志的示例之一是在从系统中添加或删除打印机时所发生的日志。
- 分析日志。分析日志是大量发布的日志。这些日志描述程序操作并指示用户干预所无法处理的问题。
- 调试日志。调试日志由开发人员用于解决其程序中的问题。

此外，管理员可以根据自己的需要查看、筛选、自定义、管理、使用日志，帮助管理员更好地了解服务器的运行情况。

17.4.3　保存日志

对于事件日志，管理员应定期将日志文件保存好，并在需要查阅的时候调看事件日志。保存日志并不复杂，在事件查看器窗口中按照下列步骤操作：

（1）在控制台树中，右击要保存的日志类型，然后单击"将事件另存为"选项，如图 17-12 所示。

（2）在"保存类型"框中单击所需的格式，指定文件名和保存文件的位置，然后单击"保存"按钮。此类文件可以在日后管理过程中被管理员调用查看。

17.4.4　日志能力扩展

在日常管理中，网络管理员必须每次主动查看事件日志才能了解到服务器系统中发生了什么事情；服务器系统中发生了重要事情时，能否让 Windows Server 2008 系统自动弹出提示提醒网络管理员？实际上可以利用 Windows Server 2008 系统的触发器功能来让服务器自动地提醒网络管理员发生了哪些重要事件，而不需要每次采用手工方式查看系统日志文件。

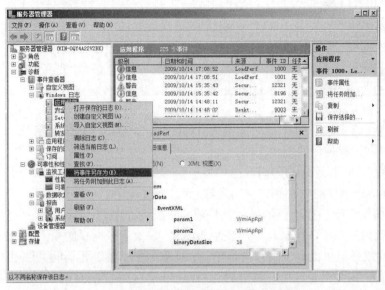

图 17-12　"保存日志"控制台

　　Windows Server 2008 系统的触发任务是基于特定事件创建的，首先需要让系统能对某个故障现象进行记录并生成一个事件，然后通过该系统新增加的附加任务功能将指定的触发任务附加到目标事件中，日后一旦相同的事件发生时，指定的触发任务就能自动运行，来通知网络管理员当前服务器系统中发生了哪些重要的事情。

　　在默认状态下，Windows Server 2008 系统不会对某个故障现象进行自动记录，必须对具体的故障现象进行审核，这样 Windows Server 2008 系统的事件查看器才能对具体的故障现象进行跟踪记录。一旦对指定操作启用了审核功能后，Windows Server 2008 系统就会在对应的日志文件中自动记录下相关的操作事件。

　　创建成功的各个触发任务会自动出现在 Windows Server 2008 系统的任务计划列表中，进入任务计划列表窗口，就可以对已有触发任务进行管理和设置了。

17.5　任务管理器

　　任务管理器提供正在运行的程序和进程的相关信息。使用任务管理器可以监视计算机性能的关键指示器，可以查看正在运行的程序状态，并终止已停止响应的程序。任务管理器包括多达 15 个参数评估正在运行进程的活动，查看反映 CPU 和内存使用情况的图形和数据。此外，如果系统与网络连接，还可以查看网络状态，了解网络的运行情况。如果有多个用户连接到计算机，可以看到连接的用户名及他们所做的内容，并可以向他们发送消息。

　　同时按下 Ctrl+Shift+Esc 组合键，再单击"任务管理器"，打开如图 17-13 所示的窗口，可以看到"应用程序"、"进程"、"服务"、"性能"、"联网"、"用户"6 个选项卡。

　　1. "应用程序"选项卡

　　此选项卡显示计算机上正在运行的程序状态。在此选项卡中，用户可以结束、切换或者启动程序（相当于"运行"命令）。

2. "进程"选项卡

此选项卡显示计算机上正在运行的进程列表。进程是一个可执行程序或一种服务。用户直接可以结束某一进程。

3. "服务"选项卡

此选项卡显示计算机上正在运行的服务程序列表。和通过"管理工具"→"服务"打开的界面中提供的功能一样，用户可以直接开启或结束某一服务程序。

4. "性能"选项卡

此选项卡显示了计算机性能的动态概述，如图 17-14 所示。其中包括：

（1）CPU 和内存使用情况的图表。

（2）计算机上正在运行的句柄、线程和进程的总数。

（3）物理内存、核心内存和提交用量的总数（KB）。

其中，句柄用于唯一标识资源（如文件或注册表项）的值，以便程序可以访问它；核心内存是操作系统内核和设备驱动程序所使用的内存，由于虚拟内存的原因，"内存使用"的"峰值"显示的内存数量值可能高于物理内存值；分页数是可以复制到页面文件中的内存，由此可以释放物理内存；未分页是驻留在物理内存中的内存，它不会被复制到页面文件中。

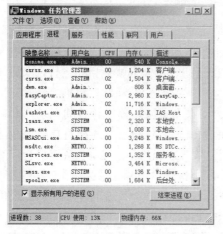

图 17-13　"Windows 任务管理器"窗口

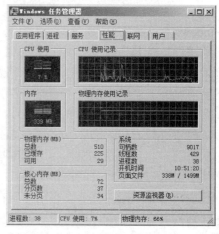

图 17-14　任务管理器"性能"选项卡

5. "联网"选项卡

此选项卡显示了网络性能的图形化表示。它提供了简单、定性的指示器，显示运行的网络的状态。只有当网卡存在时，才会显示"联网"选项卡。"联网"选项卡中指明了本地计算机上连接的网络通信量。

6. "用户"选项卡

此选项卡显示了正在访问该计算机的用户，以及会话的状态与名称。"客户端名"指定了使用该会话的客户端计算机的名称。"会话"为用户提供了一个用来执行任务（如向另一个用户发送消息，或连接到另一个用户会话）的名称。

17.6　Windows Server 2008 自动优化功能

Windows Server 2008 实现了许多自动性能优化功能，包括多处理器、内存优化、优化线程与进程、磁盘请求缓冲等。优化性能的调整包括确定哪一种硬件资源处于最大负荷之下，然后减轻该负荷量。当然，Windows Server 2008 也配备了一些辅助管理工具，根据实际需要可选择使用这些工具。

17.6.1　多处理器

多处理技术把处理负载均分在多个处理器上，Windows Server 2008 支持对称多处理器技术。对称多处理器是　种在多个处理器间均衡分配总处理负荷量的技术。与之对应地，一些较简单的操作系统使用非对称处理器技术，根据一些非负荷量尺度来分配处理负载，如操作系统把所有系统任务放在一个处理器上，而所有的用户任务放在剩余的处理器上。由于处理器之间的时间安排与资源分配需要花费计算机时间，也就意味着两台处理器的处理速度并不是一台处理器处理速度的两倍。带有两个处理器的 Windows Server 2008 计算机通常是一台计算机速度的 1.5 倍，并且依赖于所运行程序的类型。

仅存在一个线程的应用技术不可能运行于多个处理器系统中。在许多计算机系统中，线程依赖于其他线程所提供的结果，就像接力赛一样，运动员开始起跑之前必须等待接力棒。很显然，把这些线程分配在多个处理器间并不能加快应用程序的运行速度。

17.6.2　内存优化

在 Windows Server 2008 中，把内存分配为称为页的 4KB 数据块。每一页仅由一个线程使用，一个线程可以存储在任意数目的页面中，这样就导致 13KB 的线程实际上占用了 16KB 的 RAM，最后一页所剩余的 3KB 不能被其他线程使用。

一些操作系统使用 64KB 页面，最大限度地提高了信息交换度。不过，这种优化迫使每个线程最少占用 64KB，如果所要执行的线程平均大小为 96 KB，那么 RAM 的 25%浪费在未使用的存储碎片上。Windows Server 2008 为了使用更多的物理内存，没有使用 64KB 页面大小的存储器。

系统必须有足够的内存来储存所有正在执行的线程，若内存总量不足，那么 Windows Server 2008 使用硬盘的一部分来仿真系统内存，将当前未使用的内存页面交换到称为虚拟内存交换文件（Pagefile.sys）的系统文件中。当系统需要已经被交换到磁盘上的页面时，Windows Server 2008 将硬盘的页面与 RAM 的页面进行交换，这种过程对于线程而言完全透明，线程不需要了解内存交换的任何情况。当然，系统所拥有的内存越多，页面交换所花费的时间就越少。

页面交换得越快，对系统响应性能的影响就越低。Windows Server 2008 支持将其虚拟内存页面交换文件同时写入多块硬盘，因为物理驱动器可以同时运转，所以把虚拟内存页面交换文件分配在多块不同硬盘之间，可以减少虚拟内存交换页面的时间。

17.6.3　优先线程与进程

在多任务操作系统中，如果每个进程的每个线程都获得相同的处理机时间，而不分先后，那么计算机响应用户的请求将很慢。例如移动光标、更新屏幕这类系统进程往往比其他的系统进程发生得频繁。Windows Server 2008 根据线程对系统响应能力的重要性优先处理每个线程，Windows Server 2008 虽然默认地执行许多设置线程的工作，但是它不可能精确地预计用户将如何使用计算机，所以用户有调整优先权的权力。

进程的优先权级别从 0 到 31，进程的起始优先权为 7，进程的每个线程继承了该进程的基优先权 7。随着系统的运行，Windows Server 2008 可以自动地向上或向下浮动两个优先权级别。用户也可以按照比正常优先权更高的优先权开始执行进程。

实时应用程序的优先权最高为 23，这些实时进程频繁地请求处理机时间，以确保它们可以响应外部实时日志。只有用户可以用高于 23 优先权的级别启动进程，这些进程需要很多的处理时间，会导致其他进程执行很慢。如果以这样高的优先权启动一个正规的应用程序，可能会使移动鼠标这样的进程变得很慢。

17.6.4　磁盘请求缓冲

Windows Server 2008 的 I/O 系统包括了一个磁盘缓冲管理器组件，通过在 RAM 中维持经常访问的文件而减少磁盘访问。磁盘缓冲管理器有助于提高 I/O 系统的性能。磁盘缓冲具有以下特点：

（1）缓冲机制是动态的。

（2）随可用 RAM 的数量不同而不断改变文件缓冲大小。

（3）操作系统不需要的内存都可用作缓冲。

（4）自适应的缓冲机制为应用程序提供文件 I/O 性能的优化。

磁盘缓冲管理器可以使用任何可用内存。如果查询系统中可用内存的数量，可能会看到几乎所有内存均被使用，这是因为磁盘缓冲管理器利用了所有可用内存。当然，如果 Windows Server 2008 需要这些内存，磁盘缓冲管理会释放它。系统中的这种缓冲区的大小是不允许人为调整的，因为它受系统中使用的资源及动态应用程序的影响。

17.7　命令行管理

尽管 Windows 的图形用户接口（GUI）很方便，但也有局限性。在 Windows Server 2008 中，虽然一般操作系统功能都可以通过 GUI 完成，不过有些实用功能只能通过命令行工具实现。

在 Windows Server 2008 中访问命令提示符窗口，单击"开始"→"运行"命令，输入 cmd 命令，系统打开命令提示符窗口，或者执行"程序"→"附件"→"命令提示符"命令。另外，运行 MS-DOS 程序或工具时，也可以打开 DOS 会话窗口。双击 MS-DOS 程序或打开"开始"菜单，选择"运行"命令，并输入该 DOS 程序的可执行命令即可打开 DOS 会话窗口。

命令提示符交互不区分可执行命令的大小写，也就是说，命令 Ping 和 PING 是一样的。在下面列出的内容中，混合大小写字母仅仅是为了清晰和方便。同时，对于任何命令，可以附带参数"/?"获取相关命令的帮助信息，系统会反馈命令允许使用的参数表以及相关用法。本节介绍几个常用的命令行命令，它们在测试网络性能时非常有用。

1．net 命令

用户可以使用 NET 命令获取服务器的众多状态信息。表 17-4 列出了基本的 NET 命令及它们的作用。例如，如果用户想查阅映射到一台计算机上的所有当前驱动器的列表，可以执行 net view *computername* 命令，其中 *computername* 是具体的计算机名称。又如，运行 net share 命令可以查看本地计算机上的共享文件夹。

表 17-4　NET 命令参数一览表

命令	例子	作用
net accounts	net accounts	查阅当前账号设置
net config	net config server	查阅本网络配置信息统计
net group	net group	查阅域组（在域控制器上）
net print	net print\\printserver\printer1	查阅或修改打印机映射
net send	net send server1 "test message"	向其他计算机发送消息或广播消息
net share	net share	查阅本地计算机上的共享文件
net start	net start messenger	启动服务
net statistics	net statistics server	查阅网络流量统计值
net stop	net stop messenger	停止服务
net use	net use x:\\server1\admin	将网络共享文件映射到一个驱动器字母
net user	net user	查阅本地用户账号
net view	net view	查阅网络上的可用计算机

2．ping 命令

ping 是一个使用频率极高的实用程序，用于测试网络的连通性。简单地说，ping 就是一个测试程序，如果 ping 运行正确，大体上可以排除网络访问层、网卡、Modem 的输入输出线路、电缆和路由器等存在故障，从而缩小问题的范围。

ping 能够以毫秒为单位显示发送请求到返回应答之间的时间量。如果应答时间短，表示数据报不必通过太多的路由器或网络，连接速度比较快。ping 还能显示 TTL（Time To Live，生存时间）值，通过 TTL 值推算数据包通过了多少个路由器。

（1）命令格式。

ping 主机名

ping 域名

ping IP 地址

如图 17-15 所示，使用 ping 命令检查本机到 IP 地址为 192.168.220.1 的计算机的连通性，该例为连接正常，共发送了 4 个测试数据包，正确接收到 4 个数据包。

（2）ping 命令的基本应用。

一般情况下，用户可以通过使用一系列 ping 命令来查找问题出在什么地方，或检验网络运行的情况。下面就给出一个典型的检测次序及对应的可能故障：

1）ping 127.0.0.1。如果测试成功，表明网卡、TCP/IP 协议的安装、IP 地址、子网掩码等设置正常。如果测试不成功，就表示 TCP/IP 的安装或设置存在问题。

2）ping 本机 IP 地址。如果测试不成功，表示本地配置或安装存在问题，应对网络设备和通信介质进行测试、检查并排除。

3）ping 局域网内其他 IP。如果测试成功，表明本地网络中的网卡和载体运行正确，但如果收到 0 个回送应答，则表示子网掩码不正确或网卡配置错误或电缆系统有问题。

4）ping 网关 IP。这个命令如果应答正确，表示局域网中的网关路由器正在运行并能够做出应答。

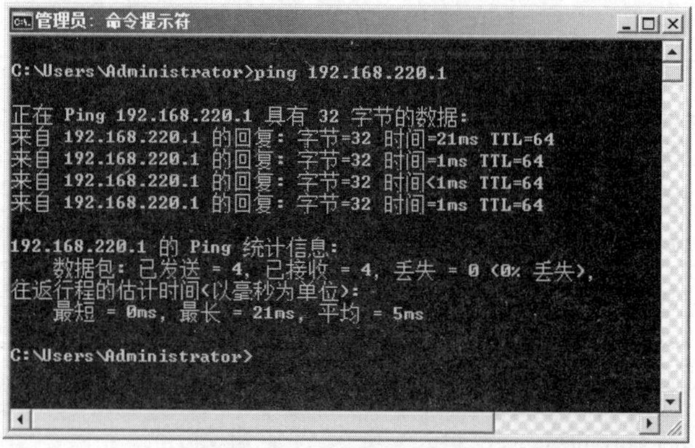

图 17-15　Ping 命令

5）ping 远程 IP。如果收到正确的应答，表示成功地使用了默认网关。对于拨号上网用户则表示能够成功地访问 Internet（但不排除 ISP 的 DNS 会有问题）。

6）ping local host。local host 是系统的网络保留名，它是 127.0.0.1 的别名，每台计算机都应能将该名字转换成该地址；否则表示主机文件（/Windows/host）中存在问题。

7）ping www.yahoo.com（一个著名网站域名）。对此域名执行 Ping 命令，计算机必须先将域名转换成 IP 地址，通常是通过 DNS 服务器。如果这里出现故障，则表示本机 DNS 服务器的 IP 地址配置不正确，或它所访问的 DNS 服务器有故障。

如果上面所列出的所有 ping 命令都能正常运行，那么计算机进行本地和远程通信基本上就没有问题了。但是，这些命令的成功并不表示所有的网络配置都没有问题，例如这些方法可能无法检测出子网掩码错误。

（3）ping 命令的常用参数选项。

ping IP-t：连续对 IP 地址执行 ping 命令，直到被用户以 Ctrl+C 中断。

ping IP -l 2000：指定 ping 命令中的数据长度为 2000 字节，而不是默认的 32 字节。

ping IP -n：执行特定次数的 ping 命令，例如 ping 172.18.67.250 -n 5 表示发送 5 个测试数据报。

3. netstat 命令

运行这个命令可以检测计算机与网络之间详细的连接情况，可以得到以太网的统计信息并显示所有协议的使用状态，这些协议包括 TCP 协议、UDP 协议、IP 协议等。另外，还可以选择特定的协议并查看其具体使用信息，包括显示所有主机的端口号以及当前主机的详细路由信息。下面给出 netstat 的一些常用选项：

（1）netstat -s：-s 选项能够按照各个协议分别显示其统计数据，这样就可以看到当前计算机在网络上存在哪些连接，以及发送和接收数据包的详细情况等。如果应用程序（如 Web 浏览器）运行速度比较慢，或者不能显示 Web 页之类的数据，那么可以用本选项来查看。如图 17-16 所示为运行 netstat -s 时的屏幕显示。

（2）netstat -e：-e 选项用于显示关于以太网的统计数据。它列出的项目包括传送的数据包的总字节数、错误数、删除数、数据包的数量和广播的数量，这些统计数据既有发送的数据包数量，也有接收的数据包数量。使用这个选项可以统计一些基本的网络流量。

（3）netstat -r：-r 选项可以显示关于路由表的信息，类似于后面所讲使用 route print 命令时看到的信息。除了显示有效路由外，还显示当前有效的连接。

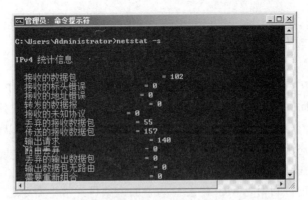

图 17-16 Netstat 命令实例

（4）netstat -a：-a 选项显示所有的有效连接信息列表，包括已建立的连接（ESTABLISHED），也包括监听连接请求（LISTENING）的那些连接。

（5）netstat -n：显示所有已建立的有效连接。

4. ipconfig 命令

ipconfig 实用程序可用于显示当前 TCP/IP 配置的设置值，这些信息帮助用户查看和检验 TCP/IP 配置是否正确。如果计算机和所在的局域网使用了动态主机配置协议 DHCP，使用 ipconfig 命令可以了解到计算机是否成功地租用到了一个 IP 地址，如果已经租用到，则可以了解它目前得到的地址信息，包括 IP 地址、子网掩码和默认网关等网络配置信息。下面给出最常用的选项：

（1）ipconfig：不带任何参数选项的 ipconfig 命令，显示每个已经配置了的接口的 IP 地址、子网掩码和默认网关值。

（2）ipconfig /all：使用 all 选项，ipconfig 能为 DNS 和 WINS 服务器显示它已配置且所有使用的附加信息，并且能够显示内置于本地网卡中的物理地址（MAC）。如果 IP 地址是从 DHCP 服务器租用的，ipconfig 将显示 DHCP 服务器分配的 IP 地址和租用地址预计失效的日期。如图 17-17 所示为运行 ipconfig /all 命令的结果窗口。

图 17-17 ipconfig/all 命令测试结果

（3）ipconfig /release 和 ipconfig /renew：这两个附加选项只能用于 DHCP 客户主机，输入 ipconfig /release，那么所有接口的租用 IP 地址便重新交付给 DHCP 服务器（归还 IP 地址）。

输入 ipconfig /renew，那么本地计算机便设法与 DHCP 服务器取得联系，重新租用一个 IP 地址。大多数情况下，网卡将被重新赋予和以前所赋予的相同的 IP 地址。

5．arp 命令

地址转换协议 ARP 是 TCP/IP 协议族中的一个重要协议，用于在 IP 地址和网卡物理地址之间转换。使用 arp 命令，能够查看计算机 ARP 高速缓存中的内容。此外，使用 arp 命令可以人工方式设置静态的网卡物理地址/IP 地址对，使用这种方式可以为默认网关和本地服务器等常用主机进行本地静态配置，有助于减少网络上的信息量。

按照默认设置，ARP 高速缓存中的项目是动态的，每当向指定地点发送数据，并且此时高速缓存中不存在当前项目时，ARP 便会自动添加该项目。常用命令选项如下：

（1）arp -a：查看高速缓存中的所有项目。

（2）arp -a IP：如果有多个网卡，那么使用 arp -a 加上接口的 IP 地址，就可以只显示与该接口相关的 ARP 缓存项目。

（3）arp -s IP 物理地址：向 ARP 高速缓存中手工输入一个静态项目。该项目在计算机引导过程中将保持有效状态，或者在出现错误时手工配置的物理地址将自动更新该项目。

（4）arp -d IP：手工删除一个静态项目。

6．tracert 命令

这个应用程序主要用来显示数据包到达目的主机所经过的路径。通过执行一个 tracert 到对方主机的命令之后，结果返回数据包到达目的主机前所经历的路径详细信息，并显示到达每个中间节点所消耗的时间。这个命令同 ping 命令类似，但它所看到的信息要比 ping 命令详细得多，它能反馈送出的到某一站点的请求数据包所走的全部路径，以及通过该路由的 IP 地址，通过的时间是多少。此外，tracert 命令还可以用来查看网络在连接站点时经过的步骤或采取哪种路线，如果是网络出现故障，就可以通过这条命令查看出现问题的位置。例如，运行 tracert www.sohu.com，就将看到网络在经过几个连接之后所到达的目的地，也就知道网络连接所经历的过程。图 17-18 给出了 tracert 命令的一个实例。

图 17-18　Tracert 命令

7．route 命令

一般情况下，一台主机连接在只有一台路由器连接其他网络的网段上。由于只有一台路由器，因此不存在选择使用哪一台路由器与远程计算机通信的问题，该路由器的 IP 地址可作为该网段上所有计算机的默认网关。

但是，当一个网段上有两个或多个路由器时，用户就不一定想只依赖默认网关了。实际上，用户可能希望让某些远程 IP 地址通过某个特定的路由器来传递，而其他的远程 IP 则通过另一个路由器来传递。在这种情况下，用户需要相应的路由信息，这些信息储存在路由表中，每个主机和每个路由器都有自己的路由表。大多数路由器使用专门的路由协议来交换和动态更新路由器之间的路由表。Windows Server 2008 操作系统通过设置默认网关实现对路由器的访问，若配置多个不同网关，需要手工配置。route 命令就是用来显示、添加和修改路由表项的命令。该命令可使用如下选项：

（1）route print：本命令用于显示路由表的当前项目，在单个路由器网段上的输出结果如图 17-19 所示。

图 17-19　route print 命令

（2）route add：添加路由表项。例如，如果要设定一个到目的网络 209.99.32.33 的路由，其间要经过 5 个路由器网段，首先要经过本地网络上的一个路由器，IP 为 202.96.123.5，子网掩码为 255.255.255.224，那么用户应输入以下命令：

route add 209.99.32.33 mask 255.255.255.224 202.96.123.5 metric 5

（3）route change：改变传输路由，使用该命令，不是改变目的地址，只是改变传输路径。下面这个例子将上例路由改变为采用一条包含 3 个网段的路径：

route add 209.99.32.33 mask 255.255.255.224 202.96.123.250 metric 3

（4）route delete：删除路由表项。例如 route delete 209.99.32.33。

8. nslookup 命令

利用 nslookup 命令可以查看主机的 IP 地址和主机名称。直接键入命令，系统返回本机的服务器名称（带域名的全称）和 IP 地址，并进入以 ">" 为提示符的操作命令行状态。键入 "?" 可以查询详细命令参数。如果此时给出一个计算机名称，若在本机能够识别该名称，则返回查询主机的名称、IP 地址、别名等信息。

9. nbtstat 命令

使用 nbtstat 命令可以查看计算机连接网络的一些配置信息。使用这条命令还可以查看其他计算机上的一些配置信息。

查看本地计算机连接的网络信息，运行 nbtstat -n 可以得到本地计算机所在的工作组、计算机名、网卡地址等。查看网络上其他的计算机配置信息，运行 nbtstat -a *.*.*.*，此处的*.*.*.*代表目的主机的 IP 地址，命令返回目的主机上的一些信息。

10．at 命令

at 命令是调度任务实用程序，Administrators 组成员使用这个程序可以调度需要顺序完成的各种任务。

例如，下述命令表示在每周一、周三和周五的晚上十点执行一个批处理文件：

at 22:00/every:m,w,f　"c:\Scripts\buckup.bat"

这里，也可以指定开始时间为 10:00pm。如果用户要查阅当前调度的作业，则可以使用不带命令参数的 at 命令。

为了保证添加任务可以运行，用户需要在"控制面板"中的"任务计划"管理程序中对该任务配置用户和密码。为了运行 AT 命令，必须保证 Schedule 服务正在执行。通常，系统将此项服务的 Startup 值设为 Automatic，以保证在重新启动计算机的情况下所调度的作业也能执行。

本章小结

网络管理是保证网络稳定、高效、安全运行的重要工作，安装 Windows Server 2008 操作系统的服务器作为网络服务提供者，其运行性能直接影响网络应用性能。应该重视网络操作系统在网络维护和管理中的功能与作用。本章介绍了 Windows Server 2008 提供的任务管理器、性能监视器、网络监视器、日志查看器等工具，以及一些常用管理命令行实用程序，利用好这些工具能够有效提高网络管理能力。

习题十七

1．网络管理的主要任务是什么？

2．使用网络监视器监控网络可以得到哪些信息？

3．常用 Windows Server 2008 系统提供的日志文件有哪些？日志查看器可以提供哪些信息？

4．使用性能监视器能监测哪些信息？

5．任务管理器的主要功能有哪些？如何终止一个进程的运行。

6．影响网络性能的因素有哪些？如何分析并提高网络性能？

7．Windows Server 2008 具有哪些自动优化功能？

8．使用哪个命令可将网络共享文件映射为一个驱动器名？

9．如果使用 ping 命令检测本机 IP 连通成功，但 ping 局域网里其他的主机连通检测失败，那么故障的原因可能是什么？

10．如果想知道计算机和网络之间连接的详细情况，应该使用什么命令？

11．一台使用了动态主机配置协议 DHCP 的客户机，如何知道它申请的 IP 地址？

12．如何知道数据包到达目的主机所经过的路径？

13．设置在特定时间启动一个应用程序，如何实现？

题目：命令行管理

内容与要求：

1．使用 net 命令获取当前账号设置，查阅本地计算机上的共享文件，向其他计算机发送消息或广播消息。

2．使用 ping 命令测试当前网络的运行情况，若网络不通，说明原因。

3．使用 netstat 命令检测以太网的统计信息，并显示 TCP 协议、UDP 协议和 IP 协议的使用状态。

4．使用 ipconfig 命令查看本机 TCP/IP 配置的设置值，如何查看本机网卡的物理地址？

5．使用 tracert 命令查看本机到 www.mirosoft.com 的 Web 服务器所经过的路径。

6．使用 nslookup 命令查看 DHCP 客户机的 IP 地址和名称。

第 18 章　Windows Server 2008 群集技术应用

计算机群集是一种分布式系统，通过计算机网络互连实现应用服务的负载平衡或为系统服务提供高可用性。本章介绍 Windows Server 2008 构建负载平衡群集和故障转移群集的配置与管理，主要包括以下内容：

● 群集技术概述
● Windows Server 2008 负载平衡群集配置与应用
● Windows Server 2008 故障转移群集配置与应用

18.1　群集技术概述

计算机群集（Cluster，也译成集群，因微软称为群集，在本书中使用群集名称）是一种并行或分布式的系统，由全面互连的计算机集合组成，可作为一个统一的计算资源使用。

将数台服务器计算机组合成一个统一的群集，用户或管理员不必了解细节，多台服务器分担计算负载，即实现负载平衡；或实现自动故障转移，即如果服务器群集中的任何资源发生了故障，则不论发生故障的组件是硬件还是软件资源，作为一个整体的群集都可以使用群集中其他服务器上的资源继续向用户提供服务。当资源发生故障时，与服务器群集连接的用户可能经历短暂的性能下降，但不会完全失去对服务的访问能力。当需要更高的处理能力时，管理员也可以在线添加新资源，群集系统始终保持联机状态。

Windows Server 2008 Enterprise Edition 和 Windows Server 2008 Datacenter Edition 操作系统是完全针对用户和业务对群集技术的要求而设计开发的。

群集技术体现在应用的高性能和高可用性上，具体又可以分为两类：

（1）负载平衡群集。

负载平衡（有时也称负载均衡）由多台服务器以对称的方式组成一个服务器集合，所有服务器都具有等价的地位，都可以单独对外提供服务。通过负载分担技术将外部发送来的请求均匀分配到对称结构中的某一台服务器上，而接收到请求的服务器独立地回应客户的请求。负载平衡群集将服务负载量较为平均地分配给每个可用的服务器,解决大量并发访问服务时存在的瓶颈问题，从而提高系统整体的性能和伸缩能力。

（2）故障转移群集。

故障转移（Failover）群集主要针对硬件和软件故障时的系统可用性。它监视系统资源，当系统发生故障时，启动失效转移，群集会将资源从故障节点转移到群集中的其他节点上，以恢复资源的可访问性。因此，它是一种提高可用性和可靠性的模式，为应用提供高度的安全性。在典型故障转移群集中，多个服务器共享同一个存储装置。

18.2　负载平衡群集配置与应用

网络负载平衡群集（Network Load Balance Cluster，NLBC）可以增强 Web 等应用程序的可用性及扩展性，这是因为单台服务器的性能终究有限，提升性能和稳定性都会遇到瓶颈，但以两台以上的 Windows Server 2008 组合成的网络负载平衡群集，可以明显提升可用性、扩展性和性能。

Windows Server 2008 支持多达 32 台服务器构建负载平衡服务器集，负载平衡群集对外只需提供一个 IP 地址（或域名），当负载平衡群集中一台或多台服务器不可用时，只要有一个节点能够正常提供服务，服务就不会中断。可以根据网络访问量的增加，随时增加网络负载平衡服务器的数量。

Windows Server 2008 中，网络负载平衡（NLB）功能可以增强 Internet 服务器应用程序的可用性和可伸缩性，如在 Web、FTP、防火墙、代理、虚拟专用网络（VPN）以及其他执行关键任务的服务器上使用的应用程序。通过将运行 Windows Server 2008 的其中一个产品的两台或多台计算机的资源组合到单个虚拟群集中，NLB 可以提供 Web 服务器和其他执行关键任务服务器所需的更高的可靠性和更强的性能。

图 18-1 描述了两个连接的网络负载平衡群集。第一个群集由两个主机组成，第二个群集由 4 个主机组成。这是如何使用 NLB 的一个示例。

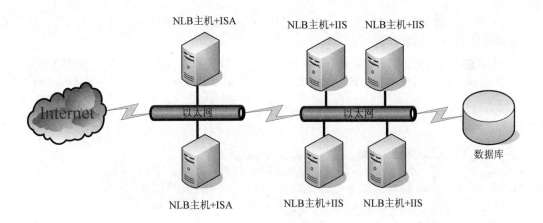

图 18-1　负载均衡群集示例

每个主机都运行所需的服务器应用程序（如用于 Web、FTP 和 Telnet 服务器的应用程序）的单个副本。NLB 在群集的多个主机中分发传入的客户端请求。可以根据需要配置每个主机处理的负载权重。还可以向群集中动态地添加主机，以处理增加的负载。此外，NLB 还可以将所有流量引导至指定的单个主机，该主机称为默认主机。

NLB 允许使用相同的群集 IP 地址集指定群集中所有计算机的地址，并且它还为每个主机保留一组唯一专用的 IP 地址。对于负载平衡的应用程序，当主机出现故障或者脱机时，会自动在仍然运行的计算机之间重新分发负载。当计算机意外出现故障或者脱机时，将断开与出现故障或脱机的服务器之间的活动连接。但是，如果您有意关闭主机，则可以在使计算机脱机之前使用 drainstop 命令维护所有活动的连接。任何一种情况下，都可以在准备好时将脱机计算机明确地重新加入群集，并重新共享群集负载，以便使群集中的其他计算机处理更少的流量。

对于 Windows Server 2008，网络负载平衡包括以下增强功能：

- 支持 IPv6。NLB 对所有通信都完全支持 IPv6。所有 NLB 组件都支持 IPv6 地址，并且可以将这些地址配置为主要群集 IP 地址、专用 IP 地址和虚拟 IP 地址。此外，还可以作为纯 IPv6 以及在 IPv6 over IPv4 模式下对 IPv6 进行负载平衡。
- MicrosoftNLB 命名空间中的类支持 IPv6 地址（除了 IPv4 地址之外）。
- 支持每个节点使用多个专用 IP 地址。NLB 完全支持为每个节点定义多个专用 IP 地址。以前只支持每个节点使用一个专用 IP 地址。当客户端由 IPv4 和 IPv6 通信组成时，ISA 服务器可以使用该功能来管理每个 NLB 节点。
- 支持滚动升级。支持从 Windows Server 2003 到 Windows Server 2008 的滚动升级。
- 通过网络负载平衡管理器综合管理。不再需要使用网络连接工具配置 NLB 群集，只需通过 Windows Server 2008 中的 NLB 管理器即可执行 NLB 群集配置。这样便可以最大程度地减少可能因群集主机之间设置不一致引起的 NLB 配置问题。

18.2.1　配置负载平衡服务器集

在安装网络负载平衡（NLB）前，必须配置要安装 NLB 的适配器上只有 TCP/IP，不能向该适配器中添加任何其他协议（例如 IPX）。NLB 可以将 TCP/IP 用作其网络协议，并且与特定的传输控制协议（TCP）或用户数据报协议（UDP）端口相关联的任何应用程序或服务进行负载平衡。

（1）选择"开始"→"管理工具"→"服务器管理器"，在打开的"服务器管理器"窗口的左侧栏中选择"功能"选项。

（2）在右侧的"功能"窗口中单击"添加功能"按钮，弹出如图 18-2 所示的"添加功能向导"对话框，在"功能"列表中选中"网络负载平衡"复选框。

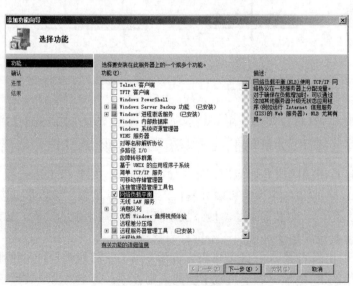

图 18-2　"添加功能向导"对话框

（3）单击"下一步"按钮，弹出"确认安装选择"对话框。

（4）单击"安装"按钮，即可开始安装网络负载平衡，安装完成后，弹出"安装结果"

对话框。

（5）单击"关闭"按钮，完成网络负载平衡的安装。此时，即可通过使用网络负载平衡管理器配置 NLB 群集。依次选择"开始"→"管理工具"→"网络负载平衡管理器"打开管理控制台程序，在其中可以对负载平衡群集进行规划设计。

18.2.2　网络负载平衡规划与配置

在网络负载平衡为网络提供服务前，需要针对实际情况对需要网络负载平衡的服务进行相关规划，例如对于访问量比较大的 Web 服务器，可以通过网络负载平衡的方法实现访问的分流，从而保证服务器提供服务的质量。

使用网络负载平衡，客户端可以使用一个逻辑 Internet 名称和虚拟 IP 地址（群集 IP 地址）访问群集，同时保留每台计算机各自的名称。下面，以两台安装 Windows Server 2008 的计算机为例介绍网络负载平衡的配置与应用。

如图 18-3 所示，设两台服务器中均已安装有 NLB（网络负载平衡）功能和 IIS（Internet信息服务）模块，其中一台服务器名称为 Server1，IP 地址为 192.168.1.11/24，另一台名为Server2，IP 地址为 192.168.1.12/24。

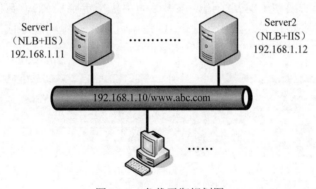

图 18-3　负载平衡规划图

规划网络负载平衡群集使用 IP 地址为 192.168.1.10/24，群集完整域名为 www.abc.com。此时需要在 abc.com 域（域名服务器）中注册此主机名称（www）并将其地址设置为192.168.1.10。

当正式应用时，客户机只需要使用 www.abc.com 或 IP 地址 192.168.1.10 访问服务器群集，网络服务平衡会根据每台服务器的负载情况自动选择 192.168.1.11 或者 192.168.1.12 对外提供服务。下面介绍具体的配置过程。

1. 初始环境设置

首先配置群集中服务器网络属性。在实现网络负载平衡的每一台计算机上，只安装 TCP/IP协议，删除其他协议（如 IPX 协议），并在 TCP/IP 协议"高级选项"对话框的 WINS 选项卡中禁用 NetBEUI 协议。一定要这样设置，否则会影响群集效果，IIS 的负载平衡无法实现。

在网络连接属性中，先取消"网络负载平衡"选项。

2. 新建网络负载平衡群集

以管理员身份登录第一台服务器 Server1，运行"管理工具"中的"网络负载平衡管理器"管理控制台程序，如图 18-4 所示。

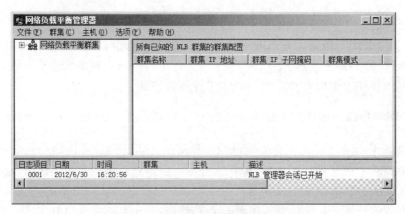

图 18-4 "网络负载平衡管理器"窗口

右击"网络负载平衡群集"，选择"新建群集"选项，弹出"新群集"对话框，如图 18-5 所示。在"主机"文本框中键入欲添加的主机名称或 IP 地址（在此处为 Server1 或 192.168.1.11），单击"连接"按钮，即可开始连接到群集计算机，选中所要使用的网络连接接口。

单击"下一步"按钮，弹出如图 18-6 所示的"新群集：主机参数"对话框，在"优先级"下拉列表中可以选择所要使用的某个值，该参数为主机指定唯一 ID，数值范围为 1~32，数值越小对应主机的优先级越高，默认情况下 ID 按主机加入群集的顺序依次上升，说明优先级越来越低，当然可以手动调整。

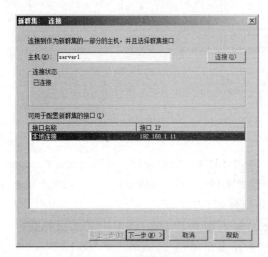

图 18-5 "新群集"对话框

图 18-6 "新群集：主机参数"对话框

单击"下一步"按钮，弹出"新群集：群集 IP 地址"对话框，在其中根据需要设置群集的每个成员所共享的群集 IP 地址，即负载平衡时使用的 IP 地址。

单击"添加"按钮，弹出如图 18-7 所示的"添加 IP 地址"对话框，在"IPv4 地址"和"子网掩码"文本框中分别键入想要设置的地址与掩码，在此处地址应该设置为 192.168.1.10/24。

单击"下一步"按钮，弹出如图 18-8 所示的"新群集：群集参数"对话框，在"IP 地址"后面输入规划的群集 IP 地址 192.168.1.10，子网掩码设置局域网中一致的数值，在"完整 Internet 名称"后面输入 www.abc.com。

单击"下一步"按钮，进入群集 IP 地址页面，可以根据需要添加附加群集 IP 地址，一般无须修改，这里直接单击"下一步"按钮进入"端口规则"对话框，如图 18-9 所示，可以根据需要编辑端口规则，一般默认即可。

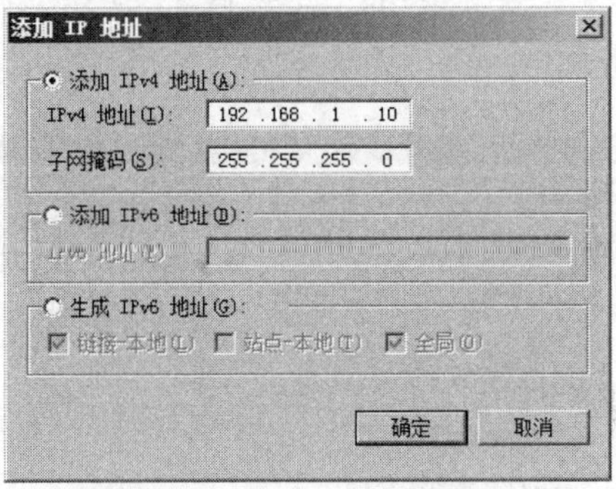

图 18-7　添加 IP 地址

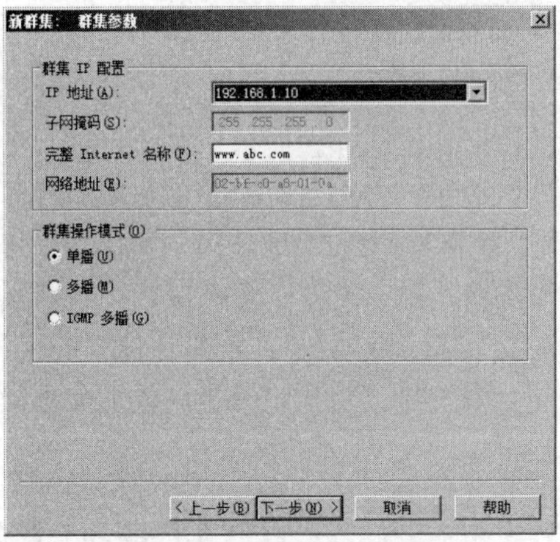

图 18-8　群集参数设置

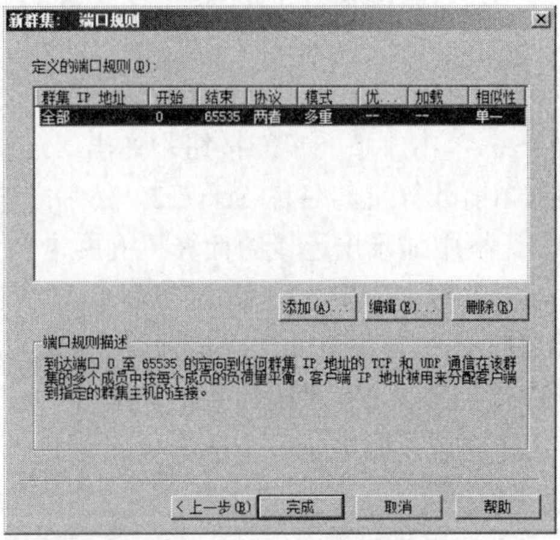

图 18-9　"端口规则"对话框

单击"完成"按钮，服务器开始自动配置刚才所设置的群集参数，大概需要几十秒钟，配置完毕后如图 18-10 所示，包含一个主机（Server1）的群集 www.abc.com 就被建立起来，负载平衡端口显示出已聚合的状态，说明配置成功。

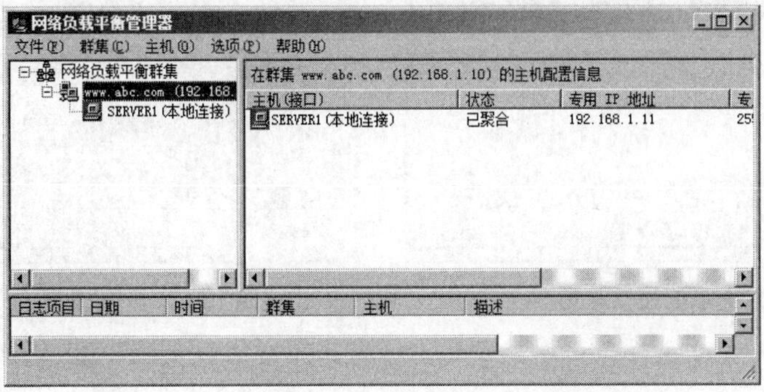

图 18-10　"刚刚建立的网络负载平衡群集"窗口

3．向群集中添加主机

通常情况下，为了使所提供的服务更加稳定，群集中可能会有多台服务器，在此例中需要建立包含两台服务器的群集，所以需要向刚刚建立的群集中添加第 2 台主机，具体的操作步骤如下：

（1）在"网络负载平衡管理器"窗口（如图 18-11 所示）中右击群集名称，在快捷菜单中选择"添加主机到群集"选项。

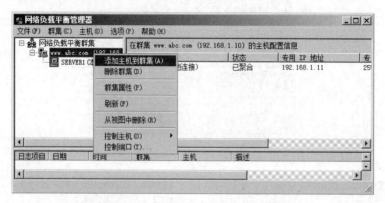

图 18-11　"网络负载平衡群集"窗口

（2）单击"下一步"按钮，弹出"连接"对话框，如图 18-12 所示。在"主机"文本框中输入当前计算机的名称 Server2，然后单击"连接"按钮，将在"对配置一个新的群集可用的接口"框中显示出连接的计算机的网卡及 IP 地址。选择与群集 IP 地址同一网段的地址（用于对外提供网络应用的网卡），然后单击"下一步"按钮，进入设置"主机参数"对话框，如图 18-13 所示。其中 IP 地址即为该机的地址，"优先级"表示该计算机在群集环境中的优先级，不同的节点应该设置不同的数值，单击"完成"按钮，系统将自动开始网络负载平衡群集的配置。几分钟后，网络负载平衡群集配置完成。

图 18-12　"连接"对话框

图 18-13　"主机参数"对话框

（3）添加第二台节点计算机，在第一台计算机上的网络负载平衡管理器窗口中右击新创建的群集，从快捷菜单中选择"添加主机到群集"选项，弹出"连接"对话框，在"主机"文本框中输入第二台计算机的计算机名称（或 IP 地址），本例中主机名称为 Server2，单击"连接"按钮，将会在"对配置群集可用的接口"下面显示出连接的计算机上的网络配置。选择对应的网卡，进入主机参数界面，单击"完成"按钮，返回网络负载平衡管理器。等待一段时间后第二台主机变为已聚合状态，如图 18-14 所示，此时负载平衡群集可以正常工作了。依此类推，可以添加多个节点到群集中，从而进一步提高群集系统的性能。

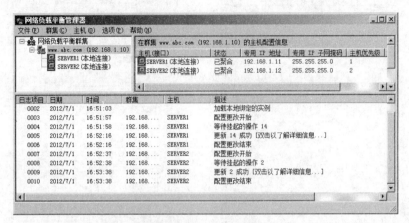

图 18-14　添加成功的群集管理

（4）关闭网络负载平衡管理器后再进入网络负载平衡管理器并不保留管理的对象。此时，右击"网络负载平衡群集"，在快捷菜单中选择"连接到现存的"选项，弹出"连接"对话框。此时输入设置好的群集中任何一个节点的名称或 IP 地址，单击"连接"按钮，在"群集"下面将列出群集的 IP 地址，选择此 IP 地址并单击"完成"按钮，管理控制台扫描所有群集节点，完成连接群集。

4. 参数设置

需要注意的是，配置负载平衡的计算机在配置平衡属性时需要使用一致的参数，如采用"单播"或"多播"模式、端口规则等。在如图 18-14 所示的管理控制台下，可以通过右击节点计算机来查看配置属性，如果进行参数修改，必须保证所有节点配置一致。修改参数后，可以重新刷新群集，从而保证节点处于正常的工作状态。

上述过程是使用"网络负载平衡管理器"配置负载平衡，实际上可以分别配置每个节点的网络属性完成平衡群集配置。设置平衡群集节点网络属性，选择"网络负载平衡"选项，打开"网络负载平衡"选项详细设置对话框，可以设置群集参数、主机参数及端口规则，如图 18-15 所示。同时，在 TCP/IP 属性设置中为网络适配器添加群集的 IP 地址，如图 18-16 所示。

分别配置好每一个节点后，可以在任何一台计算机上使用"网络负载平衡管理器"添加群集进行管理。在配置过程中，可以通过 ipconfig 命令查看网络属性设置，正常情况下，配置好上述参数后可以看到网络适配器绑定了两个 IP 地址，一个是本机原有的 IP 地址，一个是群集的对外服务的 IP 地址（本例中为 192.168.1.10）。若显示不完整，如未绑定群集 IP 地址，可以尝试重新启动计算机。此外，当配置单播模式下群集无法工作时（有时与连接网络的交换机有关），可以配置为"多播"模式，并允许"IGMP 多播"，如图 18-15 所示。

18.2.3　使用 IIS 服务验证网络负载平衡

以 IIS 应用为例介绍负载平衡应用。首先，在网络负载平衡群集中的计算机上安装 IIS 服务。为了使网络用户通过网络负载平衡访问不同的计算机时能够访问到一致的数据，需要在网络负载平衡的每台计算机上保持数据的一致性，即保证使用 IIS 实现 Web 服务的两个网站内容完全一致。在网络负载平衡的每一台计算机上安装 IIS 服务，具体的设置方法可以参见本书第 9 章 IIS 服务器管理与配置来查看 Web 服务器的具体设置步骤。

图 18-15　网络负载平衡属性对话框

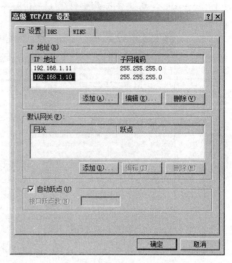

图 18-16　群集 IP 设置

在这里简单说明一下，以管理员身份分别登录 Server1 和 Server2 服务器，单击"开始"→"管理工具"→"Internet 信息服务管理器"命令，打开如图 18-17 所示的窗口。

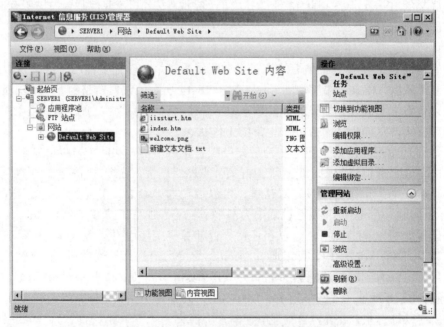

图 18-17　"Internet 信息服务管理器"窗口

在本例中，为了直观体会负载平衡效果，测试网络负载平衡服务时可以在两个节点上设置不同的网站主页，通过多台客户端访问，观察平衡服务器的动态平衡服务。编辑不同的默认页面，将编辑好的主页名称修改为 index.htm，设置在 Server1 和 Server2 的 IIS 服务器根目录下，在本地测试得到 Server1 的默认页面为图 18-18 所示，Server2 的默认页面为图 18-19 所示。

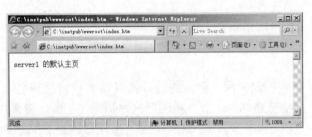

图 18-18　Server1 的默认主页界面

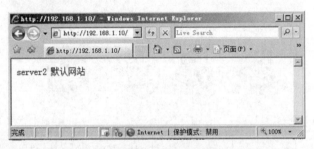

图 18-19　Server2 的默认主页界面

如使用第一个客户端计算机 PC 访问负载平衡服务器地址，按上例为 192.168.1.10，若显示的服务器 Server1 的主页，再使用另一台计算机访问负载平衡服务器，则显示服务器 Server2 上的主页。一般情况下，负载平衡群集会按节点优先级依次选择节点提供对外服务。

若默认优先级较高服务器出现故障时，在此例中 Server1 故障，则通过客户端访问 http://192.168.1.10 时，显示 Server2 的默认主页，如图 18-20 所示。

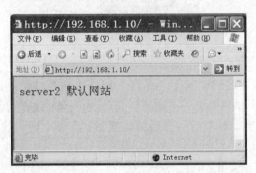

图 18-20　负载平衡的结果

当然，正式应用时，网络负载平衡群集的每个节点计算机的内容应保持一致。这样，无论哪一个节点响应服务，都保证客户端访问的内容是一致的。

18.3　故障转移群集配置与应用

18.3.1　故障转移群集概述

故障转移群集（以下简称群集）是一组相互独立的服务器在网络中表现为单一的系统，为客户工作站提供高可用性（High Availability，HA）和可靠性的服务，并以单一系统的模式进行管理。

　　一般应用中，群集拥有一个名称（对应一个独立 IP 地址），群集内任一系统上运行的服务可被所有的网络客户所使用，群集协调管理各分离组件的错误和失败，并可透明地向群集中加入组件。

　　典型应用是一个群集包含多台（至少两台）拥有共享数据存储空间（磁盘阵列）的服务器。共享硬盘通过硬盘控制器与各个节点相连，这种硬盘控制器一般采用外置 SCSI 设备或存储局域网（SAN）连接方式。服务器运行应用服务，应用数据被存储在共享的数据空间内。每台服务器的操作系统和应用程序文件存储在其各自的本地储存空间上。一个 4 节点群集网络连接拓扑如图 18-21 所示。

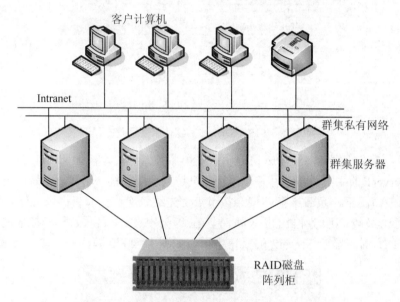

图 18-21　基于共享存储的 4 节点群集网络连接拓扑

　　群集内各节点服务器通过一个内部（私有）局域网相互通信。当一台节点服务器发生故障时，这台服务器上所运行的应用程序将被另一节点服务器自动接管；当一个应用服务发生故障时，应用服务将被重新启动或被另一台服务器接管。当以上任一故障发生时，客户将能很快连接到新的应用服务上。

　　微软使用 MSCS（Microsoft Cluster Service）技术实现高可用性群集。在配置群集服务前，必须先完成以下工作：在每个节点上安装 Windows Server 2008 Enterprise Edition 或 Windows Server 2008 Datacenter Edition 操作系统，设置网络及磁盘。每个节点都必须是同一个域的成员，同时以一个具有所有节点管理权限的账户登录。

　　当采用 SAN 网络存储时，在 Windows 2008 环境中，为了确保 SAN 工作正常，系统不会自动装载那些引导分区不在同一总线的逻辑磁盘，也不会为其分配驱动器盘符。因此，采用如图 18-21 所示的连接时，需要按照一定步骤完成节点和存储设备设置。一般步骤为：关闭存储，分别为每个节点设置网络连接；开启第一个节点和存储，设置共享磁盘；逐个开启其他节点验证磁盘配置；关闭所有节点，只开启第一个节点，配置群集；逐一开启其他节点，加入群集。

　　设置网络是群集配置的基础。每个群集节点要求至少要有两个网络适配器用于两个（或多个）独立网络，其中一个网络适配器用于连接到公用网络，客户计算机通过公用网络访问群集服务；而另一个则用于连接到仅由群集节点组成的专用网络。

专用网络适配器用于节点对节点的通信，传递群集状态信息，实现群集管理。每个节点的公用网络适配器都将群集连接到客户端所在的公用网络，并应配置为内部群集通信的后备路由。建议将群集服务的私有网络连接配置为"只用于内部群集通信"，公用网络连接配置为"所有通信"。

为了提高网络传输性能，消除不必要的流量，对于用于内部群集通信的网络适配器（这种适配器也被称为核心或专用网络适配器），应删除所有不必要的网络通信设置。在双节点群集配置中可以直接使用跨接电缆，或者在多节点配置中使用专门的集线器连接专用网络，不要使用交换机、智能集线器或其他任何路由设备连接专用网络。

注意：群集不能通过路由设备进行传递，因为它们的"生存时间"（TTL）被设定为 1。如果使用虚拟局域网，那么节点间的等待时间必须少于 500 毫秒（ms）。

18.3.2　安装故障转移群集

前面介绍过 VMWare 软件可以实现在一台计算机上虚拟多个主机，为了便于读者验证群集的安装，这里以 VMWare workstation 7.1 为例介绍两个节点群集的安装与配置。

使用 Windows Server 2008 MSCS 群集，本书示例规划的拓扑如图 18-22 所示。

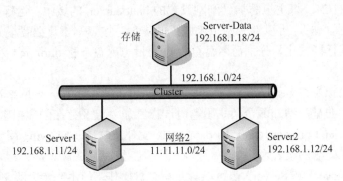

图 18-22　群集规划图

Server1、Server2、Server-data 均为安装有 Server 2008 的虚拟机系统，其中 Server1 和 Server2 为 MSCS 群集的两个节点，网卡两块，分别桥接公共网络（192.168.2.0/24，Bridged 模式，以便于宿主机通信）、网络 2（11.11.11.0/24，两个服务器的这块网卡都设置为 VMnet2），网卡均去掉 IPv6 配置项。

域：图中 3 个节点均为 Windows Server 2008 企业版本，Server1、Server2 在群集域 haut.edu.cn 中，Server-Data 是独立服务器，Server1 安装有活动目录、DNS 和 MSCS 服务。

群集：群集公共 IP 为 192.168.1.10/24，群集域名为 cluster.haut.edu.com，采用文件服务器资源应用测试群集切换。需要配置好各节点网卡 IP 地址，关闭所有的防火墙，测试各节点的连通性，然后按照下面介绍的步骤进行具体安装。

1. 创建虚拟主机

运行 VMWare 虚拟机控制台，按照规划的环境创建 3 台 Windows Server 2008 企业版虚拟主机（注意：虚拟机系统要独立安装，不要克隆生成，否则需要用 Newsid 工具给克隆的系统生成新的 sid 值才能保证虚拟机系统能够正常联机使用），虚拟主机基本配置包括一个虚拟硬盘（IDE 或 SCSI 接口）、一个桥接模式网络适配器，安装操作系统，安装补丁程序，安装 VMWare Tools。

　　启动虚拟主机 Server1，升级为活动目录域控制器。运行 dcpromo.exe 命令启动活动目录安装向导，并配置当前机器为域控制器，设置域名如 haut.edu.cn，确保安装 DNS 服务。因为微软群集服务需要运行在域模式下，所以需要正确配置活动目录和 DNS 服务器，当然此服务器可以由群集中的节点充当，这样需要两个节点配置相同的活动目录和 DNS 服务器，不易配置，若配置不正确，可能导致域控制器节点失效情况下群集服务失效，因此建议单独配置活动目录服务中的域控制器和 DNS 服务器。

　　使用域和用户管理控制台添加一个新账户，例如 cluster，并设置密码，用于管理群集服务，密码设置为永不过期。

　　配置节点 1 虚拟主机 Server1，编辑 Server1 设置，添加一个网络适配器，如 NIC2，选择"用户定义"虚拟网络，选择虚拟机的 VMnet2 虚拟网卡，这个网络接口群集专用网络连接。添加两个 SCSI 接口的虚拟磁盘，容量为 1Gb 和 2Gb，添加时选择与主磁盘接口不同的 SCSI 总线，如 SCSI1（如果主磁盘接口为 SCSI，接口为 SCSI0），对应接口分别为 SCSI1:0 和 SCSI1:1，分别命名为 quorum 和 data，对应用于群集日志存储和共享数据存储。

　　启动 Server1 操作系统，配置网络接口，桥接模式网络适配器对应网络接口配置外部公共网络连接，即与域控制器处于同一个网段，设置相应 IP 地址；主机模式接口配置私有网络地址，如 192.168.1.11/24。将主机添加到刚刚设置的 haut.edu.cn 的域中。运行"计算机管理"控制台，选择"磁盘管理"，可以看到两个未联机的磁盘，按"基本"磁盘模式添加两个磁盘，并以 NTFS 格式进行格式化，分别命名盘符为 Q:（日志磁盘卷标 quorum）和 R:（数据共享盘卷标 data）。

　　配置节点 2 虚拟主机 Server2，配置过程与 Server1 相同，添加一个网络适配器用于专用网络连接，需要注意的是，添加两个共享磁盘时选择添加"已经存在的虚拟磁盘文件"，即选择添加 Server1 目录下的 quorum.vmdk 和 data.vmdk 文件。修改 VM2.vmx 配置文件，添加上述两行关于共享虚拟磁盘的设置命令。

　　注意，此时 Server1 和 Server2 都可以对共享磁盘操作，但不同步，即在 Server1 中复制到共享磁盘上的文件，在 Server2 中无法浏览，反之亦然。当然，若重启之后可以看到另一台虚拟机复制到共享磁盘上的内容，这是正常的，作为群集共享磁盘，启动群集服务后，群集主节点拥有对共享磁盘操作的权力，此时在其他节点上可以看到共享磁盘的正常存在，但无法访问，当主节点失效时，共享磁盘切换由其他节点管理。

　　2．安装群集

　　虚拟机配置完毕后，记得一定要先在 Server1 上安装活动目录，升级为域控制器，然后将 Server2 加入建立的域 haut.edu.cn 中，最后在虚拟机 Server1 和 Server2 安装群集服务，才能打开故障转移群集管理功能，否则会显示如图 18-23 所示的"群集管理不可用"对话框。

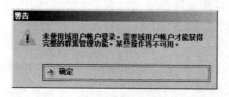

图 18-23　"群集管理启动失败"对话框

　　故障转移群集功能组件的安装需要借助"添加功能"安装向导，在"服务器管理器"窗口中依次展开"服务器管理器"→"功能"，单击"添加功能"按钮，运行添加功能向导对话框，在"功能"列表中选中"故障转移群集"复选框，如图 18-24 所示。

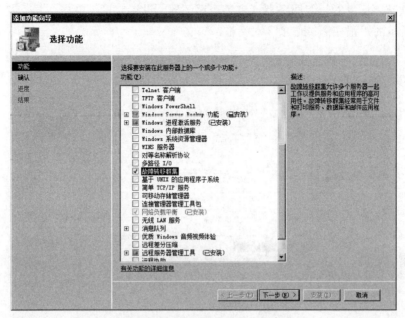

图 18-24　"选择功能"对话框

然后，根据向导提示完成功能组件的安装。

3．验证群集

在部署故障转移群集前，首先需要使用故障转移群集服务提供的"验证配置向导"对当前的环境进行验证，只有验证通过后才可以开始部署故障转移群集。

依次选择"开始"→"管理工具"→"故障转移群集管理器"，打开如图 18-25 所示的"故障转移群集管理器"窗口。

图 18-25　"故障转移群集管理器"窗口

在"故障转移群集管理器"窗口的"管理"区域中，单击"验证配置"按钮，启动验证配置向导，弹出"开始之前"对话框。单击"下一步"按钮，弹出"请选择服务器或群集"对话框，设置欲部署群集的一组服务器或者某个服务器。设置完毕，单击"下一步"按钮，弹出如图 18-26 所示的"正在测试选项"对话框。

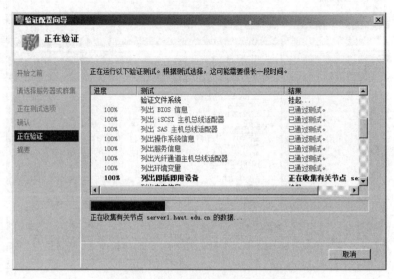

图 18-26　"正在测试选项"对话框

测试完成后，弹出如图 18-27 所示的"摘要"对话框，可以查看所有的验证报告，单击"查看报告"按钮，可以查看详细的群集验证报告。

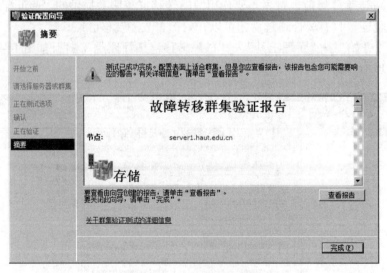

图 18-27　"摘要"对话框

4. 创建群集

当所有验证均通过测试后，即可开始部署故障转移群集。创建故障转移群集可以在任意一台成员服务器上操作，当创建完成后会自动同步到其他服务器上。具体操作步骤如下：

（1）在"故障转移群集管理"窗口中，单击"创建一个群集"按钮启动"创建群集向导"，弹出"开始之前"对话框。单击"下一步"按钮，弹出"选择服务器"对话框，添加要加入群集的所有服务器名称。可以直接输入服务器名称，单击"添加"按钮，在测试成功后将服务器加入选定服务器列表中，或者单击"浏览"按钮，弹出"选择计算机"对话框，单击"高级"
按钮查找服务器，找到后单击"确定"按钮返回，添加完成后如图 18-28 所示。

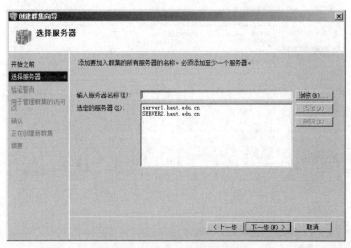

图 18-28　"选择服务器"对话框

（2）单击"下一步"按钮，弹出"验证警告"对话框，我们已经完成过验证测试，在此
略过，单击"否"按钮，单击"下一步"按钮，弹出如图 18-29 所示的"用于管理群集的访问
点"对话框。在"群集名称"文本框中键入群集的名称，在"地址"文本框中键入群集使用的
IP 地址。

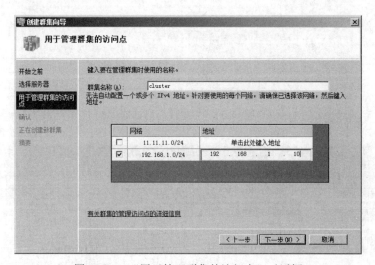

图 18-29　"用于管理群集的访问点"对话框

（3）单击"下一步"按钮，弹出如图 18-30 所示的"确认"对话框。提示已准备好创建
群集，并显示群集名称、节点服务器名称、群集 IP 地址等信息。

（4）单击"下一步"按钮启动群集配置进程，开始配置故障转移群集。配置完成后，弹
出如图 18-31 所示的"摘要"对话框，显示已经成功创建群集。单击"查看报告"按钮，可以
查看配置转移故障群集的详细过程。

（5）单击"完成"按钮，完成对群集的创建，创建完毕的群集被添加到"故障转移群集
管理"控制台中，如图 18-32 所示。

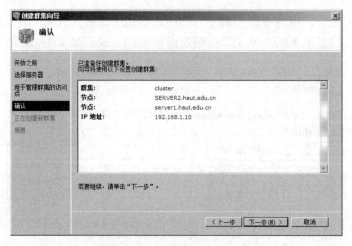

图 18-30 "确认"对话框

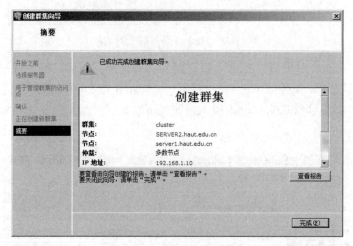

图 18-31 "摘要"对话框

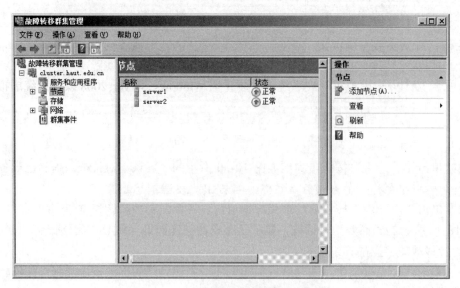

图 18-32 "故障转移群集管理"控制台

　　此时，即可在群集中部署所需的网络应用程序，包括 DHCP 服务、打印服务、DFS 服务、文件服务等应用服务功能。在本节中，需要部署设置在 Server-data 服务器中的文件共享服务，在"服务和应用程序"模块中添加"文件服务"，配置 Server-data 中的共享磁盘，完成群集的应用服务功能。

　　群集创建完成后存储这块看不到共享和数据盘，可以单击"添加磁盘"，添加共享磁盘资源。测试，可以从 VMWare 中断电某个服务节点验证文件共享服务是否正常切换到备用节点。

本章小结

　　计算机群集是一种分布式系统，通过计算机网络互连，实现应用服务的负载平衡或为系统服务提供高可用性。本章介绍了实用 Windows Server 2008 构建负载平衡群集和故障转移群集的配置与应用。

习题十八

　　1．什么是负载平衡群集？什么是故障转移群集？比较分析二者的异同点。

　　2．在 Windows Server 2008 中如何配置负载平衡群集系统？使用 IIS 验证负载平衡群集工作的正确性。

　　3．在 Windows Server 2008 中如何配置故障转移群集系统、配置 DHCP 服务，并验证安装的群集工作的正确性？

　　4．安装 VMWare 虚拟机系统，安装并复制虚拟主机，设置共享磁盘，设置多网络连接，并测试安装效果。

　　5．查询硬件负载平衡服务器产品，与 Windows Server 2008 配置的负载平衡群集对比，比较分析它们各自的特点。

实训十八

题目 1：配置负载平衡群集

内容与要求：

　　1．安装 VMWare 虚拟机管理系统，安装 3 个 Windows Server 2008 操作系统虚拟主机，一台配置活动目录服务，设置为域控制器。

　　2．配置负载平衡群集，添加两个节点到群集中，设置群集对外服务 IP 地址和域名。

　　3．为群集节点配置服务，在两个群集节点中安装并启动 IIS 服务，设置网站内容。

　　4．使用客户计算机验证负载平衡服务器工作的正确性。

　　思考：尝试采用"网络负载平衡管理器"管理控制台程序添加负载平衡群集和直接手动设置网络连接属性配置负载平衡群集，对比它们的操作过程和特点。

题目 2：配置故障转移群集

内容与要求：

　　1．安装 VMWare 虚拟机管理系统，安装 3 个 Windows Server 2008 操作系统虚拟主机，一台配置活动目录服务，设置为域控制器。

2．配置故障转移群集，配置两个节点服务器，具体包括以下内容：

（1）设置两个网络适配器，并分别设置公用网络和私有网络的 IP 地址等网络属性。

（2）添加两个虚拟共享磁盘，设置并验证共享。

3．配置故障转移群集，添加两个节点。

4．测试故障转移群集是否工作正常。

5．为故障转移群集安装服务，以群集模式安装文件服务器，验证群集服务工作是否正常。

参考文献

[1]   张浩军. 计算机网络操作系统（第二版）——Windows Server 2003 管理与配置. 北京：中国水利水电出版社，2009.

[2]   张浩军. 计算机网络操作系统——Windows Server 2003 管理与配置. 北京：中国水利水电出版社，2005.

[3]   张浩军. 计算机网络操作系统——Windows 2000 Server 管理与配置. 北京：中国水利水电出版社，2003.

[4]   （美）Kathy Ivens，Kenton Gardinier. 中文 Windows 2000 技术使用大全. 前导工作室译. 北京：机械工业出版社，2001.

[5]   戴有炜. Windows Server 2003 网络专业指南. 北京：北京科海电子出版社，2004.

[6]   黄永峰等. Windows Server 2003 组网技术. 北京：机械工业出版社，2005.